游戏设计与开发

Android游戏开发详解

[美] James S Cho 著　　李强 译

人民邮电出版社
北京

图书在版编目（ＣＩＰ）数据

Android游戏开发详解 /（美）乔伊（Cho,J.S.）著 ；
李强译. -- 北京 ： 人民邮电出版社，2015.7
ISBN 978-7-115-39185-8

Ⅰ. ①A… Ⅱ. ①乔… ②李… Ⅲ. ①移动电话机－游
戏程序－程序设计 Ⅳ. ①TN929.53②TP311.5

中国版本图书馆CIP数据核字(2015)第106130号

◆ 著　　　　[美] James S. Cho
译　　　　李　强
责任编辑　陈冀康
责任印制　张佳莹　焦志炜
◆ 人民邮电出版社出版发行　　北京市丰台区成寿寺路 11 号
邮编　100164　　电子邮件　315@ptpress.com.cn
网址　http://www.ptpress.com.cn
北京鑫正大印刷有限公司印刷
◆ 开本：800×1000　1/16
印张：29
字数：638 千字　　　　2015 年 7 月第 1 版
印数：1 – 2 500 册　　　　2015 年 7 月北京第 1 次印刷
著作权合同登记号　图字：01-2014-7962 号

定价：59.00 元

读者服务热线：(010)81055410　印装质量热线：(010)81055316
反盗版热线：(010)81055315

内容提要

Android 游戏开发有很大的市场需求，但又容易给人以很简单的错觉。实际上，Android 游戏开发涉及编程基础、Java 编程语言、游戏开发、代码优化、Android 应用程序开发等众多的知识和技能。

本书是一本面向初学者的优秀的 Android 游戏开发指南。全书共 11 章，分为 4 个部分，按部就班地介绍了 Java 语言和编写面向对象的应用程序等基本知识，带领读者尝试 Android 的构建模块，并创建有趣的、交互性的、支持触摸控制的 2D 游戏。本书还通过配套站点，提供了众多的示例 Java 和 Android 游戏项目库，可供你自己继续学习并成长为一名游戏程序员。

如果你已经或者想要开发 Android 游戏，但是却不知道从何下手，那么本书是为你量身定做的。不管你是没有任何编程经验的初学者，还是一名有经验的 Java 开发者，都可以通过阅读本书成长为一名 Android 游戏开发人员。

前言

作为对编程知之甚少或者毫无所知的初学者，开始学习 Android 游戏开发，可能会觉得就像是穿越陌生的星际的旅程。有太多的事情要尝试，太多的知识要学习，令人遗憾的是，还有如此之多的方式令人陷入迷途。

究其原因之一，可能是 Android 游戏开发给人以很简单的错觉。这个术语给人的感觉是，只需要学习和掌握一个主题就够了，实际上，Android 游戏开发包括各种不同的主题，其中的一些如下所示。

- 编程基础；
- Java 编程语言；
- 面向对象设计原理；
- 游戏开发；
- 代码优化；
- Android 应用程序开发。

如果你不了解这些主题，也不必惊讶！这正是需要指南的地方。本书是为初学者而编写的，作者也曾经是初学者，不知道从何处开始学习。本书将引导你经历构建自己的 Android 游戏的每一个步骤。如果这正是你的学习目标，那么，这本书很适合你。

本书并不会对读者做太多假设。当然，我们假设你有基本的数学知识，并且知道如何在计算机上安装程序或应用，但是，并不会假设你之前编写程序，或者有物理学的学位。

如果你是第一次开始编写代码，肯定会遇到一些问题。这没事。实际上，当你遇到难处，请访问本书的配套网站并寻求帮助。无论是编辑、Kilobolt 的工作人员或者是陌生人，都会乐意帮助你解答问题或解决问题。

学习本书过程中，你将会阅读和编写很多代码。一些章节的整个篇幅都是学习如何编写代码，并且很少讨论游戏开发。其背后的思路是，如果你能够脱离游戏开发的环境去理解和编写代码，那么，在创建图形和游戏的时候，你可以很容易地应用这些知识。

通过从头到尾依次阅读，你将会从本书中获益良多。尽管如此，如果你记得对某个主题非常熟悉的话，跳过它也没问题。周期性的知识点检查，允许你下载工作项目的最新版本，并且从一个部分或一章的中间开始工作。

此外，要力图保持积极。你的学习旅程不会像穿越未知的星际那样紧张、刺激，但是，我期望它同样能够令人兴奋。有本书作为你的指导，你立刻就可以创建自己的游戏。

尽管本书的编写尽量全面，但是，一本书恐怕不足以涵盖 Android 游戏开发的主题。尽管如此，本书会随着配套网站一起完善。如果你觉得某个概念的介绍不够全面，请通过 jamescho7.com/book/feedback 反馈给我们。作者很高兴能够更详细地介绍一些重要的概念。

致谢

我想要感谢 Glasnevin 出版社的 Helen McGrath 博士，她给了我编写本书的机会。在整个过程中，她给予了巨大的帮助，没有她的话，不可能有这本书。

接下来，我要感谢 Dr. Bryan Mac Donald、Kyle Yu、Vignesh Sivashanmugam 以及所有其他不厌其烦地编辑我的书稿，使其尽可能减少错误的人们。得益于他们的努力，本书才能够成为那些想要学习 Android 游戏开发的人们的合适的指南。

感谢 Racheal Reeves 为本书封面做出的精彩设计。由于 Racheal 的努力工作，本书才如此完美。最后感谢 Ling Yang 无尽的耐心。Ling 的爱支持和激励我在很多不眠之夜努力工作以完成这本书，我希望 Ling 有一天能够读到它。

Web 资源

本书中给出的 Java 和 Android 代码，以及其他附加资源，都可以通过本书的配套站点获取：http://www.jamescho7.com。

对本书的任何评论、建议和勘误，欢迎通过以下电子邮件联系：

info@glasnevinpublishing.com。

作者简介

James 有多年的游戏开发经验。他最早在笔记本上开始了自己的游戏开发职业，最终创建了 Kilobolt，这是一家位于美国的独立游戏工作室。此外，他还教授一系列流行的编程课程，并且在杜克大学学习计算机科学的同时担任助教。

除了编写代码，阅读科学研究相关的文献，James 还是曼联球迷，并且不断探索新的美食。

目录

第 1 部分　Java 基础知识

第 2 部分　Java 游戏开发

第 4 部分 实现触摸

第 1 部分

Java 基础知识

第 1 章　程序设计基础

无论是何种情况，你离成为一名程序员都还相去甚远。本章将为你打下很好的基础，以便你能够成长为一名善于思考的、成功的 Java 程序员，从而能够编写高效的代码并构建优秀的游戏。我们从第 2 章开始，才会真正地编写程序，因此，现在你还不需要计算机。

1.1　什么是编程

从最基本的层面看，编程是让计算机执行以代码（code）的形式给出的一系列的任务。让我们来看一些示例代码，看看程序员能够提供什么样的指令。现在，还不要关心每个符号和每行代码背后的含义。我们将在本书中详细介绍这些。现在，先尝试理解其逻辑。阅读每行代码前面的注释，尝试搞清楚后面的代码的意图。

程序清单 1.1　程序员的指令

```
01 // Instruct the computer to create two integer variables called a and
02 // b, and assign values 5 and 6, respectively.
03 int a = 5;
04 int b = 6;
05 // Create another integer variable called result using a + b.
06 int result = a + b;
07 // Print the result (Outputs the value of result to the Console).
08 print("The value of a + b is " + result);
```

程序清单 1.1 展示了程序员输入到像 Notepad（Windows）或 TextEdit （Mac）这样的一个文本编辑器中的内容。计算机在控制台所产生的输出如下所示。

```
The value of a + b is 11
```

好了，我们看完了 Java 代码的一个小示例。在继续学习之前，这里有一些需要记住的关键知识点。

关键知识点

代码执行的基本规则

代码是从上到下一行接着一行地执行的。这是一个简化的说明，但是，现在很适合我们。

稍后，我们会给这条规则添加内容。

注释(//)

在 Java 中，两条斜杠后面的内容是注释。注释是为人类而编写的（在这里是我向你描述代码的方式），因此，Java 虚拟机（Java Virtual Machine，稍后详细介绍 Java 虚拟机）不会执行注释。

行号

我们可以通过行号来引用代码。在确定行号的时候，必须把注释和空行都算在内。例如，在程序清单 1.1 中，如下的代码出现在第 3 行。

```
int a = 5;
```

正如程序清单 1.1 所示，我们可以让计算机把值存储为变量，并且我们可以对这些值执行数学计算和连接（连接是将文本和整数组合起来，参见程序清单 1.1 第 8 行）。我们甚至可以在控制台显示这些运算的结果。这只是冰山一角。稍后，我们可以绘制一个视频游戏角色，并且实现它在屏幕上移动的动画，它每走一步还会发出脚步声。看上去如下所示（注意，下面只是一个示例。在学习完本书的几章之后，你将能够编写自己的代码）。

程序清单 1.2　更复杂的指令的示例

```
while (mainCharacter.isAlive()) {
    mainCharacter.updatePosition();
    mainCharacter.animate(time);
    if (mainCharacter.getFoot().collidesWith(ground)) {
        footstepSound.play(volume);
    }
    screen.render(mainCharacter);
}
```

1.2　数据类型

1.2.1　基本类型

在前面的示例中，我们看到了数据类型（*data type*）的例子。例如，在程序清单 1.1 中，我们使用了整数值（*integer value*）5 和 6，这两个都是数值数据的例子。我们来看看其他的数据类型，先介绍其他的数值类型。

- 可以使用 4 种类型来表示整数（*Integer*），每种类型都用不同的大小。在 Java 中，我们有 8 位的 byte、16 位的 short、32 位的 int 和 64 位的 long。4 种类型中的每一种，都可以保存正的和负的整数值。
- 有两种类型可以表示小数值（*Decimal*，如 3.14159）：32 位的 float 和 64 位的 double。
- 可以使用 char 表示一个单个的字符或符号。

这些是 Java 中主要的基础数据类型，我们称之为基本数据类型（*primitive type*）。在后面各章中，我们将会看到很多使用基本数据类型的例子。

1.2.2　字符串

字符串（*String*）指的是一系列的字符。正如其名称所示，我们可以使用字符串将多个字符保存到一起（而基本类型 char 只能够保存一个字符）。

```
char firstInitial= 'J';
char lastInitial = 'C';
String name = "James";
```

注意，这里关键字 String 的首字母大写了，而基本数据类型 char 的首字母没有大写。这是因为，字符串属于对象（*object*）一类，而不属于基本数据类型。我们稍后要花很多时间讨论这些对象，它们在 Java 编程中扮演重要的角色。现在，我们只需要将字符串当作基本数据类型一样对待就行了。

1.3　声明和初始化变量

所有的基本数据类型（和字符串）都可以表示为变量。它们都是使用相同的基本语法来声明（创建）的。

创建一个新的变量的时候，我们总是要声明两件事情：变量的数据类型（*data type*）和变量的名称（*variable name*）。在大多数情况下，我们还使用赋值运算符（*assignment operator*，即=）给变量指定一个初始值。有两种方法做到这点。第一种方法是指定一个字面值（*literal value*），例如，图 1-1 所示的'J'。第二种方法是，指定一个计算值的表达式（*expression*），例如，图 1-1 所示的 35 + 52（这个表达式在赋值之前计算）。

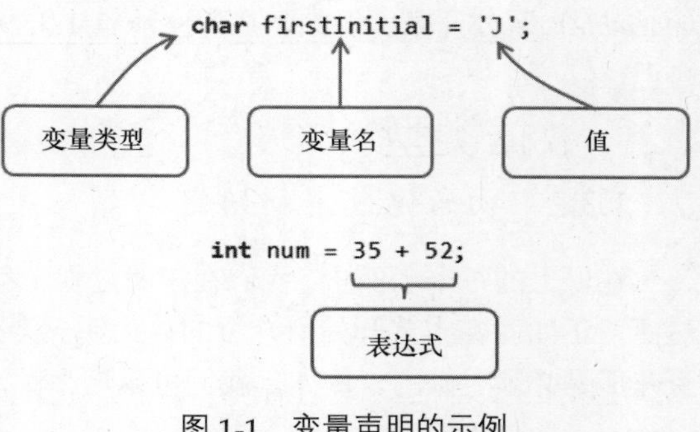

图 1-1　变量声明的示例

赋值运算符（=）不是在声明相等性。这一点很重要。正如其名称所示，我们使用赋值运算符把一个值（在等号的右边）赋给（*assign*）一个变量（在等号的左边）。例如，考虑如下两行代码。

```
int a = 5;
a = a + 10;
```

在这个例子中，我们不是要表示 a 和 a + 10 的对等关系。我们直接将 a + 10 的值赋值给一个已有的变量 a。进行区分的一种较好的方法是，将等号读作“获得”。因此，图 1-1 应该读作，“int 类型的 num 获得了表达式 35 + 52 的结果”。

作为一个练习，浏览一下程序清单 1.3 的 6 行代码中的每一行，并且尝试将其读出声，说出每行的含义。记住，要区分字面值（*literal value*）和表达式（*expression*）（如果忘记了，再回顾一下图 1-1）。第 1 行应该读作“short 类型的 num 获得了 15”。记住，这意味着，“声明了一个类型为 short、名为 num 的变量，并且将字面值 15 赋值给它”。

程序清单 1.3　声明各种变量

```
1    short numberOfLives = 15;
2    long highScore = 21135315431 - 21542156; // uses an expression;
3    float pi = 3.14159f;
4    char letter = 'J';
5    String J = "James";
6    boolean characterIsAlive = true;
```

1.3.1　变量名和字面值

注意，当我们讨论字符和字符串的时候，使用了‘ ’和“ ”将字面值和具有相同名称的变量（*variable*）区分开来。例如，在程序清单 1.3 中，变量名 J 引用“James”，而字面值‘J’指的是它自己。

1.3.2　初始化或不初始化

在以上的每个示例中，我们在声明过程中都使用了一个初始值来初始化（*initialized*）变量。然而，正如我在本节开始所介绍的，声明一个变量的时候初始化它（分配一个初始值），这本身并不是必须要做的。例如，我们可以这么做。

```
int a, b, c;
a = 5;
```

```
b = 6;
c = 7;
```

上面的第 1 行代码声明了 3 个整数类型，分别名为 a、b 和 c。没有明确地赋给其初始值。接下来的代码行分别用值 5、6 和 7 初始化了这 3 个整数。

尽管这么做是允许的，我们通常也将声明变量并初始化它们，就像在前面程序清单 1.3 中所做的那样。

关键知识点

声明变量

当创建一个新的变量的时候，我们把一个值存储到计算机的内存中以便随后使用。我们可以使用该变量的名称来引用它。

打个比方，可以把变量看作一个盒子。当我们输入 int a = 5 的时候，是告诉 Java 虚拟机创建一个相应大小的盒子，并且把我们的值放进去。

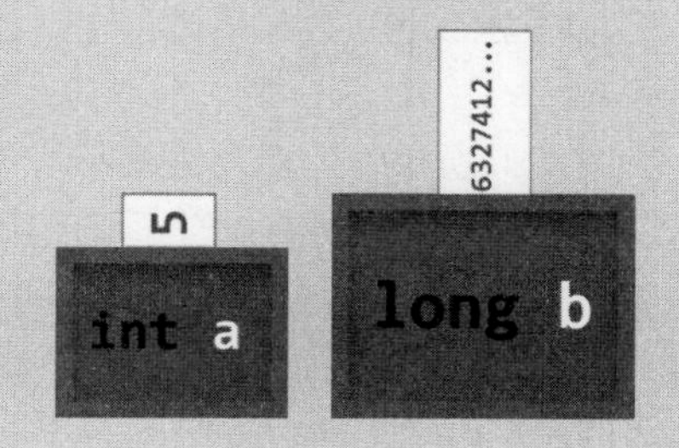

引用变量

一旦创建了变量，在引用它的时候，我们不应该声明其类型。提供变量的名称就足够了。

复制值

考虑如下所示的代码。

```
int x = 5; // declare a new integer called x
int z = x;  // assign the value of x to a new integer z
z = z + 5;  // increment z by 5
[End of Program]
```

你能告诉我，在程序结束的时候，x 和 z 分别是什么值吗？如果你的回答是 5 和 10，那么你答对了！

如果不是，也不必担心。很多初学者都不能正确地理解第 2 行代码。在第 2 行代码中，我们不是说 int x 和 int z 引用相同的盒子（变量）。相反，我们创建了一个名为 int z 的新盒子，并且将 int x 的内容复制后赋给它。

这对我们来说意味着什么呢？这意味着，当我们在第 3 行将 z 和 5 相加的时候，z 变成了 10，而 x 仍然是 5。

1.4　关于位的一切（位和字节的简单介绍）

在我们继续深入之前，值得先细致地介绍如何具体把值存储到变量中。我前面提到，不同的基本数据类型具有不同的位大小。例如，一个 int 有 32 位而一个 long 有 64 位。你可能会问，那么，到底什么是位？

位（*bit*）是一个二进制位的简称。换句话说，如果你有一个只有 0 和 1 的二进制数，每个数字就是 1 位。达到 8 位的时候，例如，（10101001），你就有了 1 字节。

对于位，你需要记住的一点是：拥有的位越多，所能表示的数值也越多。为了说明这一点，让我们问一个问题。十进制的 1 位能够表示多少个数字？当然是 10 个（0，1，2，3，4，5，6，7，8 和 9）。两位呢？100 个（00，01……99）。我们看到，每增加一个位数，都会使得我们所能表示的数值增多到原来的 10 倍。对于二进制数字来说，也是如此，只不过每次增加一位，所能表示的数值的数量是原来的两倍。

在计算中，位是很重要的，因为我们所操作的机器是由细小的电路组成，而这些电路要么是开，要么是关。数据表示的挑战，完全由此而引发。我们不能使用这些电路来直接表示“hello”这样的单词。我们必须使用任意某种系统将单词“hello”和某些电路的开关组合联系起来。

这就是我们应该了解的和变量相关的知识。通过声明一个新的变量，我们在内存中分配了特定数目的位（根据声明的类型），并且将某些数据的一个二进制表示存储起来，以便随后使用。

在数据类型之间转换

在 Java 中，可以将一种数据类型转换为另一种类型。例如，我们可以接受一个 int 值并且将其存储到一个 long 变量中。之所以能这样，是因为 long 变量保存了 64 位，可以很容易地容纳来自较小的类型 int（32 位）中的数据而不会遇到麻烦。但是，如果我们接受一个 64 位的 long 数字，并且试图将其放入到一个 32 位的 int 的“容器”中，将会发生什么呢？会有丧失精度的风险。这 64 位中的 32 位，必须删除掉，然后我们才能将数字放置到 int 变量中。

规则是这样的：如果从一个较小的类型转换为一个较大的类型，这是安全的。如果要从一个较大的类型转换为一个较小的类型，应该小心以避免丢失重要的数据。稍后，我们将详细介绍如何从一种类型转换为另一种类型。

1.5 运算

我们前面看到了，变量可以用来存储值，并且变量可以在运算中用作运算数，如图 1-2 所示。

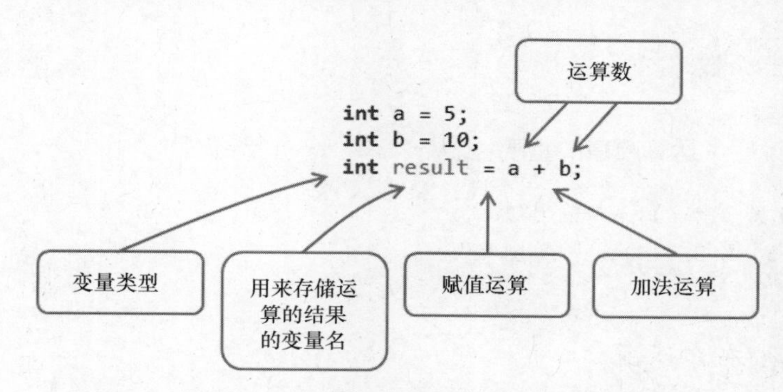

图 1-2 变量可以用来存储值，也可以用作运算数

1.5.1 算术运算

表 1-1 所列内容是你必须知道的 5 种算术运算。在了解示例的过程中，请记住如下两条规则。

规则#1 涉及两个整数的一个运算，总是会得到一个整数的结果（整型变量中不允许有小数值）。

规则#2 至少涉及一个浮点数（小数值）的运算，其结果总是浮点数。

表 1-1 必须知道的 5 种运算

运算符	说明	示例/值
+（加法）	将加号两边的运算数相加	3 + 10 = 13 4.0f + 10 = 14.0f
−（减法）	从第一个运算数中减去第二个运算数	16 − 256 = -240
*（乘法）	将乘号两边的运算数相乘	4.0f * 3 = 12.0f
/（除法）	用第一个运算数除以第二个运算数 前面提到的两条规则在这里特别重要	6/4 = 1 记住规则#1，我们将其向下舍入到最近的整数 6.0f/4 = 1.5f 记住规则#2
%（求余数、模除）	计算除法运算的余数	10 % 2 = 0 （执行 10/2，然后计算余数，也就是 0） 7 % 4 = 3

1.5.2　运算顺序

在执行运算的时候，使用标准的运算顺序。计算机将会按照如下的顺序执行运算。

1．圆括号（或方括号）。

2．指数。

3．乘法/除法/余数。

4．加法/减法。

如下的示例说明了运算顺序的重要性。

```
print(2 + 5 % 3 * 4);——输出“10”。
print((2 + 5) % 3 * 4);——输出“4”。
```

1.5.3　关系/布尔运算

现在来看看在两个值之间进行比较的关系运算符，如表 1-2 所示。注意，在下面的示例中，算术运算在关系运算之前执行。如下所有的计算，都得到一个 true 或 false 值（布尔）。

表 1-2　关系运算符用来确定一个值与另一个值进行比较的结果

运算符	说明	示例/值
==（等于）	检查运算符两边的两个值是否相等	(3 + 10 == 13) = true (true == false) = false
!=（不等于）	检查运算符两边的两个值是否不相等	(6/4 != 6.0f/4) = true
>（大于）	判断第一个运算数是否比第二个运算数大	6 > 5 = true
<（小于）	判断第二个运算数是否比第一个运算数大	6 < 5 = false
>=（大于或等于）	含义明显	6 >= 6 = true
<=（小于或等于）	含义明显	10 <= 9 + 1 = true
!（取反）	将一个布尔值取反。这是一个一元运算符（只需要一个运算数）	!true = false !false = true

关键知识点

赋值和比较

注意，==运算符和=运算符不同。前者(==)用来比较两个值，并且输出一个 true 或 false 值。后者(=)用来将一个值赋值给一个变量。

下面的程序清单 1.4 展示了使用这些关系运算符的另外两个示例。我已经给每一条 print 语句加上了标签，以便你可以看到相应的输出。

程序清单 1.4 关系运算符

```
01  print(1 == 2); // #1 (equal to)
02  print(!(1 == 2)); // #2 (inverse of print # 1)
03
04  int num = 5;
05  print(num < 5); // #3 (less than)
06
07  boolean hungry = true;
08  print(hungry); // #4
09  print(hungry == true); // #5 (equivalent to print #4)
10  print(hungry == false); // #6
11  print(!hungry); // #7 (equivalent to print #6)
```

程序清单 1.4 的输出如下所示。

```
false
true
false
true
true
false
false
```

下面几个小节将会假设你理解关系运算符如何工作，因此，确保你理解每条打印代码行中发生了什么。仔细看一下程序清单 1.4 中的示例#5 和示例#6，理解为什么我们要省略==运算符。

1.5.4 条件运算符

两个主要的条件运算符是|| (OR)和&& (AND)。如果|| (OR)运算符任意一边的布尔值为

真，该运算符将求得真。只有&& (AND)运算符两边的布尔值都为真时，该运算符才会求得真。

我们假设你想要判断一个给定的数字是否是正的偶数。要做到这一点，必须检查两个条件。首先，我们必须确定该数字是正的。其次，我们必须检查该数字是否能够被 2 整除。程序清单 1.5 给出了我们可能为此而编写的代码的一个示例。

程序清单 1.5　条件运算符

```
1    // Remember to evaluate the RIGHT side of the = operator before
2    // assigning the result to the variable.
3    int number = 1353;
4    boolean isPositive = number > 0; // evaluates to true
5    boolean isEven = number % 2 == 0; // evaluates to false
6    print(isPositive && isEven); // prints false
7    print(isPositive || isEven); // prints true
```

1.6　函数（在 Java 中称为“方法”更好）

让我们将目前为止所学到的所有内容组合起来，并且讨论编程的一个重要方面，即函数。

函数是一组规则。特别地，函数应该接受一个值并且输出一个相应的结果。以一个数学函数为例。

> $f(x)=3x+2$
> 输入是任意的数值 x，输出是 $3x+2$ 的结果
> 例如，$f(1)=3(1)+2=5$

在 Java 中，我们可以定义一个非常类似的函数。如下的函数将接受一个 float 类型的输入，并且输出计算 $3x+2$ 的结果。

程序清单 1.6　Java 函数

```
1    float firstFunction (float x) {
2        return 3*+ 2;
3    }
```

现在，我们来进一步看看如何编写一个 Java 函数（也叫作方法，具体原因我们在下一章中介绍）。要编写一个 Java 函数，首先声明返回值的类型。还要给函数一个名称，例如，firstFunction。在函数名称后面的圆括号中，列出所有必需的输入。

开始花括号和结束花括号，表明函数从哪里开始以及函数在哪里结束。如果这还不够形象

化，这么做会有所帮助：想象一下，以花括号作为对角线形成一个矩形，将函数包围起来，如图 1-3 所示。这有助于你确定每个函数从哪里开始以及从哪里结束。

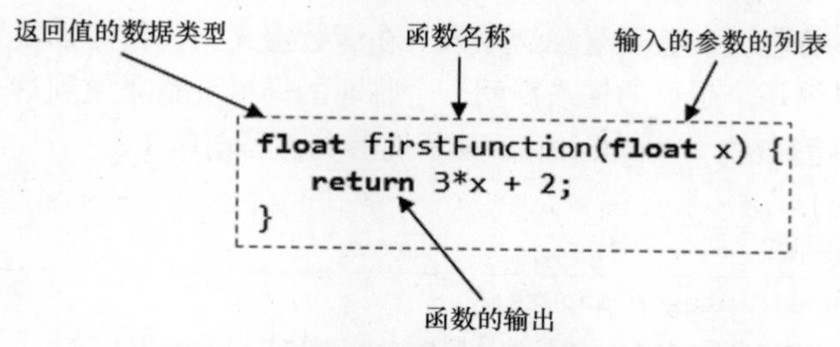

图 1-3 深入了解如何编写函数

程序清单 1.7 展示了如何在代码中使用函数。注意，我们假设在代码中某处定义了一个名为 firstFunction 的函数，并且其行为就像程序清单 1.6 所描述的那样。

程序清单 1.7 使用函数

```
1   // 1. declare a new float called input
2   float input = 3f;
3   // 2. declare a new float called result and initialize it with the
4   // value returned from firstFunction(input);
5   float result = firstFunction(input);
6   // 3. print the result
7   print(result);
```

程序清单 1.7 的输出如下。

```
11.0
```

1.6.1 函数调用概览

程序清单 1.7 的第 5 行有着某种魔力。让我们具体讨论这里发生了什么。通常，我们总是必须先计算赋值操作符的右边。计算这个表达式，涉及调用程序清单 1.6 中所定义的函数。当调用 firstFunction 的时候，程序将会进入到程序清单 1.6 中的函数定义，传入参数 input。在 firstFunction 中，接受 input 的值并且将其复制到一个名为 x 的临时的局域变量（*local variable*）中，并且该函数向调用者（*caller*）返回 3x + 2 的值（在第 5 行）。这个返回值可以存储为一个变量，这正是我们使用 result 所做的事情。然后程序继续进行，打印出该返回值。

1.6.2　参数的更多讨论

函数可能接受多个输入，甚至是没有输入。在函数定义中，我们必须列出想要让函数接受的所有的输入，通过为每个想要的输入声明一个临时的局域变量来做到这一点。这些必需的输入，每一个都可以称为参数（*parameter*），其示例参见程序清单 1.8。

程序清单 1.8　函数声明

```
1   // Requires three integer inputs.
2   int getScore(int rawScore, int multiplier, int bonusScore) {
3      return rawScore * multiplier + bonusScore;
4   }
5
6   // Requires no inputs.
7   float getPi() {
8      return 3.141592f;
9   }
```

无论何时调用一个函数，你都必须传入在圆括号之间列出的所有的参数。例如，在程序清单 1.8 中，函数 getScore 声明了 3 个整型变量。你必须传入相应的值，否则的话，程序将无法运行。类似地，只有当你不传入任何参数的时候，函数 getPi 才会工作。

如前面所述，当我们把一个变量当作参数传递给函数的时候，只有其值（*value*）可以供函数使用（这个值是复制的）。这意味着，下面的程序清单 1.9 和程序清单 1.10 都将打印出相同的值 15 700（根据程序清单 1.8 第 3 行所给出的公式）。

程序清单 1.9　使用变量来调用 getScore

```
1   int num1 = 5000;
2   int num2 = 3;
3   int num3 = 700;
4   print(getScore(num1, num2, num3));
```

程序清单 1.10　使用直接编码的值来调用 getScore

```
1   print(getScore(5000, 3, 700));
```

在程序清单 1.9 中，我们使用变量调用了 getScore 函数。注意，由于我们通过值来传递参数，参数的变量名无关紧要。它们不一定必须要和函数定义中的局域变量的名称一致。程序清单 1.10 没有使用变量，而是传递了直接编码（*hardcoded*）的值。

当然，在我们编写的大多数程序中，像 getScore 这样的函数，其参数都会根据用户执行和使用的习惯而改变，因此，我们通常要避免直接编码字面值。

1.6.3　函数小结

总的来说，要使用一个函数，我们必须做两件事情：首先，必须声明函数定义（如程序清单 1.6 所示）；其次，必须调用该函数（如程序清单 1.7 所示）。如果想要让函数访问某些外部的值，我们会传递参数。函数返回的值拥有某种类型，这在声明函数的时候必须明确地声明，并且，可以使用相应的变量类型和赋值运算符来存储该值。

让我们再来看一个函数。

程序清单 1.11　还活着吗？

```
1    boolean isAlive (int characterHealth) {
2        return characterHealth > 0;
3    }
```

作为练习，请尝试回答如下的问题（答案在后面给出）。

Q1：程序清单 1.11 中的函数的名称是什么？__________________。

Q2：程序清单 1.11 中的函数返回一个什么类型的值？ __________________。

Q3：程序清单 1.11 中的函数接受几个输入？__________________。

Q4：列出该函数的所有的输入的名称：__________________。

Q5：isAlive(5)的结果是 true 还是 false？ __________________。

Q6　isAlive(-5) 的结果是 true 还是 false？__________________。

Q7：isAlive(0) 的结果是 true 还是 false？__________________。

如果你感到迷惑，不要失望！需要花一些时间，才能够完全理解函数。如果你对函数还不是完全清楚，随着在本章中看到更多的示例，以及在第 2 章中开始编写自己的函数，你会对函数有更深的认识。

上述问题的答案是：Q1: isAlive，Q2: boolean，Q3: 一个，Q4: characterHealth，Q5: true，Q6: false，Q7: false。

1.7　控制流程第 1 部分——if 和 else 语句

我们现在把注意力转向控制流程（*control flow*，也称为流程控制，flow control），这指的是代码行将要按照什么样的顺序执行。还记得代码执行的基本规则吧，它是说代码要从上到下地执行。在最简单的程序中，代码真的是按照线性方式从上向下执行的。然而，在任何有用的程序中，我们可能会看到，根据某些条件，会跳过一些代码行甚至重复执行一些代码行。让我们来看一些例子。

1.7.1　if-else 语句块

if-else 语句块用来在代码中创建分支或多条路径。例如，我们可以检查如 characterLevel > 10 这样的条件来判断一个字符串内容，如图 1-6 所示。根据 characterLevel 的值，游戏可以执行不同的指令。你可以看到图 1-4 中有 3 条路径。

我们可以创建比上面的例子具有更多或更少分支的 if-else 语句块。实际上，我们甚至可以把 if 语句嵌套在其他的 if 语句中，以允许“内嵌的”分支。

if-else block

```
if (characterLevel > 10) {
    characterTitle = "King";
} else if (characterLevel > 5) {
    characterTitle = "Knight";
} else {
    characterTitle = "Noob";
}
```

图 1-4　一个 if-else 语句块包含了一条 if 语句、一条 else-if 语句和一条 else 语句

1.7.2　if, else-if 和 else

无论何时，当你写下关键字 if 的时候，就开始了一个新的 if-else 语句块，如图 1-6 所示。你可以编写一个没有任何 else-if 或 else 语句的 if 语句块。这绝对没问题。

在你开始一个新的 if-else 语句块之后，每一个额外的 else-if 都表示一个新的分支。else 语句是表示“我放弃”的分支，并且它将会为你处理所有的剩下的情况。

在给定的 if-else 语句块中，你只能选取一个分支。注意，在图 1-6 中，如果 character Level 是 11，if 和 else-if 语句中的条件似乎都满足。你可能会认为，这将会导致 characterTitle 变成“King”，随后很快又变成“Knight”。然而，不会发生这种情况，因为在 if-else 语句块中，你的代码只能选取一个分支，如图 1-5 所示。

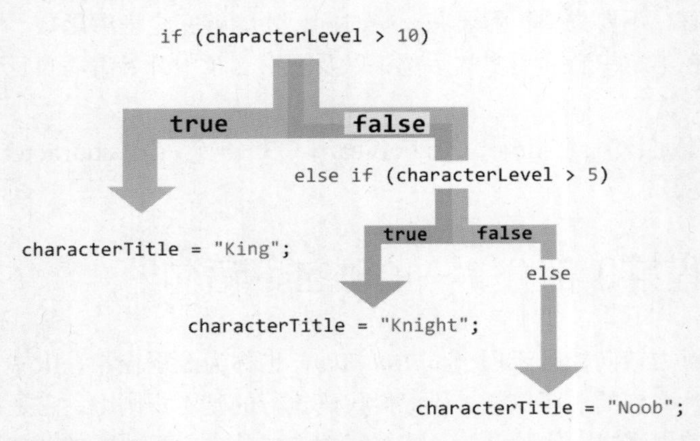

图 1-5　if-else 语句块包含一条 if 语句、一条 else-if 语句和一条 else 语句

1.7.3 函数和 if-else 语句块

再回来看看函数。实际上，我们可以通过 if-else 语句块使得函数更为强大。if-else 语句块还是像前面所介绍的那样工作，但是现在，我们将其包含到函数中，这意味着，我们要留意更多的花括号。看看下面的示例函数，看能否确定哪个开始花括号对应哪个结束花括号。第一个示例中已经为你标识清楚了。

示例 1

```
String theUltimateAnswer(boolean inBinary) {
   String prefix = "The answer to life the universe and everything:";
   if (inBinary) {
      return prefix + 101010;
   } else {
      return prefix + 42;
   }
}
```

示例 2

```
boolean isLessThanTen(int num) {
   if (num < 10) {
      return true;
   } else {
      return false;
   }
}
```

示例 3

```
boolean isEven(int num) {
   if (num % 2 == 0) {
      return true;
   } else {
      return false;
   }
}
```

示例 4

```
String desertSecurity(boolean hasGun, boolean hasRobots) {
```

```
    if (hasGun) {
        return "I've got a bad feeling about this.";
    } else if (hasRobots) {
        return "These are NOT the droids we are looking for."
    } else {
        return "Move along."
    }
}
```

1.7.4　嵌套的 if-else 语句块

现在，我们必须掌握通过读取花括号来判断每个代码块从哪里开始以及从哪里结束的方法，让我们采取一些步骤。假设我们想要编写一个函数，它告诉我们一个人是否能够看一部限制级的电影（我们将根据资格返回 true 和 false）。我们将设置如下所示的条件。

- 如果一个人拥有伪造的 ID，他可以看该电影（不管其年龄多大）。
- 如果一个人有父母陪伴，他可以看该电影（不管其年龄多大）。
- 如果一个人没有伪造的 ID 或者没有父母陪伴：
  - 如果这个人年龄达到了最小年龄，他可以看该电影。
  - 如果这个人年龄尚未达到最小年龄，他不可以看该电影。

因此，我们必须将 if-else 语句嵌套（*nest*）到一个更为通用的条件之中，才能够处理没有伪造的 ID 或没有父母陪伴的人的情况。让我们来看看代码，从 3 个主要分支开始。

程序清单 1.12　我能看电影吗（不完整版本）

```
1 boolean canWatch(int age, int minimumAge, boolean fakeID, boolean withParent) {
2     if (fakeID) {
3         return true;
4     } else if (withParent) {
5         return true;
6     } else {
7         // Nested if statements go here.
8     }
9 }
```

现在，在第 3 个分支中（else 语句）添加两种特定的情况。

程序清单 1.13　内部分支

```
if (age >= minimumAge) {
    return true;
```

```
} else {
   return false;
}
```

现在，我们可以将程序清单 1.12 和程序清单 1.13 放到一起，组成程序清单 1.14。

程序清单 1.14　我能看电影吗（完整版）

```
01 boolean canWatch(int age, int minimumAge, boolean fakeID, boolean withParent) {
02       if (fakeID) {
03          return true;
04       } else if (withParent) {
05          return true;
06       } else {
07          if (age >= minimumAge) {
08             return true;
09          } else {
10             return false;
11          }
12       }
13 }
```

1.7.5　简化布尔语句

尽管程序清单 1.14 中的代码能够很好地运行，我们还是可以进行一些优化，如程序清单 1.15 所示。

程序清单 1.15　我能看电影吗（简化版#1）

```
01 boolean canWatch(int age, int minimumAge, boolean fakeID, boolean withParent) {
02      if (fakeID || withParent) {  // Two cases were combined into one if statement.
03         return true;
04      } else {
05         if (age >= minimumAge) {
06            return true;
07         } else {
08            return false;
09         }
10      }
11 }
```

注意，在程序清单 1.15 中，我们在第 2 行使用"OR"运算符||将两种情况组合到一条 if 语句中。我们将所有的"true"的情况组合起来，以继续简化该函数，如程序清单 1.16 所示。

程序清单 1.16　我能看电影吗（简化版#2）

```
01 boolean canWatch(int age, int minimumAge, boolean fakeID, boolean withParent) {
02       if (fakeID || withParent || age >= minimumAge) {
03          return true;
04       } else {
05          return false;
06       }
07 }
```

不管你是否相信，我们可以完全去除掉 if-else 语句块而只是返回(fakeID || withParent || age >= minimumAge)的值，从而更进一步简化，参见程序清单 1.17。

程序清单 1.17　我能看电影吗（简化版#3）

```
1 boolean canWatch(int age, int minimumAge, boolean fakeID, boolean withParent) {
2       return (fakeID || withParent || age >= minimumAge);
3 }
```

编写这样整洁的代码，就使得你（以及你的同事）能够更加高效地工作，而不需要使用诸如程序清单 1.14 那样复杂的逻辑。在整本书中，我们将学习到更多编写整洁代码的技巧。

1.8　控制流程第 2 部分——while 和 for 循环

在前面的小节中，我们介绍了使用 if 和 else 语句块来产生代码分支。现在，我们来介绍两种类型的循环：while 循环和 for 循环。循环允许我们执行重复性的任务。循环特别重要，没有它们，游戏将无法运行。

1.8.1　while 循环

假设你想要编写一个函数打印出所有的正整数，直到达到给定的输入 n。解决这个问题的策略（算法）如下。

1. 创建一个新的整型，将其值初始化为 1。
2. 如果该整数小于或等于给定的输入 n，打印其值。
3. 将该整数增加 1。

4.　重复步骤 2 和步骤 3。

我们已经学习了如何执行该算法的前 3 步。让我们写下已经知道的内容。

程序清单 1.18　计数器（非完整版）

```
1 ????? countToN(int n) {
2   int counter = 1; // 1. Create a new integer, initialize it at 0.
3   if (counter <= n) { // 2. If this integer is less than or equal to the input
4     print(counter); // Print the value
5     counter = counter + 1; // 3. Increment the integer by 1
6   }
7 }
```

我们必须在代码中解决两个问题。首先，函数应该返回什么类型（通过程序清单 1.18 的第 1 行中的问号来表示）？它应该是一个 int 类型吗？实际上，在我们的例子中，甚至没有一条 return 语句；该函数并不会产生任何可供我们使用的结果。当没有返回任何值的时候，就像前面的函数那样，我们说返回类型是 void。

其次，如何让这段代码重复步骤 2 和步骤 3？这实际上很简单。我们使用一个 while 循环，只要某个条件能够满足，就会让这个循环保持运行。在我们的例子中，所需要做的只是用关键字“while”替代关键字“if”。完整的函数如程序清单 1.19 所示（修改的代码突出显示）。

程序清单 1.19　计数器（完整版）

```
1 void countToN(int n) {
2   int counter = 1; // 1. Create a new integer, initialize it at 0.
3   while (counter <= n) { // 2. If this integer is less than or equal to the input
4     print(counter); // Print the value
5     counter = counter + 1; // 3. Increment the integer by 1
6   }
7 }
```

让我们一行一行地来看看该函数（参见程序清单 1.19）。

第 1 行声明了函数的返回类型（void）、函数名称（countToN）和输入（n）。

第 2 行声明了一个名为 counter 的新的整型，并且将其值初始化为 1。

第 3 行开始一个 while 循环，只要条件（counter <= n）满足，它就会运行。

第 4 行打印出 counter 变量的当前值。

第 5 行将 counter 增加 1。

当到达第 5 行的时候（第 6 行的花括号表示循环结束），代码将再次执行第 3 行。这里会重复，直到 counter 变得比 n 大，此时，会跳出 while 循环。要看看这是如何工作的，让我们在代码中的任意地方调用该函数。

```
print("Initiate counting!");
countToN(5); // Call our countToN() function with the argument of 5.
print("Counting finished!");
```

相应的输出如下所示。

```
Initiate counting!
1
2
3
4
5
Counting finished!
```

这就是 while 循环。只是编写一条 if 语句，并且将关键字“while”放到那里，代码就可以重复一项任务了。

关键知识点

while 循环

只要给定的条件计算为 true，while 循环就将继续迭代。如果我们有一个条件总是为 true，例如，while (5 > 3) …，while 循环将不会结束。这就是一个无限循环。

1.8.2　for 循环

程序清单 1.19 中的计数逻辑的使用如此频繁，以至于人们为此专门设计了一个循环。它叫作 for 循环。for 循环的语法考虑到了各种问题的较为整洁的解决方案，使得我们能够节省代码行。如图 1-6 所示。

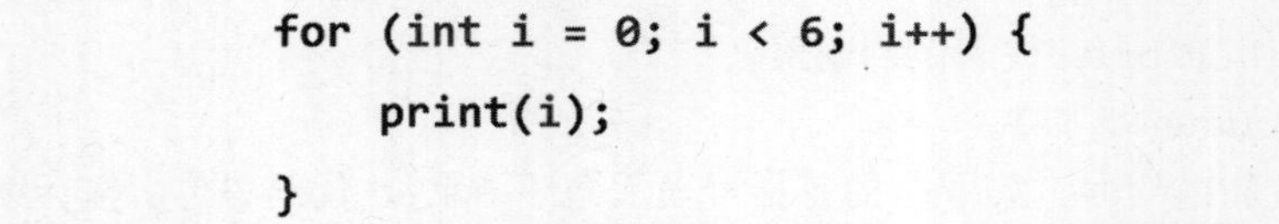

1. 初始化一个计数器变量　2. 设置一个循环终止条件　3. 定义一个自增表达式

```
for (int i = 0; i < 6; i++) {
    print(i);
}
```

图 1-6　for 循环有 3 个主要组成部分：初始化、终止条件和自增

for 循环需要做 3 件事情。必须初始化计数器变量，设置终止条件，然后定义一个自增表达式。该循环将持续迭代（重复），直到终止条件计算为假（在上面的示例中，就是直到 i 大于 6）。每次迭代之后，i 都会按照自增表达式中给出的规则来递增。

在程序清单 1.19 中使用一个 for 循环来计数重新编写代码的话，可以得到程序清单 1.20。

程序清单 1.20　计数器（for 循环版）

```
1 void countToN(int n) {
2   for (int i=1; i<=n; i++) {
3       print(i);
4   }
5 }
```

一旦掌握了语法，编写 for 循环比编写 while 循环要快很多。for 循环很快将会变为我们的无价之宝，并用来干从移动精灵到渲染动画的每一件事情。

1.9　训练到此结束

如果你已经学到了这里，恭喜你！你已经完成了进入美丽的、复杂的并且偶尔令人沮丧的编程世界的第一步。但是，在编写一些 Java 代码之前，你还不能自称为一名 Java 程序员。因此，快打开你的计算机并且开始学习第 2 章，在那里，我们要构建一些 Java 程序了。

第 2 章　Java 基础知识

第 1 章内容完全是成为 Java 程序员的准备工作。在本章中，你将编写自己的第一个 Java 程序（包括一款简单的游戏），并学习如何把游戏的角色、加血（power-up）以及其他实体表示为 Java 对象。

2.1　面向对象编程

Java 是一种面向对象编程语言。在面向对象的范型中，我们以对象的形式来表示数据，以帮助我们形成概念并沟通思路。例如，在构建视频共享 Web 应用程序的时候，我们可能要创建一个 User 对象来表示每个用户账户（及其所有的数据，例如，用户名、密码、上传的视频等）。使用一个 Video 对象来表示每一个上传的视频，其中的很多视频都组织到一个 Playlist 对象中。

考虑到整洁、健壮的代码更容易阅读和理解，面向对象编程允许我们将相关的数据组织到一起。为了了解这一思路，我们来编写自己的第一个 Java 程序。

关键知识点

访问本书的配套站点

本书中的所有代码示例、勘误文档，以及额外的补充内容，都可以通过本书的配套站点 jamescho7.com 来获取。

Java 的安装可能颇有些技巧。如果在本章的任何地方，你有不明白之处，请访问配套站点，那里有视频指南可以帮助你开始安装 Java。

2.2　设置开发机器

在开始编写简单点的 Java 程序和构建令人兴奋的游戏之前，我们必须在自己的机器上安装一些软件。然而，这个过程有点枯燥且颇费时间，但是，为了让第一个程序开始运行，这些代价都是值得的。

2.2.1　安装 Eclipse

我们将利用一个集成开发环境（Integrated Development Environment，IDE）来编写

Java/Android 应用程序。IDE 是一种工具的名称，它能够帮助我们轻松地编写、构建和运行程序。

我们将要使用的 IDE 叫作 Eclipse，这是一款强大的开源软件。然而，我们将下载 Google 改进版的 Eclipse，即 Android Developer Tools (ADT) Bundle，而不是安装单纯的 Eclipse。我们稍后再介绍所有这些术语的含义。

要构建 Android 应用程序，必须先安装 Android SDK（软件开发工具包）。通常，你需要单独下载它（和下载 Eclipse 的过程分开），并且用一个插件（为 Eclipse 提供额外功能的一个插件）来集成它；然而，Google 允许你下载包含了 Eclipse 和 Android SDK 的一个包（即 ADT 包），从而使得这个过程更加容易。

按照如下的步骤来准备用于 Java/Android 开发的机器。

① 下载 ADT 包，请访问如下的站点。

```
http://developer.android.com/sdk/index.html
```

② 应该会看到图 2-1 所示的页面。

图 2-1　Android SDK 下载页面

一旦看到了这个页面，点击“Download Eclipse ADT”按钮。该站点将会自动检测你的操作系统，以便你能够下载正确的版本。

③ 你将会看到图 2-2 所示的界面。

根据你的操作系统的类型，下载 32 位或者 64 位的版本。不确定应该选择哪个版本？可以通过如下方式搞清楚。

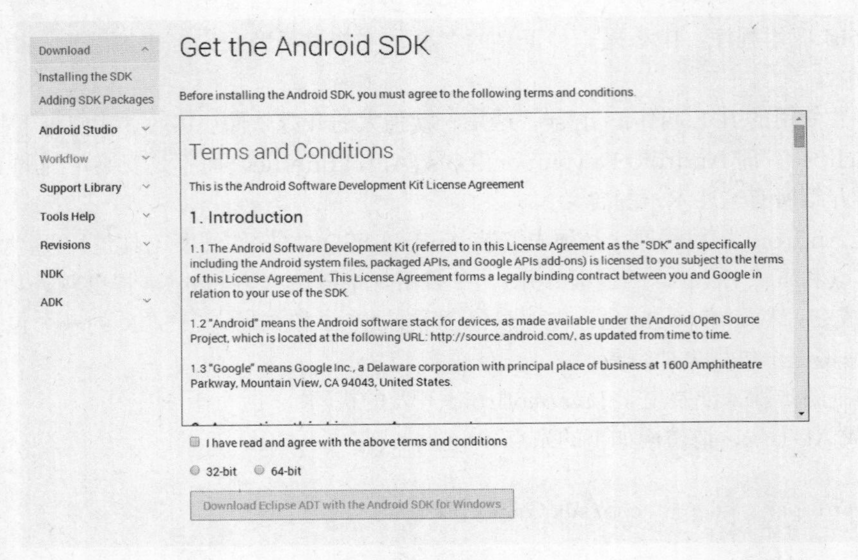

图 2-2　32 位还是 64 位

在 Windows 上查看操作系统类型

在 Windows 上，鼠标右键点击“我的电脑”（My Computer）并且点击“属性”（Properties）。或者，可以导航到“控制面板”（Control Panel）并查找“系统”（System）。将会看到图 2-3 所示的窗口。

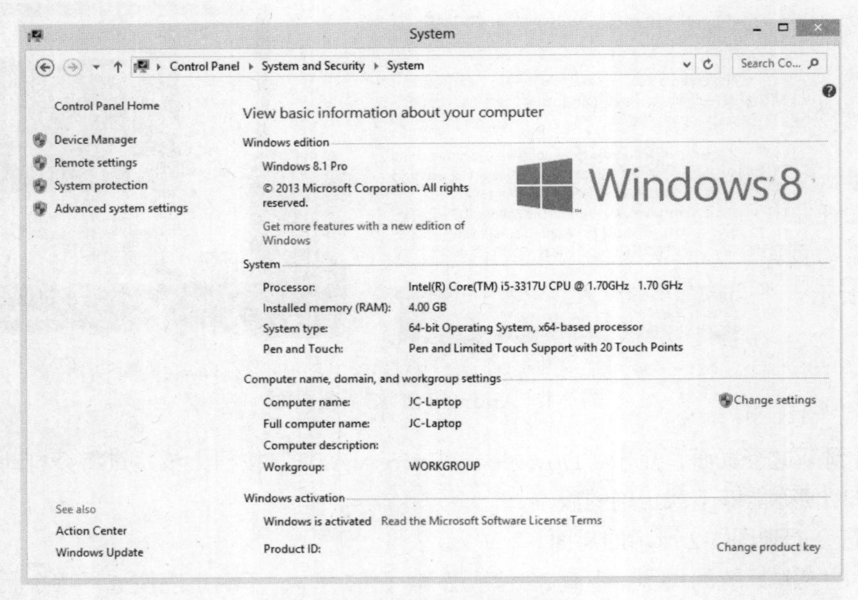

图 2-3　Windows 系统信息

如果你的机器是 32 位的，将会看到 32-bit Operating System 或 x86-based processor。否则，你应该会看到 64-bit Operating System。记住这个版本，并且下载相应的 ADT。

在 Mac OS X 上查看操作系统类型

要查看使用的是 32 位还是 64 位的操作系统，必须检查处理器的类型。如下所示的页面告诉你如何判断以及解释这些信息。

```
http://support.apple.com/kb/HT3696
```

记住操作系统的版本，并且下载相应的 ADT 版本。

④下载的是一个很大的.zip 文件（在编写本书的时候，文件大概有 350MB）。直接将这个文件解压缩到一个便于使用的目录中。不必安装它。

解压之后，应该会看到两个文件夹和一个名为 SDK Manager 的文件。现在，你只需要关心 Eclipse 文件夹，因为在本章后面我们才会用到 Android。

2.2.2 安装 Java 开发包

Eclipse 是用 Java 构建的。这意味着，你需要在自己的机器上安装一个 Java 运行时环境（Java Runtime Environment，JRE），才能运行 Eclipse。由于我们将运行 Java 程序并且会开发 Java 程序，我们将安装 JDK（Java Development Kit），其中包含了一个 JRE 和各种开发工具。

① 要安装 JDK，导航到如下所示的页面。

```
http://www.oracle.com/technetwork/java/javase/downloads/index.html
```

在编写本书的时候，JDK 的最新版本是 JDK 8。考虑到兼容性，我们将使用 JDK 7，以便在 Android 开发中不会遇到问题。

向下滚动页面，直到看到 **Java SE 7uNN**，其中，NN 是 Java 7 最近的两位更新编号。如图 2-4 所示，当前的版本是 **Java SE 7u55**。根据你阅读本书的时间，最新版本会有所不同。

② 点击 *JDK* 下方的 **DOWNLOAD** 按钮。应该会打开图 2-5 所示的对话框。

③ 选中“**Accept License Agreement**”并且下载与你的操作系统对应的 JDK 版本。这里，x86 指的是 32 位，而 x64 指的是 64 位。如果你忘记了这一信息，请参考上一小节的步骤 3。

④ 一旦下载完成，使用默认的设置安装该文件。

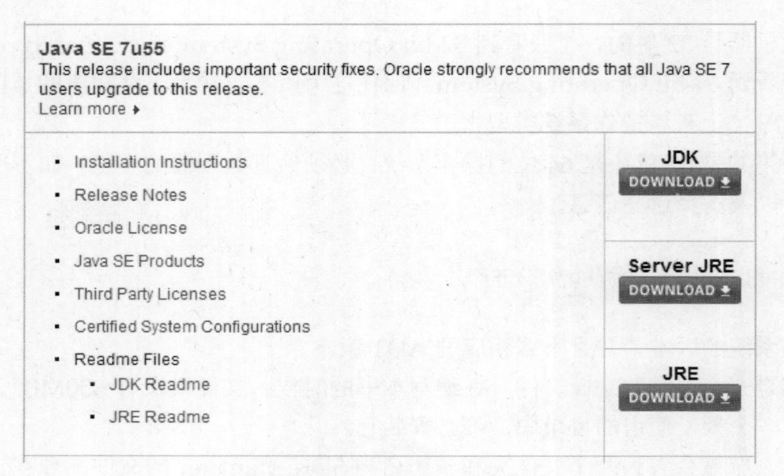

图 2-4　Java SE 7 下载包

Java SE Development Kit 7u55

You must accept the Oracle Binary Code License Agreement for Java SE to download this software.

Accept License Agreement　Decline License Agreement

Product / File Description	File Size	Download
Linux x86	115.67 MB	jdk-7u55-linux-i586.rpm
Linux x86	133 MB	jdk-7u55-linux-i586.tar.gz
Linux x64	116.97 MB	jdk-7u55-linux-x64.rpm
Linux x64	131.82 MB	jdk-7u55-linux-x64.tar.gz
Mac OS X x64	179.56 MB	jdk-7u55-macosx-x64.dmg
Solaris x86 (SVR4 package)	138.86 MB	jdk-7u55-solaris-i586.tar.Z
Solaris x86	95.14 MB	jdk-7u55-solaris-i586.tar.gz
Solaris x64 (SVR4 package)	24.55 MB	jdk-7u55-solaris-x64.tar.Z
Solaris x64	16.25 MB	jdk-7u55-solaris-x64.tar.gz
Solaris SPARC (SVR4 package)	138.23 MB	jdk-7u55-solaris-sparc.tar.Z
Solaris SPARC	98.18 MB	jdk-7u55-solaris-sparc.tar.gz
Solaris SPARC 64-bit (SVR4 package)	24 MB	jdk-7u55-solaris-sparcv9.tar.Z
Solaris SPARC 64-bit	18.34 MB	jdk-7u55-solaris-sparcv9.tar.gz
Windows x86	123.67 MB	jdk-7u55-windows-i586.exe
Windows x64	125.49 MB	jdk-7u55-windows-x64.exe

图 2-5　JDK 7 下载页面

2.2.3　打开 Eclipse

既然已经下载了所有必需的文件，导航到解压开的 ADT Bundle 文件夹，并且打开 Eclipse 文件夹。一旦进入该文件夹，启动 Eclipse 应用程序（在 Windows 上名为 **eclipse.exe**）。

如果你看到了一条关于未定义的 PATH 变量的错误，这意味着，Eclipse 不能找到 JRE。要解决这一问题，访问如下页面。

```
http://docs.oracle.com/javase/tutorial/essential/environment/paths.html
```

如果没有错误，那么，应该会看到图 2-6 所示的一个对话框。

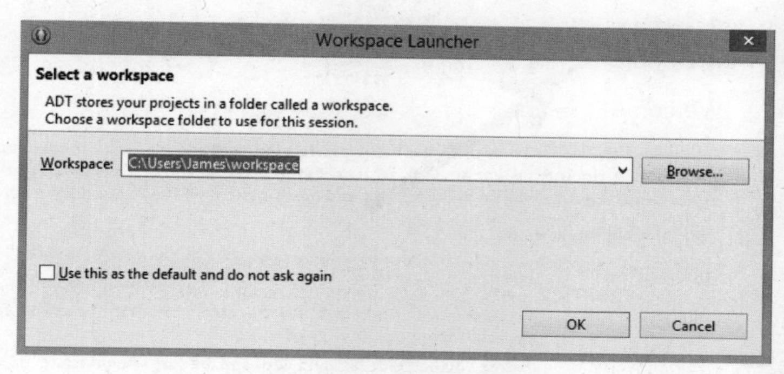

图 2-6 ADT 工作区启动程序

图 2-6 展示了一个对话框，它要求你设置一个工作区，也就是在其中创建自己的 Java 项目的文件夹。在这里，你可以选择并创建想要的任何文件夹，并且 Eclipse 将会使用它来管理你的 Java 项目。

2.3 编写第一个程序

在选择了工作区之后，Eclipse 将会打开，并且你将会看到图 2-7 所示的欢迎界面。

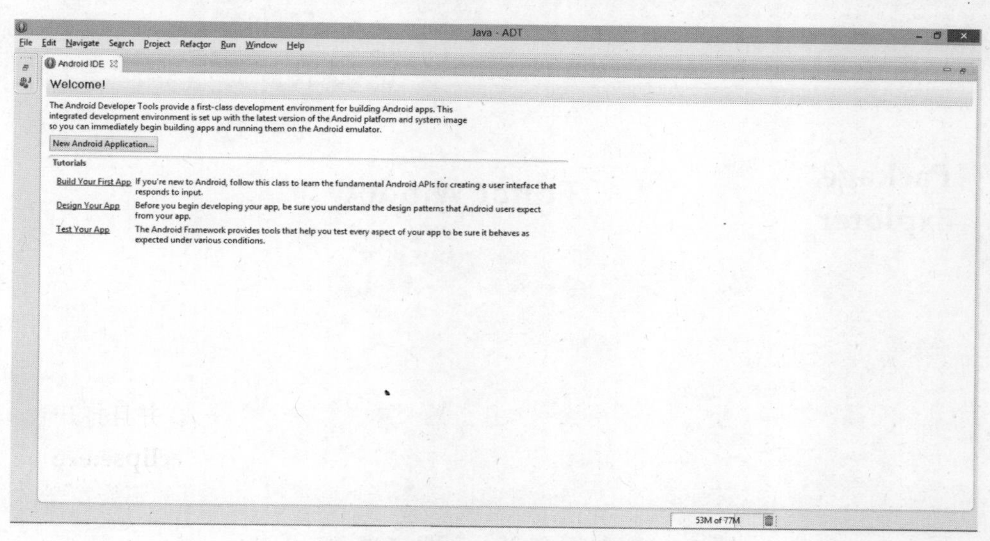

图 2-7 Android IDE 欢迎界面

现在，我们已经准备好了 IDE，可以开始编写第一个 Java 程序了。由于还没有构建任何的 Android 应用程序，我们可以安全地退出这个标签页。如图 2-8 所示。

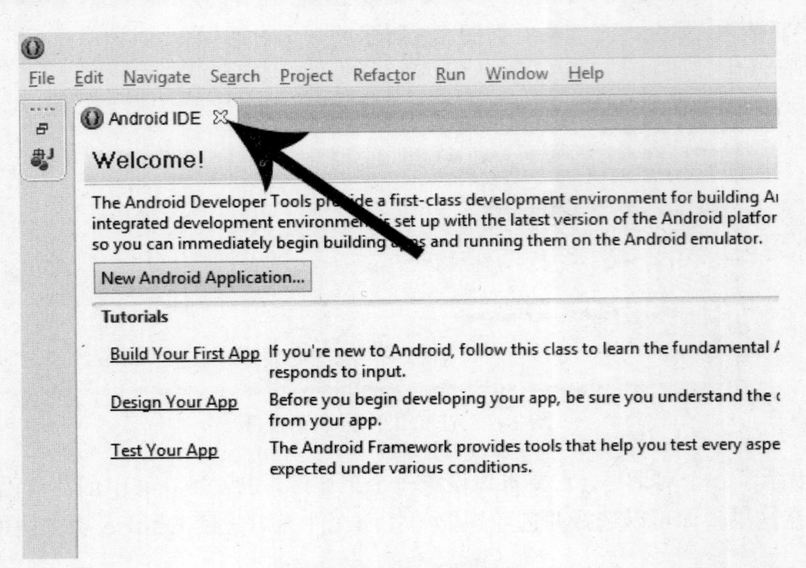

图 2-8　退出欢迎界面

完成之后，我们将可以访问几个不同的视图。现在，只需要关心其中的 2 个视图：Package Explorer 和 Editor Window。如图 2-9 所示。

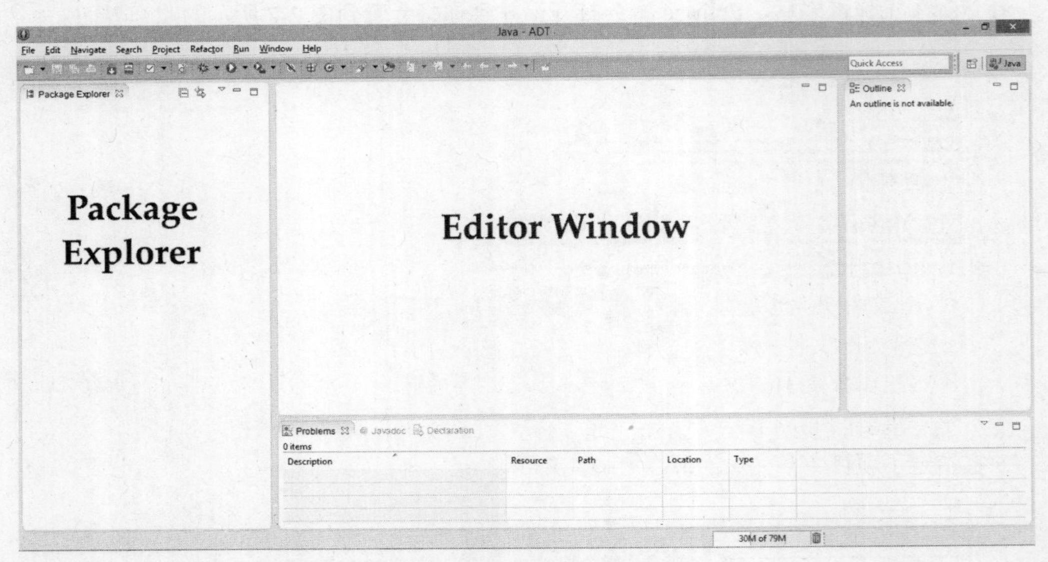

图 2-9　Package Explorer 和 Editor Window

2.3.1 创建一个新的 Java 项目

我们终于开始编写第一个 Java 程序了。Eclipse 中的 Java 程序都是组织成项目的。要创建一个新的项目，在 Package Explorer 上点击鼠标右键（在 Mac 上是 Control +点击），点击 New，然后选择 Java Project，如图 2-10 所示。

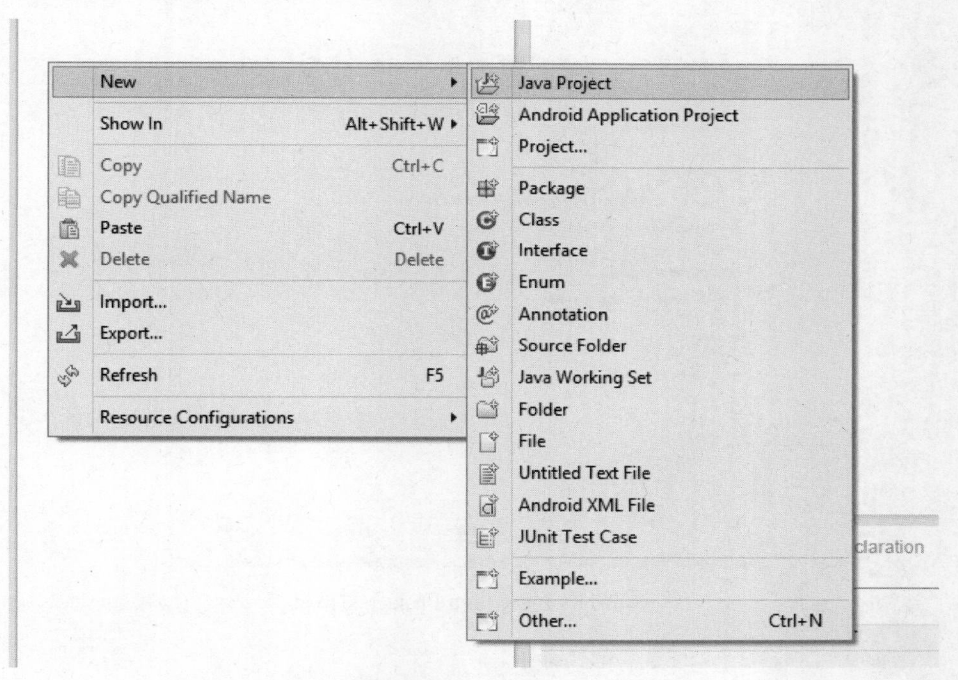

图 2-10 创建一个新的 Java 项目

将会打开图 2-11 所示的对话框，要求你分配一个项目名称。我们把这个项目叫作“Beginning Java”。现在，可以离开这个对话框了。

在 Eclipse 中创建的每个 Java 项目，都有两个重要的组成部分，如图 2-12 所示。

（1）src 文件夹是放置所有源代码（Java 类）的地方。我们将要编写的所有代码，都放在这个 src 文件夹中。

（2）第二部分是 **JRE System Library**，它包含了我们可以在自己的 Java 代码中使用的所有重要的 Java 库。

在指定了项目名称之后，点击 Finish 按钮。

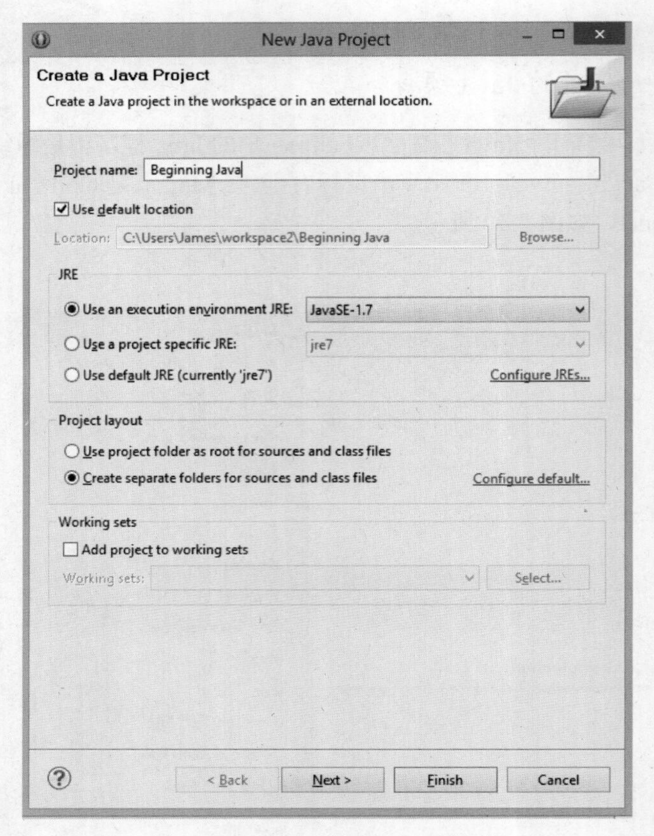

图 2-11　New Java Project 对话框

图 2-12　Java 项目的结构

2.3.2　创建一个 Java 类

Java 要求我们在 Java 类中编写代码。可以在一个文本编辑器（如 Notepad 和 TextEdit）中创建并修改类，或者可以像我们一样，使用 Eclipse 这样的一款集成开发环境。

要编写第一个程序，必须创建自己的第一个 Java 类。在 src 文件夹上点击鼠标右键（在 Mac 上是 Control +点击），并且选择 **New > Class**。

将会打开 New Java Class 对话框。我们将只提供类名 FirstProgram，其他的设置保留不动，然后点击 Finish 按钮，忽略关于默认包的警告。如图 2-13 所示。

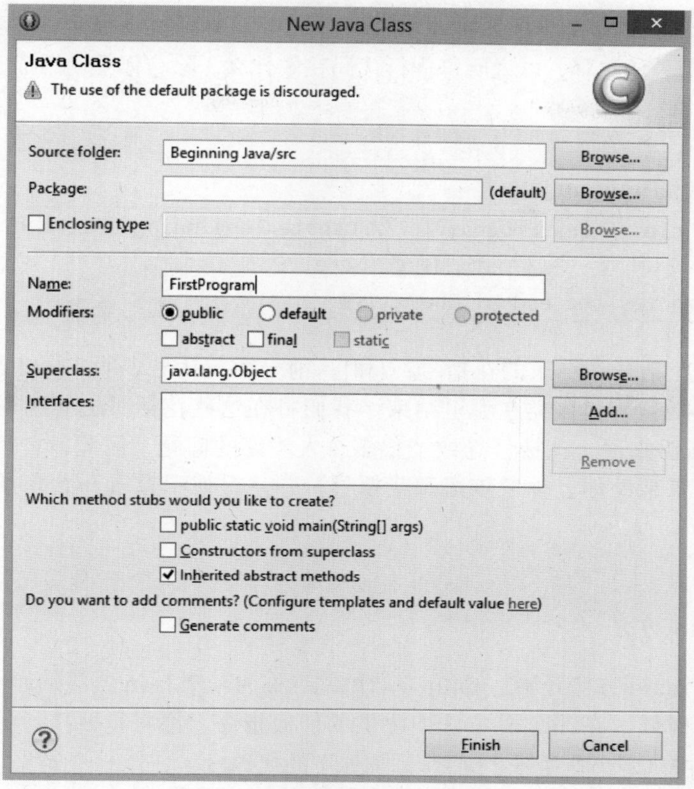

图 2-13　New Java Class 对话框

FirstProgram 类将会在编辑器窗口中自动打开。如果没有，在左边的 Package Explorer 中双击 FirstProgram.java 文件，如图 2-14 所示。

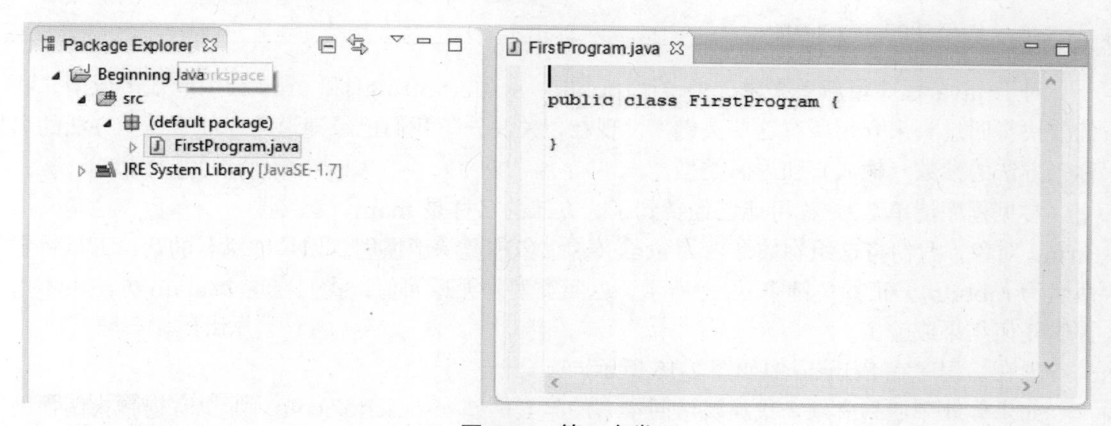

图 2-14　第一个类

Eclipse 将会为我们自动生成一些基本的代码，如程序清单 2.1 所示。注意，我已经给这段代码添加了一些额外的注释，以说明每一行代码在做什么。除非你手动添加，这些注释不会出现在代码中。

程序清单 2.1　FirstProgram.java

```
1       public class FirstProgram {  // Denotes beginning of the class
2                           // methods go here!
3       } // Denotes the end of the class
```

注意开始的花括号和结束的花括号：{和}。前一个花括号表明 FirstProgram 类从哪里开始，后一个花括号表明该类在哪里结束。我们将在这些花括号之间编写自己的代码。对于 Java 程序员新手来说，花括号导致了很多令人头疼的问题，因此，在后面几章中，我将通过标记花括号来帮助你。你应该留意花括号，并且习惯于查看开始花括号结束花括号之间的关系。

2.3.3　main 方法

Java 程序从 main 方法开始。main 方法由此也称为一个 Java 程序的起点。当我们构建并执行一个程序的时候，在 main 方法中提供的任何指令，都将是要执行的第一行代码。在 FirstProgram 类中（两个花括号之间），添加如下的代码段。

程序清单 2.2　main 方法

```
public static void main(String[] args) {
        // This is the starting point of your program.
} // End of main
```

对于 Java 程序员新手来说，关键字 public、static、String[]和 args 会引起很多混淆。我们很快将回过头来介绍所有这些关键字。现在，关注一下我们已经知道的 3 件事情：方法的名称、方法的参数（输入）和返回类型。

参见程序清单 2.2，你可能已经猜到了，方法的名称是 main。它接受一个参数，这是一组 String 对象，我们将这组参数命名为 args（这个名称遵从于惯例。如果你愿意的话，可以将它命名为 rabbits）。正如关键字 viod 所示，返回类型是无返回值；我们在这个 main 方法中不用提供任何结果或输出。

现在，程序在 Eclipse 中如图 2-15 所示。

如果你此刻遇到麻烦，我建议访问本书的配套网站 jamescho7.com。那里有视频指南帮助你顺利地设置和运行。

FirstProgram.java

```
public class FirstProgram {  // Denotes beginning of the class
    // Insert Methods here!
    public static void main(String[] args) {
        // Add code here!
    }

} // Denotes the end of the class
```

图 2-15 添加 main 方法

2.3.4 打招呼

学习一种新的编程语言，要做的一件传统的事情是，就是在控制台打印出“Hello, world”。有两点原因使得这件事情很重要。首先，如果你能够成功地做到这一点，你知道机器已经正确地设置好并能够进行开发了（即 IDE 和 Java 安装在后台都进行得很顺利）。其次，这意味着，你已经在新环境中执行了第一行代码，并且已经准备好进行下一步。

在第 1 章中，我们介绍过可以使用一个 print()函数来打印内容。遗憾的是，由于 Java 的面向对象设计（我们将很快介绍这一点），它并没有这样一个简单的打印函数。相反，我们必须使用 System.out.println()，其中最后两个字母是 LN 的小写字母，是单词 line 的缩写。

```
System.out.println("Hello, world! I am now a Java programmer");
```

现在，完整的类应该如程序清单 2.3 所示。

程序清单 2.3 FirstProgram.java – Hello World!

```
1 public class FirstProgram {  // Denotes beginning of the class
2
3       public static void main(String[] args) {  // Beginning of Main
4               System.out.println("Hello, world! I am now a Java programmer");
5       } // End of Main
6
7 } // Denotes the end of the class
```

注意，我们使用缩进来表示不同的层级。FirstProgram 类包含了一个 main 方法，main 方法那里缩进了一次。反过来，main 方法包含了 println 语句，它缩进两次。这样的格式使得我们能够快速判断有多少行代码形成结构，以及每一个这样的代码部分是从哪里开始到哪里结束。

2.4　执行 Java 程序

要执行一个程序，我们直接在项目的 src 文件夹（或 FirstProgram 类）上点击鼠标右键（在 Mac 上是 Control +点击），如图 2-16 所示。

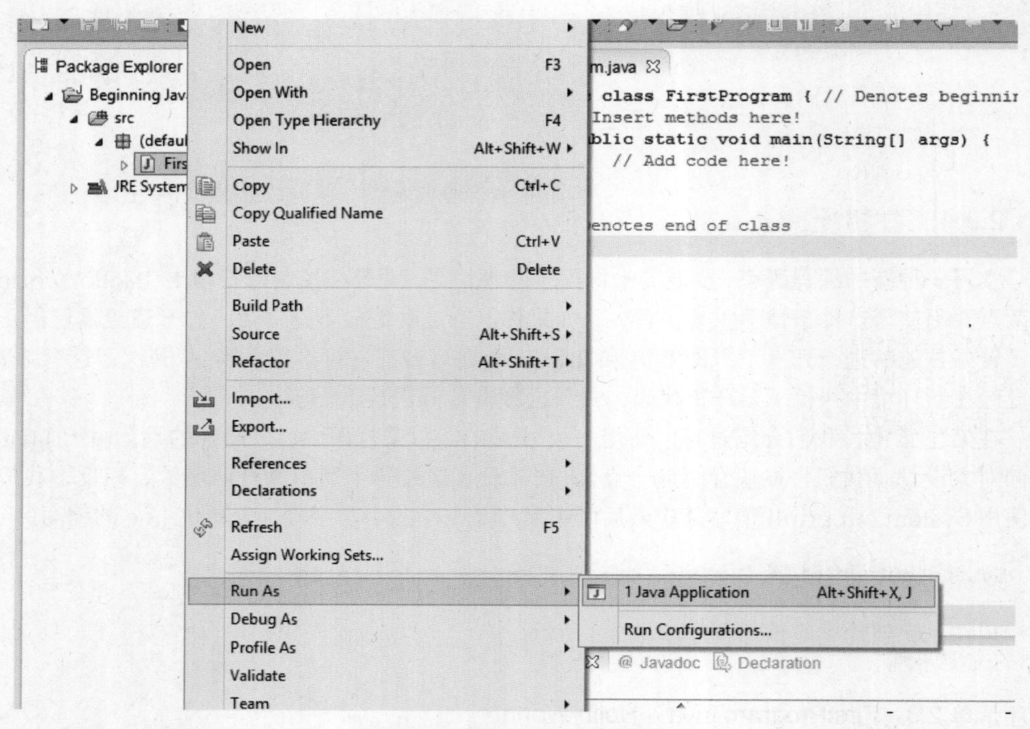

图 2-16　执行 Java 应用程序

当执行该程序的时候，会弹出 Console（如图 2-17 所示），并且显示消息“Hello, world! I am now a Java programmer”。如果由于任何原因，控制台没有出现，那么可以点击工具栏（Eclipse 窗口顶部）上的 Windows 菜单，然后选择 **Show View > Console** 来打开它。

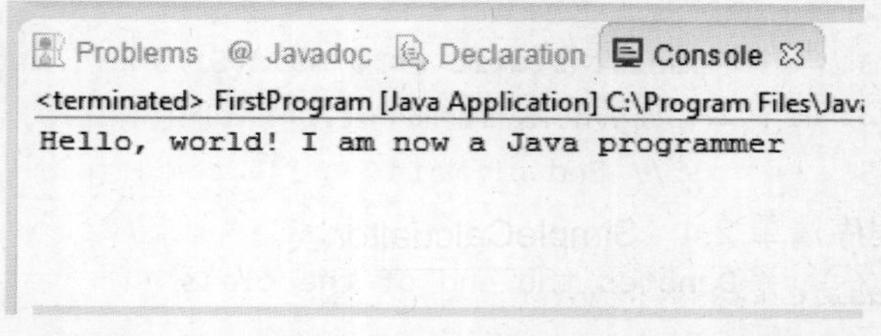

图 2-17　控制台显示了 FirstProgram.java 的输出

成功了！如果你能够得到这一输出，恭喜你！你已经成功地编写了第一个 Java 程序。

如果你遇到麻烦，没有得到所示的消息，请访问本书的配套站点 jamescho7.com。那里的视频将会指导你如何通过这些步骤，并确保毫无问题地做到这一点。

2.5 魔术揭秘——编译器和 JVM

在我们点击运行按钮和出现“Hello, world...?”之间，发生了什么事情。不管你是否相信，所有的事情都是在幕后进行的。当我们编写源代码的时候，Java 编译器会编译它，这意味着，它会检查代码潜在的错误并将其转换为只有机器能够理解的语言。这个机器，就是执行代码并把想要的文本打印到控制台的 Java 虚拟机（Java Virtual Machine，JVM）。如图 2-18 所示。

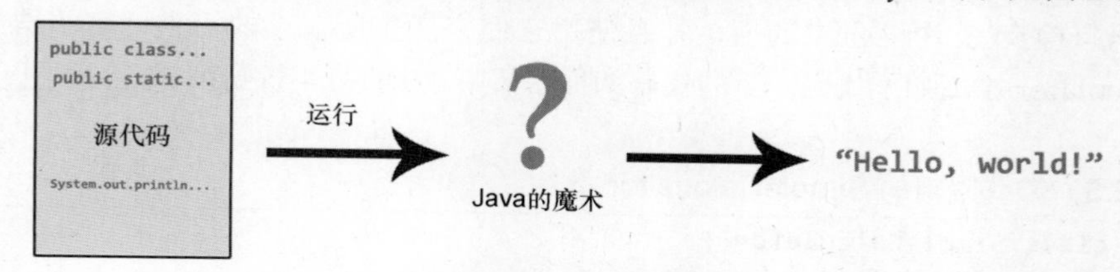

图 2-18 Java 的魔术

JVM 是一个虚拟的机器。它运行于操作系统之上，并且能够执行 Java 指令。使用这样一个虚拟机的好处在于，你可以在一种操作系统（如 Windows 或 Mac）上编写跨平台的 Java 代码，而代码会在另外一种操作系统上运行。

2.6 构建一个简单的计算器程序

现在，我们已经尝到了甜头，让我们回过头来看看第 1 章介绍过的一些概念，并且构建一个简单的计算器程序。让我们给出一些动手实践的指导，来构建一个新的 Java 程序。请记住如下的主要步骤。

① 创建一个新的 Java 项目（将其命名为 SecondProject）。

② 在 src 文件夹中创建一个新的类（将其命名为 SimpleCalculator）。

③ 创建一个 main 方法。

如果任何时候你碰到困难，应该参考前面的小节。一旦按照上面的步骤进行，应该会看到程序清单 2.4 所示的内容。

程序清单 2.4 SimpleCalcualtor 类

```
public class SimpleCalculator {

	public static void main(String[] args) {

	}
}
```

计算器应用程序背后的思路很简单。我们将创建两个 float 变量，表示两个运算数。我们将创建第 3 个变量来表示想要执行的计算。

我们将使用一个整数来表示计算，规则如下。

1：加法。

2：减法。

3：乘法。

4：除法。

源代码将检查 3 个变量中的值，并且使用它们来产生所请求的算术计算的结果。给类 SimpleCalculator 添加如下代码。新的代码如程序清单 2.5 的第 4 行到第 31 行所示。

程序清单 2.5　带有逻辑的 SimpleCalcualtor 类

```
01 public class SimpleCalculator {
02
03  public static void main(String[] args) {
04      float operand1 = 5;
05      float operand2 = 10;
06      int operation = 1;
07
08      if (operation == 1) {
09
10              // Addition
11              System.out.println(operand1 + " + " + operand2 + " =");
12              System.out.println(operand1 + operand2);
13
14      } else if (operation == 2) {
15
16              // Subtraction
17              System.out.println(operand1 + " - " + operand2 + " =");
18              System.out.println(operand1 - operand2);
19
20      } else if (operation == 3) {
21
22              // Multiplication
23              System.out.println(operand1 + " * " + operand2 + " =");
24              System.out.println(operand1 * operand2);
25
26      } else {
```

```
27
28              // Division
29              System.out.println(operand1 + " / " + operand2 + " =");
30              System.out.println(operand1 / operand2);
31          }
32
33      }
34  }
```

运行该程序！应该会得到如下所示的输出。

```
5.0 + 10.0 =
15.0
```

花时间看一下这段代码。确保可以一行一行地浏览代码，并搞清楚发生了什么。

我们首先是声明了两个新的 float 变量，名为 operand1 和 operand2，并使用值 5 和 10 来初始化它们。我们声明的第 3 个变量名为 operation，将值 1 赋给了它。

然后，是一系列的 if 语句，它们测试 operation 变量的值并确定执行正确的计算。当一条 if 语句满足的时候，执行两条 System.out.println()语句，打印出了我们所看到的结果。注意，在这里我们使用加法运算，将两个带有 float 值的字符串连接（组合）起来。

那么，如果我们想要计算 25×17 的值的话，该如何修改呢？我们直接将 operand1 的值改为 25，将 operand2 的值改为 17，将 operation 的值改为 3，如程序清单 2.6 所示。

程序清单 2.6　修改后的 SimpleCalcualtor 类

```
public class SimpleCalculator {

        public static void main(String[] args) {
                float operand1 = 5;
                float operand2 = 10;
                int operation = 1;
                float operand1 = 25;
                float operand2 = 17;
                int operation = 3;

                if (operation == 1) {

                        // Addition
                        System.out.println(operand1 + " + " + operand2 + " =");
```

```
                System.out.println(operand1 + operand2);

            } else if (operation == 2) {

                // Subtraction
                System.out.println(operand1 + " - " + operand2 + " =");
                System.out.println(operand1 - operand2);

            } else if (operation == 3) {

                // Multiplication
                System.out.println(operand1 + " * " + operand2 + " =");
                System.out.println(operand1 * operand2);

            } else {

                // Division
                System.out.println(operand1 + " / " + operand2 + " =");
                System.out.println(operand1 / operand2);
            }

        }
}
```

再次运行该程序，应该看到如下结果。

```
25.0 * 17.0 =
425.0
```

SimpleCalculator 现在还不是非常有用。每次要执行一个简单的计算的时候，它都要求我们修改代码。最好的解决方案是，要求程序的用户为我们的 operand1、operand2 和 operation 提供想要的值。实际上，Java 提供了一种方法可以做到这一点，但是，需要我们先理解如何使用对象，因此，我们现在先不讨论这种方法。

2.7　构建一个简单的计数程序

在下一个示例中，我们将利用第 1 章中介绍过的 for 循环来打印出数字 5 到 12 之间的每一个偶数。这是一个简单的游戏示例，但是，掌握 for 循环语法的技巧很重要。

创建一个名为 CountingProject 的新的 Java 项目，并且创建一个名为 EvenFinder 的新类，添加程序清单 2.7 所示的 main 方法。

程序清单 2.7　EvenFinder 类

```
01 public class EvenFinder {
02
03     public static void main(String[] args) {
04             int startingNum = 5;
05             int endingNum = 12;
06
07             for (int i = startingNum; i < endingNum + 1; i++) {
08
09                     // Execute following code if i < endingNum + 1
10
11                     if (i % 2 == 0) {
12                             System.out.println(i + " is an even number.");
13                     } else {
14                             System.out.println(i + " is an odd number.");
15                     }
16
17                     // Repeat for loop
18             }
19     }
20 }
```

运行该程序，应该会看到如下所示的输出。

```
5 is an odd number.
6 is an even number.
7 is an odd number.
8 is an even number.
9 is an odd number.
10 is an even number.
11 is an odd number.
12 is an even number.
```

还记得吧，for 循环有 3 个组成部分。我们首先初始化一个计数器变量 i。然后，提供了一个终止条件，该条件说“运行这个循环直到不再满足这个条件”。最后，我们提供了计数器变量自增的规则。

在前面的示例中，计数器从值 5 开始，并且只要其值小于 endingNum + 1 就会自增。当 i 的值变得和 endingNum + 1 相等的时候，循环终止（不再执行循环体），并且程序结束。

尝试自己一行一行地执行这些代码，每次“循环”运行的时候，手动增加 i 值。确保你理解 for 循环何时终止，以及为何终止。如果这对你来说有些困难，回顾一下第 1 章中介绍循环的部分可能会有所帮助。

2.8　对象的基础知识

我们已经应用了第 1 章中介绍过的概念来编写和运行一些非常简单的 Java 程序。接下来，我们将把注意力转向对象，它使得我们能够编写更加复杂和强大的程序。

什么是对象？以你看待现实世界中的物体的方式来思考 Java 对象，这么做是有帮助的。对象所拥有的属性，我们称之为状态（*state*）和行为（*behavior*）。

让我们以手机为例子。你的手机拥有状态，它可能是黑色的，并且可能打开了电源开关。这些属性可以帮助我们描述手机以形成其状态。手机还会有行为。它可能能够播放音乐，或者对触摸做出响应。通常，这些行为都独立于手机的状态（但并不总是如此）。例如，如果你的手机是关机的（这是其状态的一个特性），手机不再能够执行任何这些行为。

Java 对象也大同小异。它们也有状态和属性。实际上，你将在这整本书中学习状态和属性。变量（*variable*）通常用来描述一个对象的状态。函数（function），我们也称之为方法（method），描述一个对象的行为。

图 2-19 给出了一个示例，展示了我们如何使用变量和方法来设计一个 Java 的 Phone 对象。

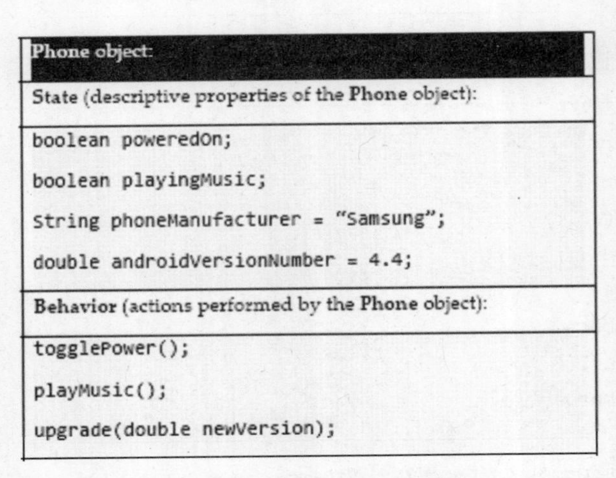

图 2-19　一个 Phone 对象的框架

2.9 类

图 2-19 所示的一个对象框架，如何将其转换为 Java 代码呢？使用类（class）。我们已经创建了很多类，但是，还没有介绍什么是类。

类提供了一个模板，以供创建 Java 对象。常用的类比把类描述为一个蓝图。如下是一个 Phone 类的样子。

程序清单 2.8 Phone 类的一个示例

```
01 public class Phone {
02
03     // These variables describe the Phone object's state
04     boolean poweredOn;
05     boolean playingMusic;
06     String phoneManufacturer;
07     double androidVersionNumber;
08
09     // These methods are the Phone object's behaviors
10     void togglePower() {
11         if (poweredOn) {
12             System.out.println("Powering off!");
13             poweredOn = false;
14             playingMusic = false;
15         } else {
16             System.out.println("Powering on!");
17             poweredOn = true;
18         }
19     } // ends togglePower method
20
21     void playMusic() {
22         if (poweredOn) {
23             System.out.println("Playing music!");
24             playingMusic = true;
25         }
26     } // ends playMusic method
27
28     void upgrade(double newVersion) {
```

```
29              if (newVersion > androidVersionNumber) {
30                     androidVersionNumber = newVersion;
31          } else {
32                     System.out.println("Upgrade failed!");
33          }
34      } // ends upgrade method
35
36  } // ends class
```

程序清单 2.8 所示的这个 Phone 类，是创建单个的 Phone 对象的一个蓝图。它告诉我们一个对象要成为一个 Phone 对象，需要哪些属性（状态和行为）。我们将使用代码来探究其含义，并且在随后的小节中讨论类和对象之间的隐含意义。

关键知识点

快速介绍命名惯例

你可能注意到了，我们在命令类、变量和方法的时候，遵从相同的惯例。这些是应该了解和遵守的共同规则。让我们详细介绍一下。

类名、变量名和方法名应该是一个单词（多个单词的话，要组合到一个单词中）。在命名类的时候，我们使用所谓的 UpperCamelCase 方法，其中每个单词的第一个字母大写。在本书中，类的名称显示为等宽粗体的形式。如下是恰当的类名（注意，它们都是名词）。

```
Game    DragonKnight    SimpleCalculator    MathHelper
```

在命名变量和方法的时候，我们使用 camelCase 方法。将名称的首字母小写，并且将每个后续的单词的首字母大写。在本书中，变量和方法名称都以常规的等宽字体显示。如下是恰当的变量名和方法名（注意，变量名称是名词，方法名是动词）。

```
versionNumber    drawCharacter()        addNum()    failingStudent
```

2.10　使用对象

我们现在开始真正地使用对象。创建一个名为 BasicObjects 的新的 Java 对象。然后，创建一个名为 World 的新类，并且给它一个简单的“Hello, world!” 的 main 方法，如程序清单 2.9 所示。

程序清单 2.9　World.java

```
public class World {
```

```
        public static void main(String[] args) {
                System.out.println(“Hello, world!”);
        }
}
```

World 类将表示一个小型的虚拟世界，我们可以用对象填充这个世界。它将是我们的程序的入口点（我们从这个类开始运行程序），因此，它需要 main 方法。

在相同的 src 目录中，创建另一个名为 Phone 的类，如图 2-20 所示。

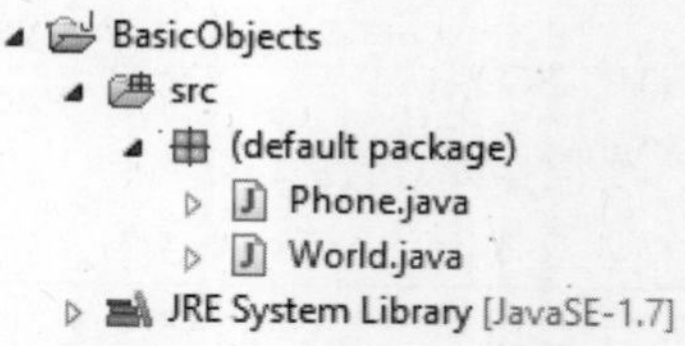

BasicObjects
src
(default package)
Phone.java
World.java
JRE System Library [JavaSE-1.7]

图 2-20　BasicObjects 的类结构

在 Eclipse 中，将程序清单 2.8 中的 Phone 类复制到 Phone.java 中。Phone 类不应该有 main 方法。Phone 类的主要作用是简化一个虚拟设备的相关信息的保存；它是一个想象的手机的一种表示，仅此而已。Phone 类和 World 类一起构成了一个程序，并且在本书中，我们的程序通常只有一个 main 方法，这意味着，只有一条路径启动程序。

如果我们要运行两个类程序的话，你能够预计到将会发生什么吗？World 类中的代码还会运行吗？Phone 类中的代码还会运行吗？只有一种方法能够搞清楚这一点。在 src 目录上点击鼠标右键（在 Mac 上是 Control+点击），以启动程序，并且将该项目当作一个 Java 应用程序运行。应该会看到如下所示的输出。

```
Hello, world!
```

这个项目有两个类，但是 Eclipse 能够找到包含 main 方法的类（World.java）并且运行它。尽管 Phone 类中有很多的代码，但没有任何代码会对输出产生影响，因为我们没有要求 main 方法使用 Phone 类来执行任何行为。让我们做一些修改。

2.11 创建新的对象变量

我们想要使用 Phone 类作为蓝图，创建一个新的 Phone 对象。为了做到这点，我们使用如下所示的语法。

```
Phone myPhone = new Phone();
```

使用我们前面用来创建基本类型变量相同的方式，来创建一个对象变量。首先声明对象变量的类型（Phone），然后指定一个名称（myPhone），最后赋值。

语法的不同之处在于最后一步。要创建一个新的 Phone 对象，我们必须使用 Java 的内建关键字 new，并且声明我们想要用来创建 Phone 对象的蓝图，即 Phone 类。让我们将上面的代码添加到 main 方法中，如程序清单 2.10 的第 5 行所示。

程序清单 2.10　World.java—更新后的版本

```
1       public class World {
2
3               public static void main(String[] args) {
4                       System.out.println("Hello, world!");
5                       Phone myPhone = new Phone();
6               }
7       }
```

在本书后面，我们将会讨论 new 关键字的作用，以及声明 new Phone()的时候到底发生了什么。

2.12　设置和访问对象的状态

现在，我们可以访问一个 Phone 对象了。myPhone 表示使用 Phone 类（class）创建的一个单个的 Phone 对象（object）。它是一个独立的实体，独立于我们将来可能使用蓝图（Phone 类）创建的任何其他 Phone 对象。我们使用实例（*instance*）这个术语来描述这种现象。

为了更加具体地说明，让我们考虑一下，在工厂中批量生产智能手机的时候会发生什么情况。我们使用相同的蓝图来生产数以千计的设备，而且它们都是彼此独立的。它们可以有自己的属性和行为，这意味着，关闭一个设备不会影响到使用相同的蓝图生产的其他设备。与此非常相似，由单个的类而创建的每一个对象，都是该类的一个独立的实例（*instance*），并且接受各个变量的自己的副本，来描述对象的状态。这些变量叫作实例变量（*instance variable*）。

我们现在可以开始修改 myPhone 的状态并且调用其行为了。让我们先来为单个的 Phone 对象的状态指定一些初始值，如程序清单 2.11 所示（从第 6 行到第 9 行）。

程序清单 2.11　World.java——更新后的版本

```
01 public class World {
02
03     public static void main(String[] args) {
04         System.out.println("Hello, world!");
05         Phone myPhone = new Phone();
06         myPhone.poweredOn = true;
07         myPhone.playingMusic = false;
08         myPhone.phoneManufacturer = "Samsung";
```

```
09              myPhone.androidVersionNumber = 4.4;
10      }
11  }
```

注意一下，我们是如何访问属于 Phone 对象的实例变量的。要获取一个对象的特定的变量，使用点运算符。点运算符用来表示所有权。例如，myPhone.poweredOn 表示属于 myPhone 对象的 poweredOn 变量。

现在已经为 Phone 对象的变量指定了一些初始值，myPhone 是描述性数据的一个集合。如果某人访问了我们的 myPhone 对象，他通过打印 myPhone 的当前状态的值，就能够完全知道其状态了，如程序清单 2.11 所示（从第 11 行到第 15 行）。

程序清单 2.12　World.java—更新后的版本

```
01  public class World {
02
03      public static void main(String[] args) {
04              System.out.println("Hello, world!");
05              Phone myPhone = new Phone();
06              myPhone.poweredOn = true;
07              myPhone.playingMusic = false;
08              myPhone.phoneManufacturer = "Samsung";
09              myPhone.androidVersionNumber = 4.4;
10
11              System.out.println("myPhone's state:");
12              System.out.println("Powered on: " + myPhone.poweredOn);
13              System.out.println("Playing music: " + myPhone.playingMusic);
14              System.out.println("Manufacturer: " + myPhone.phoneManufacturer);
15              System.out.println("Version: " + myPhone.androidVersionNumber);
16      }
17  }
```

再次运行该程序。应该会看到如下所示的输出。

```
Hello, world!
myPhone's state:
Powered on: true
Playing music: false
Manufacturer: Samsung
Version: 4.4
```

正如你所看到的，我们能够将有意义的数据组织到一个集合中，即一个 Phone 对象中，这个对象的名称是 myPhone。myPhone 现在是一个复杂的信息集合。我们将在后面的小节中介绍这一点如何有用。

2.13　调用对象的行为

在前面的小节中，我们介绍了如何赋值和访问所创建的对象的状态。接下来，我们讨论方法，并且学习如何调用对象的行为。

调用方法也需要使用点运算符。我们使用点运算符来引用属于一个特定对象的具体的方法。在程序清单 2.12 的 main 方法的底部，添加如下所示的两行代码。

```
myPhone.togglePower();
myPhone.upgrade(4.5);
```

如果我们再回头来看看 Phone 类，会看到 togglePower 方法检查 boolean poweredOn 的当前值，并且对其取反（将 ture 变为 false，将 false 变为 true）。由于创建对象的时候，myPhone 最初是打开的，我们期望 myPhone 现在关闭。我们还预测了 myPhone 的 androidVersionNumber 从 4.4 变为 4.5。

为了测试这些，我们又一次打印出 myPhone 对象的状态，在 main 方法的底部添加一些打印语句，如程序清单 2.13 所示。

程序清单 2.13　打印出 myPhone 的状态

```
01 public class World {
02 
03     public static void main(String[] args) {
04         System.out.println("Hello, world!");
05         Phone myPhone = new Phone();
06         myPhone.poweredOn = true;
07         myPhone.playingMusic = false;
08         myPhone.phoneManufacturer = "Samsung";
09         myPhone.androidVersionNumber = 4.4;
10 
11         System.out.println("myPhone's state:");
12         System.out.println("Powered on: " + myPhone.poweredOn);
13         System.out.println("Playing music: " + myPhone.playingMusic);
14         System.out.println("Manufacturer: " + myPhone.phoneManufacturer);
15         System.out.println("Version: " + myPhone.androidVersionNumber);
```

```
16
17            myPhone.togglePower();
18            myPhone.upgrade(4.5);
19
20            // include "\n" to skip a line when printing.
21            System.out.println("\nmyPhone's NEW state:");
22            System.out.println("Powered on: " + myPhone.poweredOn);
23            System.out.println("Playing music: " + myPhone.playingMusic);
24            System.out.println("Manufacturer: " + myPhone.phoneManufacturer);
25            System.out.println("Version: " + myPhone.androidVersionNumber);
26        }
27    }
```

相应的输出如下所示。

```
Hello, world!
myPhone's state:
Powered on: true
Playing music: false
Manufacturer: Samsung
Version: 4.4
Powering off!

myPhone's NEW state:
Powered on: false
Playing music: false
Manufacturer: Samsung
Version: 4.5
```

正如所预测那样，手机关闭了，并且其 Android 版本现在是 4.5。我们能够调用 myPhone 行为来执行特定的操作，以修改 myPhone 的状态了。

2.14　隐藏变量

注意，到目前位置，我们能够以两种不同的方式来修改 Phone 对象的状态。我们能够使用点运算符直接访问其变量，并且分配显式的值；还能够使用 Phone 对象提供的行为来间接地修改 Phone 对象的状态。

如果能够直接深入到 myPhone 对象，取出其信息并修改，我们说对象的变量是暴露的。从现在开始，我们将禁止暴露变量，基于很多原因，暴露变量可能会有问题。

例如，如果某人试图给一个变量分配一个非法的（或者不符合逻辑的）值，会怎么样呢？如下的代码对 Java 程序来说可能是可以接受的，但是，随后如果我们想要扩展这一程序的话，它可能会引发问题，并且这些值真的可能会影响到一些其他的功能。

```
myPhone.androidVersionNumber = -10;     // Version should be positive
myPhone.poweredOn = false;              // This is fine
myPhone.playingMusic = true;            // Shouldn't play music while phone is off
```

暴露变量可能会引发问题，另一个原因在于，我们可能需要处理敏感信息。如果要运行一个本章开头所讨论的视频共享站点，我们可能不想让用户访问 User 对象的 password 变量，它应该总是隐藏起来的。在这里，安全性是一个问题。

我们想要隐藏变量的第三个原因，是为了可维护性和可扩展性。当我们随后有更加复杂的程序和游戏，它们带有众多不同类型的、彼此交互的对象，这时我们想要尽可能地减少依赖性(即那些严重依赖于特定交互的功能)。我们需要记住，程序和游戏可能会改变。你可能选择删除类并创建新的类，但是，你不想让这样的情况发生：即不得不重新编写整个应用程序来处理一处小小的修改。

例如，我们假设你有一个 Enemy 类，它与 Player 类和 GameLevel 类交互得很好。稍后，你决定要删除 Enemy 类，并且用一个 SuperZombieOrangutan 类来替代它。如果在 Enemy、Player 和 GameLevel 类之间有太多的依赖性，你可能需要重写这些类以处理新的敌人类型，你将要创建 3 个新的类而不是一个。这可能会变成一种恶意的模式。如果这需要花费很多的时间，你可能确定这一修改并不值得，这意味着你的游戏将会少一种僵尸怪兽。这绝不是好事情。

简而言之，你想要能够为游戏添加想要的功能，又不必担心修改已有的代码会成为可怕的梦魇。这意味着，我们想要让类尽可能地保持独立，而隐藏变量是朝着正确方向迈进的一步。我们将在后面的一章中更深入地讨论这一概念。

2.15　改进程序

让我们记住上面的原理，并且努力地改进程序。首先，添加一个内建的 Java 关键字 private 作为所有 **Phone** 对象的变量的修饰符，如程序清单 2.14 第 4 行到第 7 行所示。

程序清单 2.14　隐藏 Phone 类中的变量

```
01  public class Phone {
02
03      // These variables describe the Phone object's state
```

```
04        private boolean poweredOn;
05        private boolean playingMusic;
06        private String phoneManufacturer;
07        private double androidVersionNumber;
08
09        // These methods are the Phone object's behaviors
10        void togglePower() {
11                if (poweredOn) {
12                        System.out.println("Powering off!");
13                        poweredOn = false;
14                        playingMusic = false;
15                } else {
16                        System.out.println("Powering on!");
17                        poweredOn = true;
18                }
19        } // ends togglePower method
20
21        void playMusic() {
22                if (poweredOn) {
23                        System.out.println("Playing music!");
24                }
25        } // ends playMusic method
26
27        void upgrade(double newVersion) {
28                if (newVersion > androidVersionNumber) {
29                        androidVersionNumber = newVersion;
30            } else {
31                        System.out.println("Upgrade failed!");
32            }
33        } // ends upgrade method
34
35  } // ends class
```

让变量成为 private 的，意味着其他的类不再能够直接访问它们，也意味着这些变量不再是暴露的了。因此，你将会看到 World 类中出现错误，如图 2-21 所示（不能直接引用不同的类中的一个 private 的变量）。

程序目前有所谓的编译时错误（发生在代码编译过程中的错误，参见图 2-18 以及后续的介绍）。有编译时错误的程序无法运行。JVM 甚至不会接受这种程序。让我们删除引发错误的所有代码行，如程序清单 2.15 所示（在删除的所有代码行上，都有一条删除线）。

```
public class World {

    public static void main(String[] args) {
        System.out.println("Hello, world!");
        Phone myPhone = new Phone();
        myPhone.poweredOn = true;
        myPhone.playingMusic = false;
        myPhone.phoneManufacturer = "Samsung";
        myPhone.androidVersionNumber = 4.4;

        System.out.println("myPhone's state:");
        System.out.println("Powered on: " + myPhone.poweredOn);
        System.out.println("Playing music: " + myPhone.playingMusic);
        System.out.println("Manufacturer: " + myPhone.phoneManufacturer);
        System.out.println("Version: " + myPhone.androidVersionNumber);

        myPhone.togglePower();
        myPhone.upgrade(4.5);

        // include "\n" to skip a line when printing.
            System.out.println("\nmyPhone's NEW state:");
        System.out.println("Powered on: " + myPhone.poweredOn);
        System.out.println("Playing music: " + myPhone.playingMusic);
        System.out.println("Manufacturer: " + myPhone.phoneManufacturer);
        System.out.println("Version: " + myPhone.androidVersionNumber);
    }
}
```

图 2-21　一个严重错误

程序清单 2.15　World.java——删除错误代码

```
01 public class World {
02
03     public static void main(String[] args) {
04         System.out.println("Hello, world!");
05         Phone myPhone = new Phone();
06         myPhone.poweredOn = true;
07         myPhone.playingMusic = false;
08         myPhone.phoneManufacturer = "Samsung";
09         myPhone.androidVersionNumber = 4.4;
10
11         System.out.println("myPhone's state:");
12         System.out.println("Powered on: " + myPhone.poweredOn);
13         System.out.println("Playing music: " + myPhone.playingMusic);
14         System.out.println("Manufacturer: " + myPhone.phoneManufacturer);
```

```
15                System.out.println("Version: " + myPhone.androidVersionNumber);
16
17                myPhone.togglePower();
18                myPhone.upgrade(4.5);
19
20                // include "\n" to skip a line when printing.
21                System.out.println("\nmyPhone's NEW state:");
22                System.out.println("Powered on: " + myPhone.poweredOn);
23                System.out.println("Playing music: " + myPhone.playingMusic);
24                System.out.println("Manufacturer: " + myPhone.phoneManufacturer);
25                System.out.println("Version: " + myPhone.androidVersionNumber);
26        }
27  }
```

要执行这一清理工作，我们必须删除程序的两项功能。我们不再能够为Phone对象的变量赋初始值，并且不再能够访问这些变量以打印出它们。我们可以通过在Phone类中提供方法来执行这些任务，从而以更高效的方式来实现这些功能。

让我们给Phone类添加两个新的方法：initialize()和describe()，如程序清单2.16所示，并且为playingMusic和androidVersionNumber变量提供初始值（如程序清单2.16的第5行和第7行所示）。

程序清单2.16 Phone.java——更新版本（新的代码行突出显示）

```
01  public class Phone {
02
03      // These variables describe the Phone object's state
04      private boolean poweredOn;
05      private boolean playingMusic = false;
06      private String phoneManufacturer;
07      private double androidVersionNumber = 4.4;
08
09      // These methods are the Phone object's behaviors
10      void initialize(boolean poweredOn, String phoneManufacturer) {
11              this.poweredOn = poweredOn;
12              this.phoneManufacturer = phoneManufacturer;
13      }
14
15      void togglePower() {
```

```
16            if (poweredOn) {
17                    System.out.println("Powering off!");
18                    poweredOn = false;
19                    playingMusic = false;
20            } else {
21                    System.out.println("Powering on!");
22                    poweredOn = true;
23            }
24    }
25
26    void playMusic() {
27            if (poweredOn) {
28                    System.out.println("Playing music!");
29            }
30    }
31
32    void upgrade(double newVersion) {
33            if (newVersion > androidVersionNumber) {
34                    androidVersionNumber = newVersion;
35            } else {
36                    System.out.println("Upgrade failed!");
37            }
38    }
39
40    void describe() {
41            System.out.println("\nPhone's state:");
42            System.out.println("Powered on: " + poweredOn);
43            System.out.println("Playing music: " + playingMusic);
44            System.out.println("Manufacturer: " + phoneManufacturer);
45            System.out.println("Version: " + androidVersionNumber);
46    }
47
48 } // ends class
```

让我们讨论一下 describe()方法（程序清单 2.16 的第 40 行到第 46 行）。你注意到，它执行了我们前面在 World 类中所执行的相同的打印行为。这一次，我们不必使用点运算符，因为可以从同一个类中访问这些变量。

然而，在某些情况下，你确实需要使用点运算符。来进一步看一下 initialize()方法（程序清单 2.16 的第 10 行到第 13 行)。

```
void initialize(boolean poweredOn, String phoneManufacturer) {
        this.poweredOn = poweredOn;
        this.phoneManufacturer = phoneManufacturer;
}
```

initialize()方法直接接受两个输入：一个名为 poweredOn 的 boolean 值，以及一个名为 phoneManufacturer 的字符串。这个方法唯一的功能就是，将我们没有为其提供默认值的两个变量 poweredOn 和 phoneManufacturer（还记得吧，我们已经为另外两个变量提供了初始值）初始化。如图 2-22 所示。

注意，我们在这里确实使用了点运算符。使用 this 关键字让程序知道，我们引用的是对象的这个实例，即我们在其上调用 initialize()方法的当前 Phone 对象。这就是我们如何区分属于对象的 poweredOn 变量和属于方法（通过参数而接受）的 poweredOn 变量。

既然已经创建了两个方法，我们就能够访问 Phone 对象的私有变量，让我们来修改 World 类，以便它可以调用这些方法，参见程序清单 2.17 中高亮显示的第 6 行、第 7 行和第 10 行。

```
public class Phone {

   private boolean poweredOn;
   private String phoneManufacturer;
   ...

   void initialize(boolean poweredOn, String phoneManufacturer) {
      this.poweredOn = poweredOn;
      this.phoneManufacturer = phoneManufacturer;
   }

   ...
}
```

图 2-22 相同名称，不同所有者

程序清单 2.17 World.java——调用新的方法

```
01 public class World {
02
03     public static void main(String[] args) {
04             System.out.println("Hello, world!");
05             Phone myPhone = new Phone();
06             myPhone.initialize(false, "Samsung");
07             myPhone.describe();
08             myPhone.togglePower();
```

```
09          myPhone.upgrade(4.5);
10          myPhone.describe();
11      }
12  }
```

相应的输出如下所示。

```
Hello, world!

Phone's state:
Powered on: false
Playing music: false
Manufacturer: Samsung
Version: 4.4
Powering on!

Phone's state:
Powered on: true
Playing music: false
Manufacturer: Samsung
Version: 4.5
```

2.16　区分类和对象

对我们来说，理解一个类和一个对象之间的区别是很重要的，因此，来看看这部分内容。对象只是数据的集合，它们包含了描述变量和方法的关系的一组数据。类是用来创建这些对象的蓝图。

为了说明这一点，我们假设你在玩乐高积木（你的年龄并不大，可以玩乐高）。你找到一个说明手册并且开始构建太空飞船。说明手册包含了你构建太空飞船所需的所有信息：需要构建的机翼的数目，需要添加的大炮的数目等等。使用这个手册构建的每一个乐高模型，都是太空飞船，但是，手册本身不是飞船，它只是蓝图。

类和对象之间也有类似的关系。尽管类描述了对象的状态和行为是什么（即要让一个对象具备该类型，它需要哪些属性），而类本身不是对象。

2.17　对象是独立的

让我们来看一下实例和对象独立性的概念。使用一个类，我们可以创建想要的任意多个对象。例如，可以创建一个 Spaceship 类并且使用它来实例化（创建实例）50 个 Spaceship 对象。这些 Spaceship 对象中的每一个，都叫作 Spaceship 类的实例。实例是更为"泛化"的类的"具体的"表示，这就好像乐高组合是其各个说明手册的具体化的表示。如图 2-23 所示。

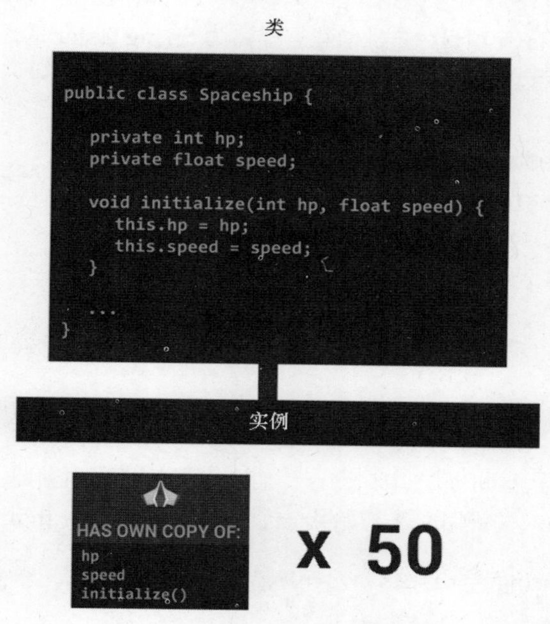

图 2-23 Spaceship：类 VS.实例

就像现实生活中的对象一样，同一个类的不同实例是彼此独立的。还是以 50 个 Spaceships 为例，你可以修改 Spaceships 类的一个实例（一个单个的 Spaceships 对象），而其他的 49 个实例并不会受到影响。

2.18 使用 Java API 中的对象

现在，让我们暂时从创建自己的类告一段落，来享受一下 Java 自带的现成的类。使用已有的编程语言，而不是自己创造一种编程语言，其好处在于你可以获取已有的代码，并且在自己的项目中实现它们。好在对于我们来说，Java 类配备了内容广泛的文档，涉及它们所包含的变量、如何初始化这些变量，以及它们执行哪些行为，从而我们可以将这些类用于自己的程序，并且只关注它们特定于我们的项目的重要问题。

可以通过如下的链接访问 Java SE7 的完整文档：http://docs.oracle.com/javase/7/docs/api/。

2.19　使用字符串

让我们通过使用熟悉的一个类 String，来练习一下如何使用 Java 文档。创建一个名为 FunWithStrings 的新的 Java 项目，并且创建一个名为 StringTester 的、带有 main 方法的新的类，如程序清单 2.18 所示。

程序清单 2.18　StringTester.java——空的版本

```
01 public class StringTester {
02
03     public static void main(String[] args) {
04
05     }
06
07 }
```

String 类（它隐藏于 Java 库之中）允许我们在自己的代码中创建 String 对象。让我们使用用于初始化对象的 new 关键字，来初始化一个 String 对象。在 main 方法中添加如下代码。

```
String s = new String(“this is a string”);
```

字符串是如此的常用，以至于 Java 提供了一种特殊的方法来初始化它们。再添加如下的一行代码。

```
String s2 = “this is also a string”;
```

程序清单 2.19 给出了更新后的类。

程序清单 2.19　StringTester.java——更新的版本

```
01 public class StringTester {
02
03     public static void main(String[] args) {
04         String s = new String("this is a string");
05         String s2 = "this is also a string";
06
07     }
08
09 }
```

像其他的 Java 对象一样，Strings 也有状态和行为。在本书中，我们将只关注 Strings 的行为，其状态对于我们来说没有用。

让我们现在来使用 Java 文档。搜索 String 类，并且向下滚动到 *Method Summary*。你会发现，这里给出了 String 对象可用的方法的一个列表。如图 2-24 所示。

Method Summary

Methods

Modifier and Type	Method and Description
char	charAt(int index) Returns the char value at the specified index.
int	codePointAt(int index) Returns the character (Unicode code point) at the specified index.
int	codePointBefore(int index) Returns the character (Unicode code point) before the specified index.
int	codePointCount(int beginIndex, int endIndex) Returns the number of Unicode code points in the specified text range of this String.
int	compareTo(String anotherString) Compares two strings lexicographically.
int	compareToIgnoreCase(String str) Compares two strings lexicographically, ignoring case differences.
String	concat(String str) Concatenates the specified string to the end of this string.
boolean	contains(CharSequence s) Returns true if and only if this string contains the specified sequence of char values.

图 2-24 String 类的部分方法概览

这个表中的单个条目，告诉我们每个方法的返回类型，以及方法名、所需的参数（输入）和方法概览。

String 有一个方法，可以从一个指定的位置（称为索引）获取一个单个的字符（类型为 char）。这个方法名为 charAt()，它接受一个整数值，表示想要的字符的索引。

Java 中的索引值是基于 0 的，这意味着，第一个字符的索引为 0。让我们看一下这在代码中意味着什么。我们将调用 charAt()方法，并且查看 String s 中的第 3 个字符（索引 2），如程序清单 2.20 中第 7 行代码所示。

程序清单 2.20 打印出一个字符串中的字符

```
01 public class StringTester {
02
03     public static void main(String[] args) {
04             String s = new String("this is a string");
05             String s2 = "this is also a string";
06
07             char ch = s.charAt(2);
```

```
08              System.out.println("The third character is " + ch);
09      }
10
11  }
```

相应的输出如下所示。

```
The third character is i
```

让我们来看看使用 Java 文档的另一个例子。查找 *Method Summary*。能否找到一个方法，它返回给定的 String 的长度。浏览 Method Summary，会找到图 2-25 所示的内容。

Return Type	Method and Description
int	length() Returns the length of the String

图 2-25　length()方法的概览

这张图告诉我们要使用 length()方法所需的所有信息。我们知道，它返回一个整数来表示调用该方法的 String 的长度。该方法没有参数。让我们尝试得到 s 和 s2 的长度，并且判定哪一个更长。修改 StringTester 类，使其如程序清单 2.21 所示；新的代码在第 10 行到第 19 行。

程序清单 2.21　StringTester.java（更新版本）

```
01  public class StringTester {
02
03      public static void main(String[] args) {
04              String s = new String("this is a string");
05              String s2 = "this is also a string";
06
07              char ch = s.charAt(2);
08              System.out.println("The third character is " + ch);
09
10              int sLen = s.length();
11              int s2Len = s2.length();
12
13              if (sLen > s2Len) {
14                      System.out.println("s is longer than s2.");
15              } else if (sLen == s2Len) {
16                          System.out.println("They have the same length.");
17                  } else {
```

```
18                              System.out.println("s2 is longer than s");
19                      }
20
21          }
22
23  }
```

运行该代码，将会得到如下所示的结果。

```
The third character is i
s2 is longer than s
```

我鼓励你尝试一下 Java 文档中列出的其他方法。能够使用 Java 文档，这是一项重要的技能。和其他所有值得做的事情一样，只有通过练习才能较好地掌握。记住如下几件事情。

① 返回类型：(这决定了需要在结果中存储什么类型的变量)。

② 方法名称：(必须完全像显示的那样拼写。方法名称是区分大小写的)。

③ 输入：(必须总是提供为了让方法工作而所需的参数。这包括提供正确的参数个数和正确的类型)。

④ 一些方法要求 CharSequence 类型的输入。当你遇到这样的方法的时候，你可能要提供一个 String。这是因为有一种有趣的特性叫作多态（**polymorphism**，即一个对象能够采取多种形式的能力），我们将会在下一章中详细讨论它。

2.20　对象的更多实践——模拟一个色子

在我们的下一个项目中，将模拟一个六面色子的滚动。色子会出现在许多现代的桌上游戏中，因为它们增添了不可预期的因素，如图 2-26 所示。在本节中，我们将展示在 Java 程序中如何模拟这种随机性。

图 2-26　一个标准的色子

我们首先创建一个名为“DiceProject”的新的 Java 项目。其中，创建一个名为 **DiceMaker** 的新的类，并且像通常一样给它一个 main 方法。

要产生一个随机数，我们必须使用 Java 库中名为 **Random** 的一个内建类。我们使用熟悉的对象创建语法来创建一个 Random 对象，如程序清单 2.22 的第 4 行所示。

程序清单 2.22　DiceMaker.java

```
1  public class DiceMaker {
2
3      public static void main(String[] args) {
4          Random r = new Random();
5      }
6
7  }
```

应该注意到，Eclipse 告诉你在创建 Random 对象的代码行中有一个错误，如图 2.27 所示。一旦将鼠标移动到关键字 Random 上，将会出现如下所示的信息。

```
Random cannot be resolved to a type
```

这只是告诉你，编译器不能创建一个 Random 类型的对象，因为它不知道 Random 类在哪里。

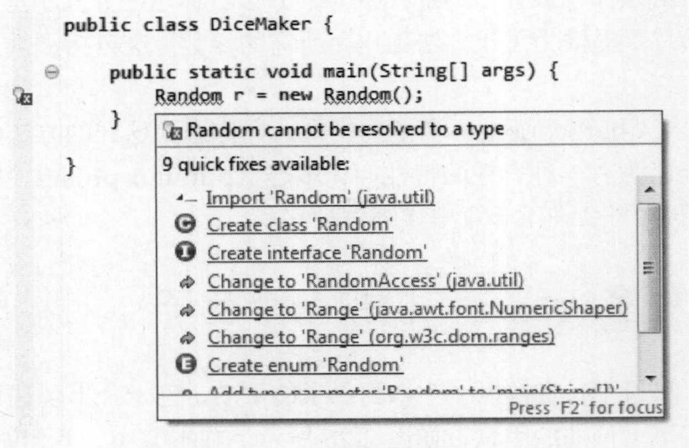

图 2-27　Random 不能被解析为一个类型

要修正这个问题，必须提供完整的地址，让编译器知道在哪里找到 Random。想要的 Random 类可以在 java.util.Random 中找到（这是 UnitedKingdom.London.221BBakerSt 形式的地址）。让我们导入这个类，如程序清单 2.23 第 1 行所示。

程序清单 2.23　导入 java.util.Random

```
1 import java.util.Random;
2
3 public class DiceMaker {
4
```

```
5      public static void main(String[] args) {
6              Random r = new Random();
7      }
8
9 }
```

既然已经告诉计算机在哪里找到 **Random**，我们就能够调用这个方法了。我们感兴趣的是 nextInt()方法，它接受一个整数，并且返回 0（包括）到所接受的整数（不包括）之间的一个值。

例如，r.nextInt(6)将会随机地产生如下所示的数字之一。

```
0, 1, 2, 3, 4, 5
```

如果我们想要生成 1 到 6 之间的数字，直接给结果加上 1 就行了，如程序清单 2.24 中的第 7 行和第 8 行所示。

程序清单 2.24　模拟色子滚动

```
01 import java.util.Random;
02
03 public class DiceMaker {
04
05     public static void main(String[] args) {
06             Random r = new Random();
07             int randNum = r.nextInt(6) + 1;
08             System.out.println("You have rolled a " + randNum);
09     }
10
11 }
```

运行该程序的时候，将会看到如下所示的结果之一。

```
You have rolled a 1
You have rolled a 2
You have rolled a 3
You have rolled a 4
You have rolled a 5
You have rolled a 6
```

Random 类有哪些应用呢？当英雄杀死怪兽的时候，你可以选择实现一个随机数生成器来决定丢下什么物品。当在类似 Minecraft 这样的游戏中生成地图的时候，也可以使用随机数生成器。真的有无数种可能性。

java.util.Random 有多随机

我们已经使用了 Random 类来模拟随机性，但是，它并没有实现真正的随机性。尽管它似乎产生了随机数，但实际上它遵循了一个公式，该公式生成理论上可以预测的结果。我们将这种现象叫作伪随机数（**pseudo-random**）。这对我们编写游戏不可能有任何影响，但是它引发了一个有趣的讨论。长期来讲，你可以肯定地期待这个随机数生成器将会生成所有可能的数字的一个一致的分布。如果你想要学习有关真正的随机性的更多知识，请访问 **Random.org** 网站。

关于导入的更多介绍

在上面的示例中，我们必须导入 java.util.Random。这是我们将要从 Java 库导入的 Random 类的全名。

Java 库组织成包的形式，其中包含了可以在代码中使用的各种类。无论何时，当你想要使用 Java 库中的一个类的时候，都必须告诉程序，在哪里可以找到这个类所在的包（完整名称）。

并不是所有的对象都需要导入。例如，属于 java.lang 包的 String，由于它如此常用，实际上会自动导入。下一小节所要介绍的数组，也是不用导入就可以创建。

2.21　对象和基本类型的分组

Java 允许我们把对象和基本类型组织到一起。我们常见的有两种对象，可以用来进行分组，它们是数组和列表。

2.21.1　数组

要表示某种类型的一个数组（或组），我们使用方括号。例如，如果想要整数的一个数组，可以像下面这样声明。

```
int[] numbers = new int[5];
```

上面例子中的数字 5，表示名为 numbers 的数组应该有多大。正如上面所声明的，numbers 将能够容纳 5 个整数值。要描述数组的样子，我们可以画一个表，如图 2-28 所示。

numbers[0]	numbers[1]	numbers[2]	numbers[3]	numbers[4]
0	0	0	0	0

图 2-28 一个整数数组（默认值）

一开始，数组将会有默认值（创建整数数组的时候，默认值是 0）。Java 允许我们直接为每个索引（或位置）分配数值。数组索引是基于 0 的，就像字符串中的字符一样。数组的赋值语法如下所示。

```
numbers[0] = 5;
numbers[1] = 10;
numbers[2] = 15;
numbers[3] = 20;
numbers[4] = 25;
```

numbers 数组将会如图 2-29 所示。

numbers[0]	numbers[1]	numbers[2]	numbers[3]	numbers[4]
5	10	15	20	25

图 2-29 一个整数数组（赋值之后）

我们可以使用完全相同的语法来获取这些值。举例如下。

```
int sum = numbers[0] + numbers[1] + numbers[2] + numbers[3] + numbers[4];
System.out.println(sum)        // will print 75
```

数组也有缺点。一旦创建了数组，就不能改变其大小。为什么会有这个问题呢？想象一下，你在开发一个射击游戏，其中每次玩家点击鼠标左键，就会有一个 Bullet 对象添加到一个数组中（表示所有已经发射的子弹）。我们事先不知道需要多少个 Bullet。某些玩家可能使用 42 颗子弹。其他的玩家可能使用刀和手榴弹，甚至不开一枪就完成了关卡。在这种情况下，使用 ArrayList 通常会更好，它允许我们动态地调整大小以放入更多的对象。

2.21.2 ArrayLists

ArrayLists 比数组更加常用，并且你应该知道如何使用它们（以及如何用好它们）。要使用 ArrayList，必须首先导入它。

```
import java.util.ArrayList
```

创建 ArrayLists，就像创建任何其他的对象一样。

```
ArrayList playerNames = new ArrayList();
```

我们使用 add()方法向一个 ArrayList 对象中插入对象。

```
playerNames.add("Mario");
playerNames.add("Luigi");
...
playerNames.add("Yoshi");
```

你可以看到，这是 String 对象的一个 ArrayList。你可以调用 get()方法，使用基于 0 的索引（注意，用于数组的[]对于 ArrayLists 无效）从一个 ArrayList 获取一个对象（在这个例子中，是一个 String 对象）。

```
playerNames.get(2);          // will retrieve "Luigi" (kind-of)
```

理论上讲，我们可以在一个单个的 ArrayList 中，放置所有的各种类型的对象，而不管其类型是什么；然而，这不是很有用，因为一旦你这么做了，可能不知道某个位置（如索引 152）具体是什么类型的对象。如果不知道它是什么类型的对象，你就不知道它有什么方法。看如下所示的例子。

```
someArrayList.get(152);          // What kind of object is this?
```

我们从 someArrayList 提取出第 153 个对象（记住，索引是基于 0 的）。问题在于，我们对这个对象一无所知。它可能是一个可口的 Sushi 对象，又或者甚至是一个危险的 Bomb。如果我们这样编写代码，想象一下后果。

```
Monster hungryOne = new Monster();
Object unknown = someArrayList.get(152);    // The Object is actually a Bomb
hungryOne.eat(unknown);                     // hungryOne thinks it's Sushi
// Boom!
```

实际上，Java 允许我们通过添加<**Type**>标志，来限制 ArrayLists 只保存某一种类型的对象。

```
ArrayList<String> playerNames = new ArrayList<String>();
playerNames.add("Mario");        // Works!
Bomb b = new Bomb();
playerNames.add(b);              // Gives type-mismatch error
```

现在，我们知道从 playerNames 获取的任何对象都是一个 String，并且我们可以在其上调用 String 方法。

```
// Any object from playerNames will always be a String
String nameZero = playerNames.get(0);
System.out.println(nameZero.length());
```

2.21.3 对基本类型使用 ArrayList

不能直接将基本数据类型插入到一个 ArrayList 中。实际上，如下所示的代码是不允许的。

```
ArrayList<int> numbers = new ArrayList<int>(); // not allowed
```

要绕开这个限制，可以直接使用一个内建的包装类，即每种基本数据类型的对象版本。这包括 int 所对应的 Integer，char 所对应的 Character，等等。要做到这点，直接创建该 ArrayList 并声明包装类作为其类型。

```
ArrayList<Integer> numbers = new ArrayList<Integer>();
```

这个 ArrayList 最初的大小为 0。

```
System.out.println(numbers.size());     // Prints zero
```

接下来，直接调用 add()方法，并且传入想要放到 ArrayList 中的 int 值。这些值将会自动地包装到一个 Integer 对象中。

```
numbers.add(2);
numbers.add(3);
numbers.add(1);
```

此时，ArrayList 看上去如图 2-30 所示（注意，其长度动态地增长了）。

index 0	index 1	index 2
2	3	1

图 2-30 numbers: 整数的一个 ArrayList

你可以调用 get()方法，传入想要的值的索引，从而获取基本类型值。例如，要取回数字 3，让 ArrayList 给出位于索引 1 的值。这个值会自动转换为一个 int(从包装的 Integer 对象)，因此，你可以将它存储到一个 int 变量中。

```
int myNum = numbers.get(1);
System.out.println(myNum);     // Prints 3
```

2.21.4　对 ArrayList 使用循环

在亲眼见到 ArrayList 的应用之前，你很难认识到它有多么强大，因此，让我们来尝试一个例子。

我们将编写包含了 2 个类的一个简单的程序。第一个类是我们的进入点，其中，我们存储了 main 方法并且创建了 ArrayList。第二个类将是表示人的一个定制类。

首先，创建一个名为 Groups 的、新的 Java 项目。其中，创建一个名为 ListTester 的新的类，并且给其一个 main 方法，如程序清单 2.25 所示。

程序清单 2.25　ListTester.java

```
01 public class ListTester {
02
03     public static void main(String[] args) {
04
05     }
06
07 }
```

现在，在同一项目中创建第二个类并将其命名为 Person。添加如下所示的变量和方法（参见程序清单 2.26）。

程序清单 2.26　Person.java

```
01 public class Person {
02
03     private String name;
04     private int age;
05
06     public void initialize(String name, int age) {
07             this.name = name;
08             this.age = age;
09     }
10
11     public void describe() {
12             System.out.println("My name is " + name);
13             System.out.println("I am " + age + " years old");
14     }
```

```
15
16 }
```

Person 类描述了一个新的 Person 对象的蓝图。特别是，它表明了一个 Person 对象的状态将由两个实例变量来描述，即 name 和 age。我们没有给 name 和 age 默认值，并且，必须调用 initialize()方法来提供这些值。一旦 Person 对象有了一个 name 和 age，我们就可以调用 describe()方法，以易于理解、可读的形式打印出这些信息。让我们回到 ListTester 并且确保可以做到这一点。

程序清单 2.27 ListTester.java（更新版本）

```
1 public class ListTester {
2
3       public static void main(String[] args) {
4               Person p = new Person();
5               p.initialize("Marty", 40);
6               p.describe();
7       }
8
9 }
```

我们来一行一行地看一看程序清单 2.27：首先创建了 Person 类的一个名为 p 的新实例。此时，p 有两个实例变量：name 和 age。这些变量还没有初始化。

接下来，我们调用了 initialize()方法，它接受两个值：一个 String 和一个整数。initialize()方法将会接受这两个值，并且将其赋值给实例变量。

现在，两个实例变量已经初始化了，我们可以通过调用 describe()来要求 Person 对象描述自己。结果如下所示。

```
My name is Marty
I am 40 years old
```

现在，我们创建多个 Person 对象并且将它们组织到一个 ArrayList 中。修改 **ListTester** 类，使其如程序清单 2.28 所示。

程序清单 2.28 创建 ArrayList 并添加第一个循环

```
01 import java.util.ArrayList;
02 import java.util.Random;
```

```
03
04 public class ListTester {
05
06     public static void main(String[] args) {
07
08             ArrayList<Person> people = new ArrayList<Person>();
09             Random r = new Random();
10
11             for (int i = 0; i < 5; i++) {
12                     Person p = new Person();
13                     p.initialize("Person  #" + i, r.nextInt(50));
14                     people.add(p);
15             }
16     }
17
18 }
```

在程序清单 2.28 中，我们创建了一个新的、名为 people 的 ArrayList，以及一个新的名为 r 的 Random 对象。然后，开始了一个 for 循环，它将运行 5 次。循环每迭代（重复）一次，我们就创建一个名为 p 的新的 Person 对象。用相应的名称（Person #i，其中 i 从 0 到 4）和一个随机生成的年龄值，来为该 Person 初始化实例变量。最后，我们把新创建的 Person 对象添加到 ArrayList 中（第 14 行）。循环重复，创建了一个全新的 Person，初始化它并且再次添加它。

注意如下所示的代码行。

```
Person p = new Person();
```

在循环中创建的任何变量，都只在其相同的迭代中有效，这意味着，该变量仅限于在循环的当前迭代中存在。因此，我们可以在循环的每一次重复中复用变量名 p。

每次调用上面的代码，我们都用变量名 p 创建了一个新的 Person。然后，将临时变量 p 中保存的值，存储到较为持久的、名为 people 的 ArrayList 中，以便随后在代码中可以引用每一个新创建的 Person 对象，而不需要为它们中的每一个分配一个唯一的变量名。

为了看到这是如何工作的，我们可以尝试再次迭代循环，并且调用 describe()方法，如程序清单 2.29 所示（第 17 行到第 20 行）。

程序清单 2.29　添加第 2 个循环

```
01 import java.util.ArrayList;
02 import java.util.Random;
03
```

```
04 public class ListTester {
05 
06     public static void main(String[] args) {
07 
08             ArrayList<Person> people = new ArrayList<Person>();
09             Random r = new Random();
10 
11             for (int i = 0; i < 5; i++) {
12                     Person p = new Person();
13                     p.initialize("Person  #" + i, r.nextInt(50));
14                     people.add(p);
15             }
16 
17             for (int i = 0; i < people.size(); i++) {
18                     Person p = people.get(i);
19                     p.describe();
20             }
21 
22     }
23 
24 }
```

最终的输出如下所示（年龄可能不同，因为是随机生成的）。

```
My name is Person  #0
I am 29 years old
My name is Person  #1
I am 1 years old
My name is Person  #2
I am 4 years old
My name is Person  #3
I am 21 years old
My name is Person  #4
I am 47 years old
```

你可能会问，为什么要将第 17 行到第 20 行的循环运行 people.size()次而不是 5 次？两个值是相同的，并且任何一个解决方案都会产生相同的输出；然而，上面的例子是一个更加灵活的循环，因为它并不需要把循环运行的次数直接编码。根据 ArrayList people 的大小，第二个

for 循环将运行相应的次数。这意味着，我们可能需要将上一个循环（即向 ArrayList 添加对象的那个循环）运行的次数从 5 修改为 8，而下面的循环则不需要修改，因为 people.size()也会增加为 8。

程序清单 2.30　迭代 8 次

```
01      import java.util.ArrayList;
02      import java.util.Random;
03
04      public class ListTester {
05
06              public static void main(String[] args) {
07
08                      ArrayList<Person> people = new ArrayList<Person>();
09                      Random r = new Random();
10
11                      //for (int i = 0; i < 5; i++) {
12                      for (int i = 0; i < 8; i++) {
13                              Person p = new Person();
14                              p.initialize("Person  #" + i, r.nextInt(50));
15                              people.add(p);
16                      }
17                      // people.size() is now 8!
18                      for (int i = 0; i < people.size(); i++) {
19                              Person p = people.get(i);
20                              p.describe();
21                      }
22
23              }
24
25      }
```

最终输出如下所示（年龄可能不同，因为是随机生成的）。

```
My name is Person  #0
I am 27 years old
My name is Person  #1
I am 27 years old
My name is Person  #2
```

```
I am 20 years old
My name is Person  #3
I am 28 years old
My name is Person  #4
I am 5 years old
My name is Person  #5
I am 49 years old
My name is Person  #6
I am 2 years old
My name is Person  #7
I am 26 years old
```

上面的示例展示了如何使用循环快速地创建多个对象，并将它们组织到一个 ArrayList 中。我们还学习到，可以通过一个 for 循环快速遍历一个 ArrayList 的所有成员并调用其方法。

2.22 小结

在前面的示例中，我们的程序包含 1 个或 2 个较小的类。随着学习本书，我们将要编写拥有更多类的程序。实际上，有些游戏很容易拥有 10 个以上的类，而且每个类都满足游戏架构中的某些角色。仔细研究前面的例子，如果有任何的不解或问题，请访问本书的配套网站 jamescho7.com。在那里贴出你关于本书的问题，我将尽力解答它们。

我们已经在本章中介绍了很多的内容，并且所有这些概念都会在本书中再次出现。要记住 Java 这门新的语言的语法很难，但是关键在于练习。现在，花一点时间研究本章中示例的源代码（可通过 jamescho7.com 获取），运行该程序，进行创新试验；并且最重要的是，努力理解我们所讨论过的话题。如果你通过这种方法理解了核心概念，你将从本章获益匪浅。如果你遇到困难，请到我们的论坛上发帖。我们将主动监控帖子，并且解答你可能遇到的任何问题。

如果你准备好了，请继续阅读第 3 章，我们将在其中介绍一些更高级的 Java 话题，包括构造方法、继承、接口、图形和线程，要开始编写 Java 游戏，你需要了解所有这些内容。

第 3 章　设计更好的对象

我们已经学习了面向对象编程的基础知识，并且学习了 Java 创建和使用对象的基本语法。在本章中，我们将介绍一些重要的对象设计概念，以便能够创建有意义的类并且以直观的方式来组织它们。

本章的内容会很密集，用较少的篇幅介绍了很多比较难的内容。实际上，你会发现在读完一次之后，自己没有记住各种概念背后的语法细节，当然这也完全没有问题。重要的是，你读懂了说明，并且理解了相应的程序清单。稍后，在需要参考和回顾的时候，我们还会回到这些页面。

3.1　构造方法

通过回顾第 2 章中的重要概念并且做一些小的修改，我们可以更容易地进入较为复杂的主题。首先创建一个名为 Constructors 的项目，并且创建一个 World 类，如程序清单 3.1 所示。

程序清单 3.1　World.java

```
1 public class World {
2
3       public static void main(String[] args) {
4
5
6       }
7
8 }
```

我们还将创建一个名为 Coder 的类，如程序清单 3.2 所示。

程序清单 3.2　Coder.java

```
1 public class Coder {
2       private String name;
3       private int age;
4
5       public void initialize(String name, int age) {
6               this.name = name;
7           this.age = age;
```

```
8       }
9
10      public void writeCode() {
11              System.out.println(name + " is coding!");
12      }
13
14      public void describe() {
15              System.out.println("I am a coder");
16              System.out.println("My name is " + name);
17              System.out.println("I am " + age + " years old");
18      }
19
20 }
```

现在，你的项目应该如图 3-1 所示。

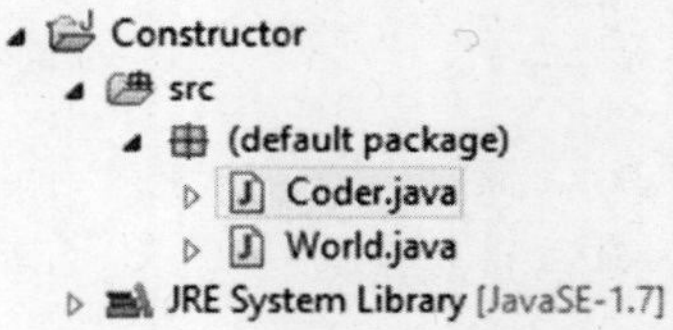

在继续学习之前，要确保理解 Coder 类。Coder.java 是创建 Coder 对象的蓝图。在这个蓝图中，我们已经声明了一个 Coder 对象，它应该有 2 个变量描述其状态：表示 name 的一个 String，以及表示 age 的一个整数。

图 3-1 Constructor 项目

和其他对象一样，我们的 Coder 对象也有行为。initialize() 方法允许我们使用所提供的值来初始化 Coder 对象的实例变量。writeCode()方法将打印出文本，表明 Coder 对象正在编码。describe()方法将直接以容易理解的形式列出所有实例变量的值。

3.1.1 变量接受默认值

回到 World 类，创建 Coder 对象的一个实例，并且让它描述自己。代码应该如程序清单 3.3 所示。

程序清单 3.3 World.java (更新版)

```
1  public class World {
2
3       public static void main(String[] args) {
4               Coder c = new Coder();
5               c.describe();
6       }
7
8  }
```

当我们初次声明新的 Coder 对象的时候，其实例变量还没有初始化（意味着，它们为每个变量类型都保留了默认值）。运行该 World 类，将会得到如下所示的输出。

```
I am a coder
My name is null
I am 0 years old
```

正如上面的结果所示，int 的默认值是 0。一个空的对象引用变量（指向一个对象的一个变量）的默认值为 null，这意味着"没有内容"。这直接意味着对象引用变量没有包含任何值。如图 3-2 所示。

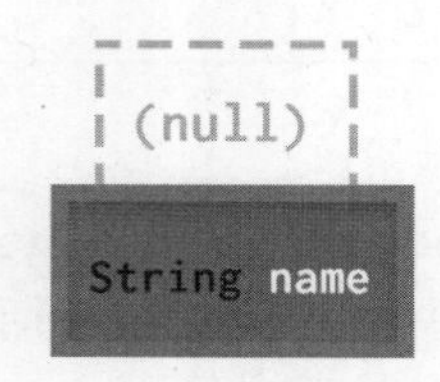

图 3-2　空的对象引用变量

3.1.2　避免 Java 异常

在继续学习之前，我们想要指出导致很多 Java 程序意外终止的一个常见错误，即 NullPointerException。当你试图调用属于一个 null 对象变量的一个方法的时候，就会发生这种运行时错误（在程序执行的时候发生的错误）。看看下面的例子。

```
String a;     // Equivalent to String a = null;
a.length();
```

如果你要在 main 方法中运行这段代码，将会得到如下所示的错误(带有出错的地方的行号)。

```
Exception in thread "main" java.lang.NullPointerException
```

无论何时，当你遇到这条错误消息，解决方法是找到所有的对象变量，并且使用 null 值来初始化它们。

3.1.3　使用方法来初始化 Code 对象

要避免任何潜在的 NullPointerExceptions，我们现在使用 initialize()方法来初始化新的

Coder 类的实例变量（如程序清单 3.4 的第 7 行所示）。

程序清单 3.4 初始化 Coder 及其实例变量

```
1 public class World {
2
3       public static void main(String[] args) {
4               Coder c = new Coder(); // Initializes the variable c
5               c.describe();
6               System.out.println("");  // insert empty line for readability
7               c.initialize("Bill", 59);  // Initializes c's instance variables
8               c.describe();
9       }
10
11 }
```

当我们运行程序清单 3.4 的时候，将会得到如下所示的输出。

```
I am a coder
My name is null
I am 0 years old

I am a coder
My name is Bill
I am 59 years old
```

3.1.4 使用定制的构造方法来初始化 Coder 对象

在前面的小节中，我们已经学习了使用如下所示的语法来创建对象。

```
Coder c = new Coder();
```

上面代码的 new Coder()部分，展示了如何调用所谓的默认构造（*default constructor*）方法，该方法直接创建了 Coder 对象的一个实例，以供我们在变量 c 中使用它。

Java 还允许使用定制的构造方法，它就像普通方法一样，可以接受供该对象使用的值。为了看看这是如何起作用的，我们先关注如下两行代码。

```
Coder c = new Coder(); // Uses the default constructor
...
c.initialize("Bill", 59);
```

定制的构造方法允许我们将代码简化成如下所示的形式。

```
Coder c = new Coder(“Bill”, 59);
```

为了做到这一点，我们必须先在 Coder 类中声明想要的定制构造方法，如下所示。

```
public Coder(String name, int age) {
        this.name = name;
        this.age = age;
}
```

构造方法看上去和方法类似，但是实际上有很大的不同。首先，构造方法没有返回类型（甚至不是 void）。其次，构造方法的名称必须和包含它的类相同。

尽管有这些不同，注意我们的构造方法接受了参数，并且像 initialize()方法那样将它们分配给 Coder 对象的实例变量。

现在，我们可以将这个构造方法添加到 Coder 类中，并且删除 initialize()方法，如下所示。

```
public class Coder {

        private String name;
        private int age;

        public Coder(String name, int age) {
                this.name = name;
                this.age = age;
        }

        public void initialize(String name, int age) {
                this.name = name;
                this.age = age;
        }

        public void writeCode() {
                System.out.println(name + " is coding!");
        }

        public void describe() {
                System.out.println("I am a coder");
                System.out.println("My name is " + name);
```

```
                System.out.println("I am " + age + " years old");
        }

}
```

可以认为构造方法是必需的，这是创建对象的一条规则。这好像是在说："如果想要创建我的对象，你必须传递我所要求的输入。"

在创建自己的构造方法的时候，你只是明确了当没有提供 Coder 对象的 name 和 age 的时候，是不能够创建它的。因此，不能使用下面的语法创建一个 Coder 对象。

```
Coder c = new Coder(); // no longer works!
```

让我们对 World 类做一些修改，以反映这些变化，如程序清单 3.5 所示。

程序清单 3.5　调用定制的构造方法

```
public class World {
        public static void main(String[] args) {
                Coder c = new Coder();
                c.describe();
                System.out.println(""); // insert empty line for readability
                c.initialize("Bill", 59);

                Coder c = new Coder("Bill", 59);
                c.describe();
        }

}
```

运行这段代码，将会得到如下所示的输出。

```
I am a coder
My name is Bill
I am 59 years old
```

关键知识点

对象构造方法

- 构造方法提供了一种方法，在创建对象的过程中初始化对象中的实例变量。

- 构造方法和关键字 new 一起使用。
- 如果你选择不创建构造方法的话，Java 会提供一个默认的构造方法。
- 所有的构造方法必须以类的名称来命名。
- 可以有任意多个构造方法，但是，每个构造方法必须有不同的一组参数。

3.2　getter 和 setter

构造方法允许你在创建对象的时候初始化对象的实例变量，但是，它对于随后访问或修改这些值就帮不上什么忙了。此外，由于使用了 private 修饰符来隐藏变量，我们没有办法来直接完成这两项任务。实际上，如下所示的代码将会导致错误。

```
...
// somewhere inside the World class...
Coder c3 = new Coder("Mark", 30);
String c3Name = c3.name; // cannot reference private variable from another class
c3.age = 25; // cannot modify private variable from another class
...
```

怎样才能绕开这些限制呢？我们可以将 Coder 类的实例变量标记为 public 的，但是，由于第 2 章所介绍的原因，我们不想这么做。相反，可以在 Coder 类中创建访问器（*accessor*）方法。我们将讨论两种类型的访问器方法。

1. getter 方法返回了所请求的隐藏变量的值的一个副本（但是，保留该隐藏变量不动）。通过这么做，我们可以使得隐藏变量避免未经授权的修改，同时还允许访问该变量的值。
2. setter 方法允许其他的类修改一个隐藏变量的值，只要这些类遵守我们在该 setter 方法中描述的规则。

我们来看看这些访问器方法的应用。向 Coder 类添加如下所示的 getter 和 setter 方法：getAge()、 setAge()、getName()和 setName()（参见程序清单 3.6 的第 26 行到第 28 行）。

程序清单 3.6　向 Coder.java 添加 getter 和 setter 方法

```
01  public class Coder {
02
03      private String name;
04      private int age;
05
06      public Coder(String name, int age) {
07              this.name = name;
```

```
08            this.age = age;
09      }
10
11      public void writeCode() {
12            System.out.println(name + " is coding!");
13      }
14
15      public void describe() {
16            System.out.println("I am a coder");
17            System.out.println("My name is " + name);
18            System.out.println("I am " + age + " years old");
19      }
20
21      public String getName() {
22            return name;
23      }
24
25      public int getAge() {
26            return age;
27      }
28
29      public void setName(String newName) {
30            if (newName != null) {
31                  name = newName;
32            } else {
33                  System.out.println("Invalid name provided!");
34            }
35      }
36
37      public void setAge(int newAge) {
38            if (newAge > 0) {
39                  age = newAge;
40            } else {
41                  System.out.println("Invalid age provided");
42            }
43      }
44 }
```

我们的两个 getter 方法返回了该方法的调用者的 name 和 age 变量。这意味着，能够访问（或引用）Coder 对象的任何类，都可以调用其 getter 方法，并且看到 Coder 的实例变量的值。

这里，值是关键字。我们并没有允许访问实例变量最初的版本，而是允许访问存储在其中的值。

两个 setter 方法允许其他的类修改 Coder 对象的实例变量，但是，我们可以提供一组规则，以确保这些实例变量不会被非法或无效地修改。在程序清单 3.6 中，我们的 setters 拒绝了非正值的 age 值和 null 的 name 值。

让我们在 World 类中调用 getters 和 setters 以测试它们，如程序清单 3.7 的第 8 行和第 9 行所示。

程序清单 3.7　在 World.java 中调用 getters 和 setters

```
01 public class World {
02     public static void main(String[] args) {
03
04             Coder c = new Coder("Bill", 59);
05             c.describe();
06             System.out.println(""); // empty line for readability
07
08             String cName = c.getName();
09             int cAge = c.getAge();
10
11             System.out.println(cName + ", " + cAge);
12             System.out.println(""); // empty line for readability
13             c.setName("Steve");
14             c.setAge(-5); // This will be rejected by our setter method
15
16             c.describe();
17     }
18
19 }
```

输出如下所示的结果。

```
I am a coder
My name is Bill
I am 59 years old

Bill, 59
I am a coder
My name is Steve
Invalid age provided
```

在前面的例子中，我们能够创建一种方法，来保持 Coder 对象的实例变量私有，同时允许外界通过公有的访问器方法，来获取（get）和修改（set）这些隐藏的变量。这允许我们保持安全地获取和使用私有变量，同时允许我们访问和修改需要的值。注意，我们的 setter 方法可以拒绝不合法的参数，因此，我们能够防止 World 类将 Coder 对象的年龄修改为–5。

3.3 接口

接下来，我们介绍一种方法，使用所谓的接口（*interface*），将对象分组为不同的类别。接口是一个抽象（*abstract*）的类别，它描述了属于该类别的对象的基本组成部分。为了更好地理解这一点，我们来学习一个实例。

接口和类相似，但是，它有一些显著的区别。如下所示是一个 Human 接口的样子。

程序清单 3.8 Human 接口

```
public interface Human {

	public void eat();

	public void walk();

	public void urinate(int duration);
}
```

正如程序清单 3.8 所示，接口包含了各种抽象（*abstract*）的方法，它们没有方法体。这些没有方法体的抽象方法告诉我们，一个 Human 的对象分类必须能够做什么，但它们没有指定必须要如何实现这些操作。

为了说明接口实际上是什么，让我们先不要看代码。在你的脑海里，想象一下作为一个人类意味着什么（你不必变得太富有哲理）。接下来，我们看看如下的列表，告诉我是否每个人都满足你对于人类的看法：你的邻居、你最好的朋友和你自己。

对于所有这些人，你可能会回答是的。这是因为，当我们让你想一下对人类的看法的时候，你不会认为这是某一个个别的人。相反，你会形成某种规则，即一个人如何与他的世界交互，并且使用这种思路来判定不同人的人类特性。

接口大体上也是如此。程序清单 3.8 中的 Human 接口，不是用来创建单个的 Human 对象的。相反，它定义了一个交互的模式，阐述了一个 Human 对象在你的程序中应该具有什么样的行为。它提供了一组基本的要求，如果要创建 Human 类型的更多的具体版本（如 King 类）的话，必须要满足这些需求，如程序清单 3.9 所示。

程序清单 3.9　King 类

```
public class King implements Human {

 public void eat() {
        System.out.println("The King eats.");
 }

 public void walk() {
        System.out.println("The King walks.");
 }

 public void urinate(int duration) {
        System.out.println("The King urinates for " + duration + " minutes.");
 }

 public void rule() {
        System.out.println("The King reigns.");
 }

}
```

研究一下 King 类和 Human 接口之间的关系，你会注意到一些事情。首先，King 类声明了它实现了 Human 接口，作为程序员，我们就是这样指定想要让 King 类属于 Human 这个分类的。其次，King 类声明了程序清单 3.8 中给出的 Human 接口中的所有 3 个方法，并且这个类为这些前面的抽象方法中的每一个都提供了一个具体的方法体。第三，King 类有一个额外的名为 rule()的方法，这将其与泛型的 Human 区分开来。

接口是一系列的协议。如果选取了一个对象来实现一个接口，该对象同意实现接口中的每一个抽象方法。这意味着什么呢？这意味着，一个 King 对象，不管他想要保持多么神秘，都必须实现所有的 Human 接口的抽象方法，包括 urinate()方法，因为国王毕竟也是人。如果不满足这一需求，愤怒的 JVM 将会向他显示红色的错误消息。

3.4　多态

你可能会问，为什么我们必须创建一个接口和一个类，来定义一个单个的 King 类呢？你可能会告诉自己，现在 Human 接口还真的做不了太多事情，你说的绝对没错。

使用接口允许我们创建一类对象，但是，在学习多态之前，我们很难意识到这对程序来说意味着什么。

来看一下如下所示的方法。

```
public void feed(Human h) {
        System.out.println("Feeding Human!");
        h.eat();
}
```

该方法可以接受一个单个的 Human 类型的参数。实际上，它可以接受实现了 Human 接口的一个类的任何对象实例。这很有用，因为在单个的程序中，我们可能创建多个类，例如，Villain、Professor 和 SushiChef，而它们都扩展了 Human 接口。

这意味着如下所示的示例都能够工作。

```
// Elsewhere in same program
King kong = new King();
Villain baddie = new Villain();
Professor x = new Professor();
SushiChef chef = new SushiChef();

// Any Human can be fed:
feed(kong); // A King is Human
feed(baddie); // A Villain is Human
feed(x); // A Professor is Human
feed(chef); // A SushiChef is Human
```

这只是关于多态能够做什么的一个小例子，它是一种有趣的方式，描述了与多种类型的对象交互的一个通用方法。在后面的各章中，我们将以一个更加实用的方式介绍接口和多态。

3.5　继承

在设计对象的分类的时候，你可能会发现另一种叫作继承（*inheritance*）的模式，它给了我们更多的控制权。继承描述了这样一种现象，一个类继承了另一个类中的变量和方法。在这种情况下，继承者称为子类（*subclass*，或孩子类），而祖先称作超类（*superclass*，或者父类）。

使用继承比使用接口的优点在于，可以具备复用代码的能力。还记得吧，实现了一个接口的每一个类，都必须针对接口中声明的每一个抽象方法提供一个完整的实现。使用前面小节的例子，这意味着，King、Villain、Professor 和 SushiChef，都必须拥有它们自己的 eat()、walk() 和 urinate()方法。在这种情况下，继承很强大，因为它允许相似的类共享方法和变量。我们将使用一个假想的角色扮演游戏的例子来说明这一点。

在创建一款角色扮演游戏的时候，你可能有一个名为 Hero 的类来表示玩家角色，如程序清单 3.10 所示。

程序清单 3.10　Hero 类

```
01 public class Hero {
02       protected int health = 10; // We will discuss ‘protected’ later in this section
03       protected int power = 5;
04       protected int armor = 3;
05
06       public void drinkPotion(Potion p) {
07          health += p.volume(); // Equivalent to health = health + p.volume();
08       }
09
10       public void takeDamage(int damage) {
11          int realDamage = damage - armor;
12          if (realDamage > 0) {
13              health -= realDamage; // Equivalent to health = health - realDamage.
14          }
15       }
16
17       // ... more methods
18
19 }
```

在创建了 Hero 之后，你随后决定要让自己的 RPG 和竞争者有所区分，那就实现一个独特的类系统，其中玩家能够在此前没有见过的 Warrior、Mage 和 Rogue 类之间做出选择。

接下来，和任何值得尊敬的面向对象程序员会做的一样，你为每一种角色类型创建了一个单独的 Java 类，因为 Warrior、Mage 和 Rogue 中的每一个都应该具有无法想象的强大而独特的能力。你还决定，既然所有的角色类都是泛型的 Hero 类的第一个和最重要的扩展，它们每一个都应该拥有程序清单 3.10 中的 Hero 类的所有变量和方法。这就是继承的用武之地。

来看一下程序清单 3.11 到程序清单 3.13。

程序清单 3.11　Warrior 类

```
public class Warrior extends Hero {

      //      ... other variables and methods
      public void shieldBash() {
```

```
        ...
    }
}
```

程序清单 3.12　Mage 类

```
public class Mage extends Hero {

    //  ... other variables and methods
    public void useMagic() {
        ...
    }
}
```

程序清单 3.13　Rogue 类

```
public class Rogue extends Hero {

    //      ... other variables and methods
    public void pickPocket() {
            ...
    }
}
```

注意，我们使用关键字 **extends** 表示继承。这是合适的，因为所有这 3 个类都是超类 Hero 的扩展。在继承中，每个子类都针对超类中的所有非私有的变量和方法，接受它们自己的版本（程序清单 3.10 中的 protected 变量，类似于 private 变量，因为外部类是无法访问它们的；然而，和 private 变量不同，在继承中，子类是可以访问它们的）。

在应用多态的时候，继承的好处最明显，多态允许我们在如下所示的一个方法中使用 Hero 的任何子类。

```
// Will attack any Hero regardless of Class
public void attackHero(Hero h, int monsterDamage) {
        h.takeDamage(monsterDamage);
}
```

3.6　图形

基于文本的程序很容易构建，但是基于文本的游戏已经过时了。在本节中，我们将介绍如何使用 Java 类库中的类（尤其是 **javax.swing** 包中的类），来创建一个图形用户界面（*Graphical User Interface* ，GUI）。你会发现，尽管添加一个简单的用户界面很直接，但 GUI 是一个很大的主题。我将只是提供一个快速的介绍，完全只是创建一个窗口和显示一个基于 Java 的游戏所需要的基础知识。如果你想要学习 Swing 的更多知识，并且要创建专业的应用程序，请访问如下所示的教程：http://docs.oracle.com/javase/tutorial/uiswing/TOC.html。

3.6.1　JFrame 简介

当在 Java 中开发一款图形化应用程序的时候，我们首先要创建一个叫作 JFrame 对象（从 javax.swing.JFrame 导入）的窗口。这个窗口中是一个内容面板（想象一下窗口面板），我们可以向其中添加各种 UI 元素，例如，按钮、滚动条和文本区域。

内容面板的默认布局叫作 BorderLayout。它允许我们将 UI 元素放置到 5 个区域中的一个，如图 3-3 所示。

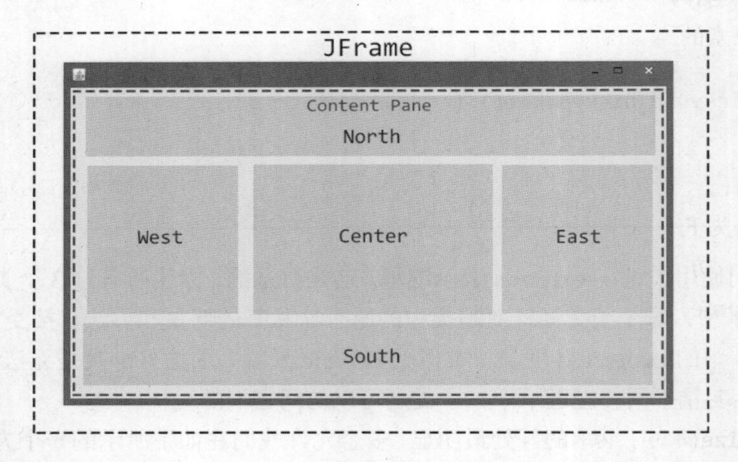

图 3-3　Windows 8 上的一个 JFrame 及其内容面板

图 3-3 所示的这 5 个区域中的每一个，都只能容纳一个 UI 元素，这意味着，BorderLayout 只支持 5 个元素；然而，这对我们来说不是问题，因为我们只需要一个名为 JPanel 的元素。

JPanel 对象是一个简单的、空的容器，我们可以将其添加到一个 BorderLayout 的某个区域中。我们可以在单个的 JPanel 对象上绘制想要让玩家看到的任何内容，就像是在画布上绘图一样。例如，考虑一下图 3-4 所示的屏幕截图。这个屏幕截图取自 TUMBL 游戏的一个正在开发的版本，这款游戏是我所开发的第一款游戏。你所看到的一切，从玩家的分数、暂停按钮到角色以及加血，都绘制到一个单个的 JPanel 上。

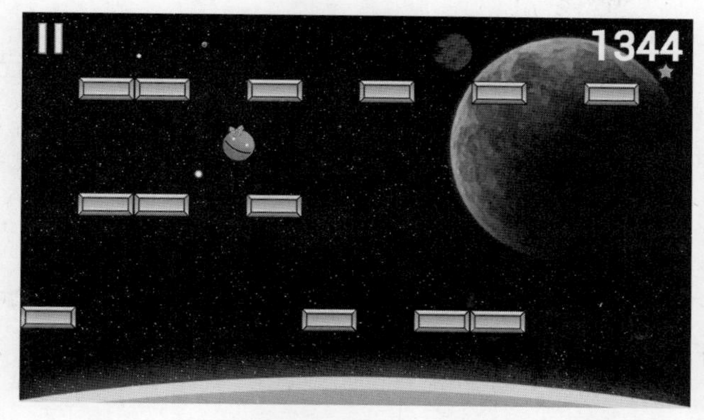

图 3-4 刚刚开始构建的 TUMBL 的屏幕截图

3.6.2 说明坐标系统

当我们在计算机上处理图形的时候，使用一个基于像素的 x、y 坐标系统。此外，我们还把左上角的像素当作原点（0, 0）。这意味着，如果屏幕上的分辨率是 1 920 像素 × 1 080 像素的话，右下角的像素的坐标是（1 919, 1 079）。

3.6.3 创建一个 JFrame

现在，我们已经讨论了构建图形化应用程序所需了解的一切内容。开始动手吧。

创建一个名为 FirstGraphics 的 Java 项目，并且创建一个名为 FirstFrame 的类，它带有一个完整的 main 方法。然后，通过给 main 方法添加如下所示的代码行（确保导入了 javax.swing.JFrame），我们创建了一个 JFrame 对象。

```
JFrame frame = new JFrame("My First Window");
frame.setDefaultCloseOperation(JFrame.EXIT_ON_CLOSE);
frame.setSize(480, 270);
frame.setVisible(true);
```

此时，你的 FirstFrame 类应该如程序清单 3.14 所示。

程序清单 3.14 FirstFrame 类

```
01 import javax.swing.JFrame;
02
03 public class FirstFrame {
04
05     public static void main(String[] args) {
```

```
06             JFrame frame = new JFrame("My First Window");
07             frame.setDefaultCloseOperation(JFrame.EXIT_ON_CLOSE);
08             frame.setSize(480, 270);
09             frame.setVisible(true);
10         }
11
12 }
```

运行这个 FirstFrame 类，应该会看到图 3-5 所示的结果。

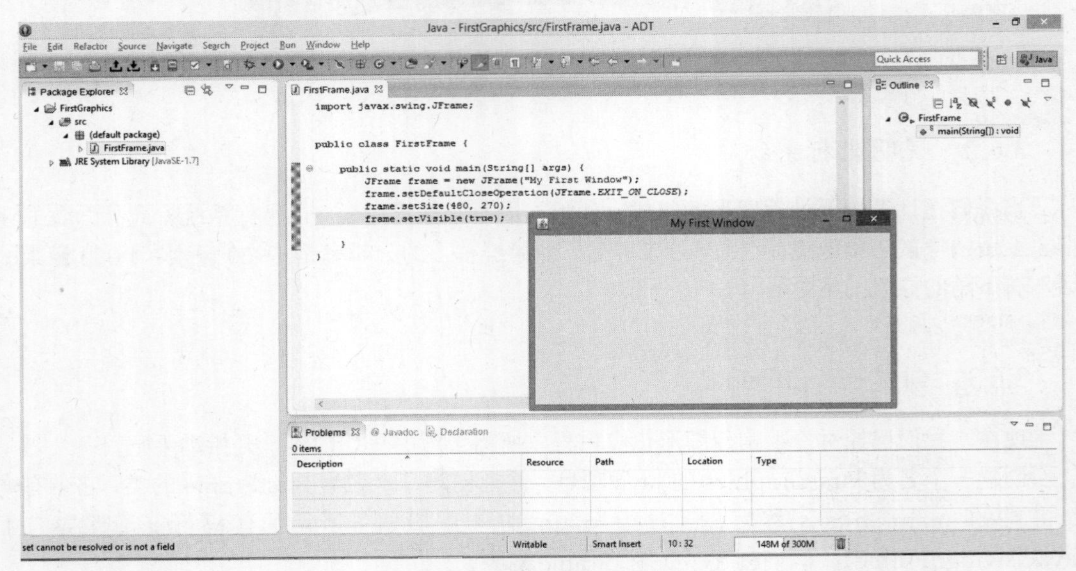

图 3-5　我的第一个窗口

注意，所出现的窗口带有一个“My First Window”标题。显然，这个内容面板（图 3-5 中的灰色区域）目前是空的。

在前面小节的非图形化的示例中，只要 JVM 执行了程序的最后一行代码，程序就结束了。但图形化应用程序并不是这样的。JFrame 甚至会在最后一行代码之后持续，就像这个窗口所展示的那样。通过点击退出按钮来结束该程序。

让我们确保理解在定义 JFrame 的 4 行代码（程序清单 3.14 的第 6 行到第 9 行）中发生了什么。在第 6 行，我们使用定制的构造方法，创建了一个名为 frame 的新的 JFrame 对象。这允许我们为自己的窗口设置标题。

接下来，在第 7 行，我们指定了当窗口关闭的时候应该发生什么情况。当用户关闭窗口的时候，我们想要让整个程序结束，因此，我们从 JFrame 类向 setDefaultCloseOperation()方法传入了一个名为 EXIT_ON_CLOSE 的公有的 int（还记得吧，点运算符用来访问另一个类中的公有方法和变量）。

第 8 行直接告诉窗口调整其大小，以便成为 480 像素宽、270 像素高。一旦完成了这一步，在第 9 行调用 setVisible()方法就使得该帧出现在屏幕上。

3.6.4 添加一个 JPanel

现在，我们有了一个 JFrame，是时候添加其内容面板了。要做到这一点，我们将创建一个名为 MyPanel 的新类。该类将会是使用继承创建的 JPanel 的一个定制版本，因此，我们必须扩展 JPanel，先导入 java.swing.JPanel。

将程序清单 3.15 所示的代码复制到你的 MyPanel 类中。一旦运行了该程序，我们将讨论它。别忘了如第 1 行、第 2 行和第 4 行所示，添加适当的导入。

程序清单 3.15 MyPanel 类

```
01 import java.awt.Color;
02 import java.awt.Graphics;
03
04 import javax.swing.JPanel;
05
06 public class MyPanel extends JPanel {
07
08     @Override
09     public void paintComponent(Graphics g){
10         g.setColor(Color.BLUE);
11         g.fillRect(0, 0, 100, 100);
12
13         g.setColor(Color.GREEN);
14         g.drawRect(50, 50, 100, 100);
15
16         g.setColor(Color.RED);
17         g.drawString("Hello, World of GUI", 200, 200);
18
19         g.setColor(Color.BLACK);
20         g.fillOval(250, 40, 100, 30);
21     }
22
23 }
```

现在必须回头看看 FirstFrame 类，构造 MyPanel 的一个实例，并且将其添加到内容面板的一个区域中。通过在 main 方法的底部添加如下所示的代码行，来做到这一点。

```
MyPanel panel = new MyPanel(); // Creates new MyPanel object.
frame.add(BorderLayout.CENTER, panel); // Adds panel to CENTER region.
```

更新后的 FirstFrame 类应该如程序清单 3.16 所示（注意第 1 行的 import 语句）。

程序清单 3.16　更新后的 FirstFrame 类

```
01 import java.awt.BorderLayout;
02
03 import javax.swing.JFrame;
04
05 public class FirstFrame {
06
07     public static void main(String[] args) {
08             JFrame frame = new JFrame("My First Window");
09             frame.setDefaultCloseOperation(JFrame.EXIT_ON_CLOSE);
10             frame.setSize(480, 270);
11             frame.setVisible(true);
12
13             MyPanel panel = new MyPanel();    // Creates new MyPanel Object
14             frame.add(BorderLayout.CENTER, panel); // adds panel to CENTER region
15     }
16
17 }
```

运行 FirstFrame，将会看到图 3-6 所示的界面。

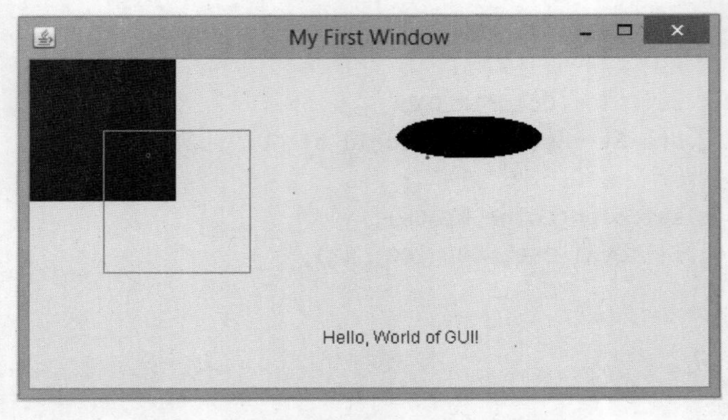

图 3-6　更新后的 FirstFrame 类的输出

3.6.5 术语解释

在讨论发生了什么之前，我们需要先解释一些术语。还记得吧，我们可以在 JFrame 的内容面板区域添加各种图形化的元素。这些图形化的元素叫作微件（*widget*），它们属于一类叫作 JComponent 的泛型对象。这意味着，JPanel 以及在基于 Swing 的图形化应用程序中使用的其他的图形化元素，都是一种类型的部件（*component*）。

3.6.6 理解 MyPanel

我现在要解释当运行程序的时候发生了什么，首先来说明 MyPanel 类。回头去看看程序清单 3.15，你还会记得 MyPanel 扩展了 JPanel（程序清单 3.15 的第 6 行）。这就是说，MyPanel 是 JPanel 的一个子类；换句话说，它是泛型的 JPanel 类的一个更加具体的版本。也就是说，MyPanel 继承了属于 JPanel 的所有共有的方法（由此，MyPanel 通过继承成为 JPanel 的一个特定类型）。

有一个继承的方法名为 paintComponent()。它是描述部件应该如何渲染的一个方法。我们想要控制这个方法，以便可以告诉程序一个 MyPanel 对象应该如何显示。为了做到这点，我们在自己的 MyPanel 类中声明了 paintComponent()方法，并且添加了一个@Override 修饰符（在第 8 行），通过这种方法，让编译器知道我们要使用自己的方法来替代已有的 paintComponent()方法。

在这个方法 paintComponent()内部，我们使用所提供的 Graphic 对象 g，调用了 8 个方法（程序清单 3.15 中的第 10 行到第 20 行）。

Graphics 对象每次可以绘制一项内容，并且它像笔刷一样工作。首先使用 setColor()方法选择一种颜色，并且告诉 Graphics 对象，使用几个绘制和填充方法之一来绘制什么。

setColor()方法接受一个 Color 对象，我们可以通过 Color 类来获取该对象（这个类保存了很多 Color 对象作为公有变量，我们可以使用点运算符来引用它）。注意，对于每种颜色有两个变量，一个全部都是大写，一个全部都是小写。它们总是为你返回相同的颜色。

作为一般性的规则，以单词 draw 开头的方法只是绘制想要的形状的框架。另一方面，以单词 fill 开头的方法，将会绘制整个形状。例如，g.drawRect(50, 50, 100, 100)将会绘制一个方形的边框，其左上角位于（50, 50），并且其边长为 100 个像素。

请通过如下的链接，访问 Graphics 类的 Method Summary，以了解在 paintComponent()方法中调用的方法的更多的信息，以及参数的具体含义：http://docs.oracle.com/javase/7/docs/api/java/ awt/ Graphics.html。

3.6.7　回到 FirstFrame

现在，我们来解释在 MyPanel 中发生了什么，让我们先来讨论在程序清单 3.16 中添加到 FirstFrame 类中的两行代码。

```
MyPanel panel = new MyPanel(); // Creates new MyPanel object.
frame.add(BorderLayout.CENTER, panel); // Adds panel to CENTER region.
```

第一行代码使用熟悉的语法创建了一个新的 MyPanel 对象。然后，第二行将其添加到图 3-3 所示的中心区域（Center）。注意，空的区域并不占用空间。

一旦 MyPanel 对象添加到了 JFrame，其 paintComponent 方法就会自动调用。这意味着，我们不必明确地要求 panel 来绘制自己。这就是为什么我们能够看到图 3-6 所示的各种图形。

确保自己再次回顾代码，以理解如何能够得到甚至让毕加索感到骄傲的惊人的艺术品。

3.7　里程碑

介绍完这个示例，我们也就结束了本书的第 3 章和第 1 部分。如果你一直在学习，那么应该已经了解了编程的基础知识，掌握了 Java 基础并且学习了高级的面向对象设计概念。Java 游戏开发就在前面，它肯定是一个巨大的挑战甚至会带来更多的兴奋。

在我们继续学习之前，我想要提醒你，Java 是一种庞大的编程语言。尽管我已经试图尽可能地向你介绍在开发 Java 和 Android 游戏的时候可能会遇到的所有概念，但我还是没办法公正地对待这门语言。如果你有兴趣学习 Java 的更多知识以及更详细地了解所有这些概念，应该单独找一本不错的图书来学习 Java。我喜欢的是如 Kathy Sierra 和 Bert Bates 编写的《*Head First Java*》这样的图书。

其次，我想要提醒你，你不是一个人在战斗。如果你难以理解任何的概念，想要学习更多内容，或者只是想到处逛逛，你可以访问本书的配套站点 jamescho7.com。我很高兴能够讨论你的任何问题或关注点。

现在，让我们深呼一口气。深入 Java 游戏开发世界的时刻到了。

第 2 部分

Java 游戏开发

第 4 章　游戏开发基础

我们已经花了很多时间介绍 Java 语法和面向对象程序设计，但是，我们还没有看看如何将这些概念变为生动的游戏。在本章中，我们将通过构建一个游戏开发框架来将这些知识付诸应用。这个框架是我们在第 5 章中将要构建的第一款游戏的基础。

编写游戏似乎令人畏惧，你可能花几个月的时间学习 Java 还不知道从何下手，因为在调用基本的函数和构建一款可交互的应用程序之间，似乎还有一条不可逾越的鸿沟，如图 4-1 所示。本章将教你如何跨越这一鸿沟。一旦你意识到 Java 游戏和任何其他 Java 程序一样，都是由类组成的，你就会意识到这不是一项困难的任务。

图 4-1　不可逾越的鸿沟

4.1　Java 游戏开发概览

将 Java 游戏看作 3 个相关的组成部分，这种方法有所帮助，如图 4-2 所示。

- 游戏开发框架：这是独立于游戏的类的一个集合，这些类将帮助我们执行每个游戏所需要执行的任务，例如，实现一个游戏屏幕以及处理玩家输入。
- 特定于游戏的类：表示角色、加血、关卡等的 Java 类。
- 资源：整个游戏中使用的图像和声音文件。

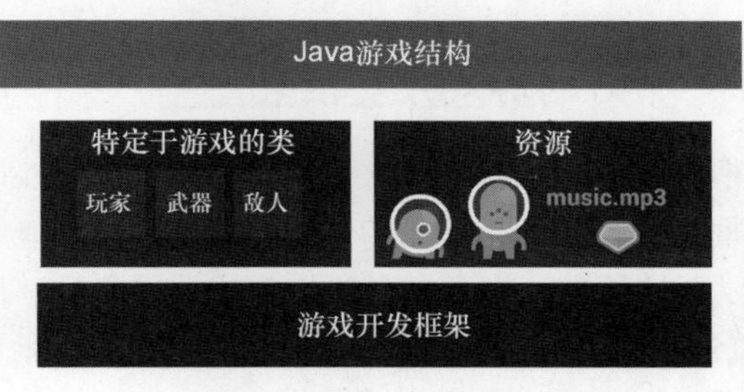

图 4-2　Java 游戏的 3 个组成部分

4.2　学习构建游戏

在开始之前，我认为让你理解一下编写本书第 2 部分（第 4 章、第 5 章和第 6 章）的目标是很重要的，这样你就能知道可以期望学到什么。

首先，我的目标是教你从头开始构建一款 Java 游戏。我将带领你梳理创建一个游戏开发框架和编写特定于游戏的类等这些事情的背后思考过程，同时，我们还将分享一些关于准备资源的技巧。

其次，我希望能够巩固你对于面向对象设计和编程的理解。特别是，我希望你在学习完本书第 2 部分的时候，能够清楚地理解模块化的类如何组织到一起形成一个合乎逻辑的应用程序。这将为你在第 3 部分中构建 Android 应用程序和游戏做好准备。

通过这个部分，我希望你还能够培养一项额外的技能。你可能会发现，在很多情况下，要制作最好的游戏，可能使用已有的游戏开发框架比构建自己的框架更容易。这是因为有很多开源的游戏开发框架，你可以将其加入到自己的项目中，以便花较少的时间就构建引人注目的游戏。因此，我希望你将学会如何使用已有的游戏开发框架来构建想要的游戏。

4.3　构建游戏开发框架

4.3.1　游戏开发框架的作用

有很多的任务是每一款游戏都必须能够执行的。例如，每一款游戏都应该能够加载图像并将其绘制到屏幕上。此外，每一款游戏都必须能够允许某种用户交互。

游戏开发框架的作用就是提供可复用（*reusable*）的类来执行这些任务，因此，像你这样的游戏程序员，就可以集中精力编写特定于游戏的代码，这些代码可能成就或破坏你的游戏。

同样，我们首先创建一个简单的游戏开发框架，它将充当我们在本书中构建的每一款 Java 游戏的一个起点。这个游戏开发框架略做修改，甚至就可以作为我们将要在本书第 3 部分所构建的 Android 游戏的起点。

4.3.2　什么造就了一个好的游戏开发框架

要创建一个游戏开发框架，没有正确的方法。有些游戏框架用少于 10 个类就可以写就，我们在本章中构建的这个框架就是如此。其他的游戏框架，例如，能够持续发展、得到社区支持的 libGDX，提供了数以百计的类。作为一名单打独斗的程序员，你可能开发一个小的游戏开发框架，并且随着时间流逝不断增加其内容（就像我们将要在第 5 章和第 6 章中所做的一样），你会发现总是一次又一次地需要相同的功能。

尽管可能没有正确的方式来创建一个游戏开发框架，但一个好的游戏开发框架还是应该具备灵活性。你应该能够以不同的视角，构建基于回合的谜题游戏和实时动作游戏，而不必对框架做太多修改或者牺牲性能。

4.3.3 基本术语

在开始构建游戏之前，有一些必须熟悉的术语。

- 区分一款游戏和一个常规的 Java 程序的标准之一，就是使用游戏循环（*game loop*）。游戏循环是一个代码块，它在整个游戏的生命期内持续运行，每次迭代都执行两项重要的任务。首先，它更新游戏逻辑、移动角色、处理碰撞等等。其次，它做一些更新，并且把图像渲染（绘制）到屏幕。
- FPS（frames-per-second，帧速率）指的是为了产生动画效果而在屏幕上替换图像的速率。FPS 直接和游戏循环相关，因此，这个渲染速率叫作游戏的 FPS。

4.3.4 设计自己的框架

我们将要在本章中构建的框架非常简单。我们将创建 7 个类，它们分别属于 3 个类别。请阅读这些类的概览，如图 4-3 所示。如果其中的一些说明不清楚，在构建框架的时候再回过头来看它们，应该会更容易理解其意义。

- 主要类
  - GameMain：游戏的起始点。GameMain 类将包含 main 方法，它将启动游戏。
  - Game: 游戏的中心类。Game 类将包含游戏循环，并且拥有开始和退出游戏的方法。
  - Resources：这是一个很方便的类，它将允许我们快速加载图像和声音文件。它将这些资源保存到一个位置，并允许你在游戏中使用它们。
- 状态类
  - State：游戏每次将会构建一个状态。每个状态表示游戏中的一个界面。State 类将充当其他状态的一个蓝图（通过继承）。
  - LoadState：加载资源需要花时间。我们将在 LoadState 中处理它，这是游戏的初始状态。
  - MenuState：一个欢迎界面，将会显示游戏的相关信息。它用来允许导航到将来的状态，例如，GameState，这是游戏逻辑所发生的地方。
- 工具类
  - InputHandler：监听用户鼠标和键盘事件，并且分配游戏的状态类来处理这些事件。

图 4-3 游戏框架概览

4.3.5　下载源代码

可以从 jamescho7.com 下载完整的源代码（带有注释）。如果你在本节中的任何地方编写自己代码的时候遇到困难，建议下载完整的代码并和自己的类进行比较。

4.3.6　开始框架

已经说得够多了，现在开始编写代码！打开 Eclipse 并创建一个名为 SimpleJavaGDF 的新的 Java 项目。

接下来，在 src 文件夹上点击鼠标右键（在 Mac 上是 Ctrl +点击），并且选择 New>Package，创建一组类，我们称之为包，如图 4-4 所示。

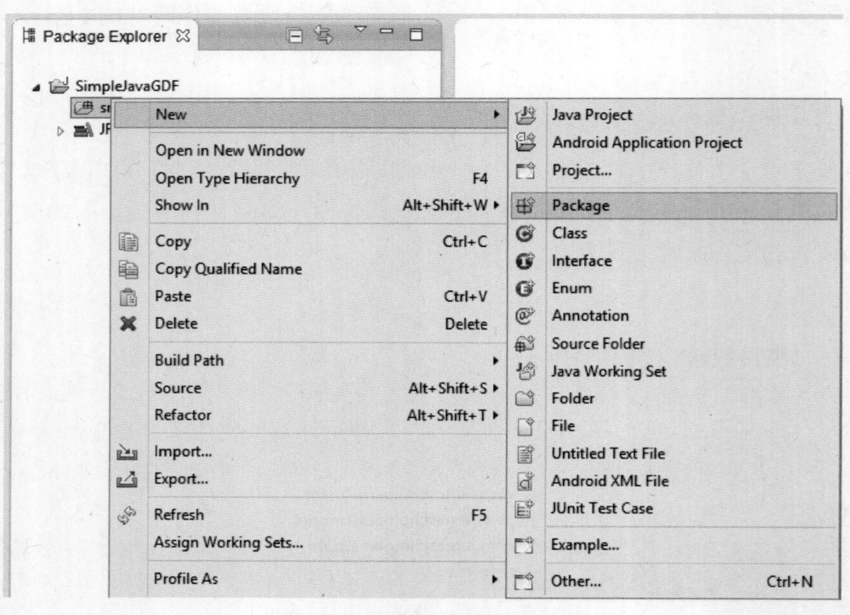

图 4-4　创建一个新的包

在 **New Java Package** 对话框的 **Name** 字段中，输入如下内容。

```
com.jamescho.game.main
```

对话框应该如图 4-5 所示。

点击 Finish 按钮，并且新的包应该出现在 Package Explorer 中的 src 下。重复这些步骤，并且用如下的名称再创建 4 个包。

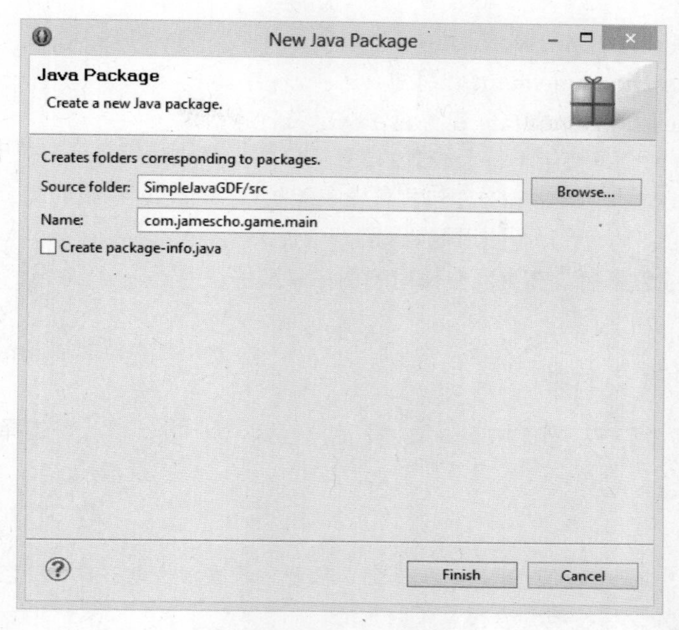

图 4-5　添加一个包名称

```
1. com.jamescho.game.model
2. com.jamescho.game.state
3. com.jamescho.framework.util
4. Resources
```

完成之后，项目应该如图 4-6 所示。

图 4-6　我们的 5 个包

4.3.7　关于包的讨论

Java 包是包含了相关文件的一个文件夹。例如，com.jamescho.framework.util 指的是我们的项目的主 src 文件夹中的一个文件夹，它位于.../com/jamescho/framework/util。

我们在图 4-3 中提到的类，将会添加到如下所示的这些包中。

- com.jamescho.framework.util 包将包含工具类。
- com.jamescho.game.main 包将包含主类。
- com.jamescho.game.state 包将包含状态类。

这些包中，有两个是特定于每个游戏的。

- com.jamescho.game.model 包将包含表示游戏中的各种对象的类。我们将保持这个包为空，直到下一节开始使用框架构建一个游戏。
- resources 包将包含在游戏中使用的图像和文件。

4.3.8　创建自己的类

既然包已经准备好了，我们开始创建自己的类。

> **关键知识点**
>
> 在阅读本书中的说明的时候，如果感到不理解，请继续阅读。我将会包含完整的代码列表，以展示我们所修改的每个类的最新的状态。

我们的计划是创建一个 GameMain 类，实例化一个 JFrame 对象并且用 Game（它继承自 JPanel）的一个实例来填充其内容面板。如果需要重新熟悉这些术语，请参见图 4-7。如果需要回顾更多内容，我推荐重新阅读本书第 3 章的 3.5 节“继承”和 3.6 节“图形”，然后再继续。

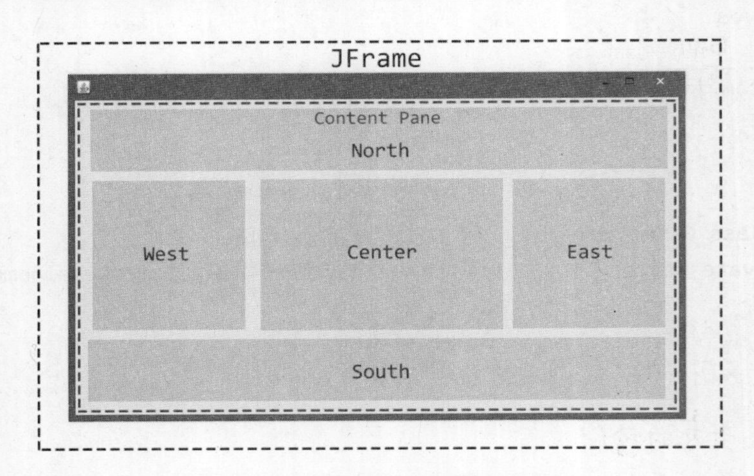

图 4-7　一个 JFrame 及其内容面板

现在，在 com.jamescho.game.main 中创建了两个类，如图 4-8 所示。第一个类叫作 GameMain，第二个类叫作 Game。

```
◢ SimpleJavaGDF
  ◢ src
      com.jamescho.framework.util
    ◢ com.jamescho.game.main
      ▷ Game.java
      ▷ GameMain.java
      com.jamescho.game.model
      com.jamescho.game.state
      resources
  ▷ JRE System Library [JavaSE-1.7]
```

图 4-8　把 GameMain 和 Game 添加到 com.jamescho.game.main 包中

4.3.9　在 GameMain 中创建一个 JFrame

现在，我们将打开 GameMain 类，添加一个 main 方法，创建一些变量并初始化一个新的 JFrame 对象以表示游戏窗口，如程序清单 4.1 所示。

> **警告**：从现在开始，本书不会明确地告诉你要导入一个新的类，例如，程序清单 4.1 第 3 行的 javax.swing.JFrame。如果你在试图使用一个类的时候遇到错误，请将你的代码与所提供的程序清单进行比较，以仔细检查你的 import 语句。

还要注意，程序清单 4.1 的第 6 行在本书中拆分成了两行。在你的机器上输入代码的时候，应该将其输入到一行中。

程序清单 4.1　GameMain.java（非完整版）

```
01 package com.jamescho.game.main;
02
03 import javax.swing.JFrame;
04
05 public class GameMain {
06     private static final String GAME_TITLE = "Java Game Development Framework
                           (Chapter 4)";
07     public static final int GAME_WIDTH = 800;
08     public static final int GAME_HEIGHT = 450;
09     public static Game sGame;
10
11     public static void main(String[] args) {
12         JFrame frame = new JFrame(GAME_TITLE);
13         frame.setDefaultCloseOperation(JFrame.EXIT_ON_CLOSE);
14         frame.setResizable(false); // Prevents manual resizing of window
```

```
15          frame.setVisible(true);
16      }
17
18 }
```

在讨论代码之前，让我们先运行程序以确保其能工作。应该会看到图 4-9 所示的窗口（根据操作系统的不同，可能会略有不同）。

我们的 JFrame 目前看上去很小，但是，一旦开始向其内容面板添加元素，它应该会相应地调整大小。我们现在先关闭 JFrame，并开始讨论代码。

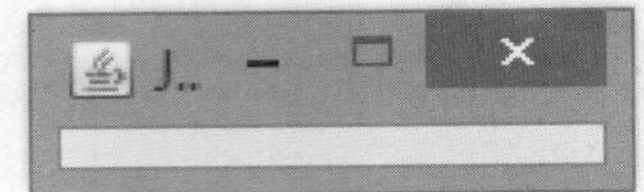

图 4-9　一个空的 JFrame 窗口（在 Windows 8 上）

再次看一下程序清单 4.1，会发现 main 方法中调用的所有方法都是简单明了的（如果忘记了某些方法是干什么的，参考一下程序清单 3.16）。让我们花点时间来讨论变量。

4.3.10　static 关键字

注意，在程序清单 4.1 中，GameMain 的所有变量都标记为 static 的。关键字 static 表示这些变量不是实例变量，而是类变量。这意味着，这些变量不属于任何特定的实例，它们属于类，因此，不必实例化 GameMain 就可以访问这些变量。要了解有关 static 关键字的更多内容，请参考附录 A。

4.3.11　final 关键字

有些变量在整个游戏过程中都不应该改变。程序清单 4.1 中的如下所示的变量，都是常量。

```
private static final String GAME_TITLE = "Java Game Development Framework (Chapter 4)";
public static final int GAME_WIDTH = 800;
public static final int GAME_HEIGHT = 450;
```

为了澄清这一点，我们首先添加了关键字 final，以防止修改这些变量的值。在命名这些常量变量的时候，我们将其名称全部大写（这里，单词变量（*variable*）仍然适用于常量（*constant*），因为变量（*variable*）只是意味着某个内容充当其他内容的占位符。例如，在这个例子中，GAME_WIDTH 是变量，它是不能修改的常量值 800 的一个占位符）。

关键知识点

静态并不意味着常量。要创建常量，我们使用关键字 final。

4.3.12 为 Game.java 创建一个构造方法

现在，打开 Game 类并且扩展 JPanel（导入 javax.swing.JPanel），如程序清单 4.2 所示。

程序清单 4.2 Game 类（非完整版）

```
1 package com.jamescho.game.main;
2
3 import javax.swing.JPanel;
4
5 @SuppressWarnings("serial")
6
7 public class Game extends JPanel {
8
9 }
```

通过扩展 JPanel，Game 变成了一种类型的 JPanel。我们的 Game 类现在添加到了 GameMain 中的 JFrame 的内容面板。

> 注意：@SuppressWarnings("serial")这一行告诉 Eclipse，不要给出所谓的一个串行版本 ID（serial version ID）的相关警告，当通过一种叫作串行化的过程来保存一个对象的时候，会用到串行版本 ID。串行化超出了本书的范围，因此，请忽略这个警告。不要担心，这不会影响到我们的游戏。

接下来，我们将创建几个实例变量，并且提供一个用来初始化它们的构造方法。为 Game 类添加如下的代码，使其如程序清单 4.3 所示（无论何时，当你使用一种新的类的时候，记得检查新的 import 语句以防止错误）。

程序清单 4.3 Game 类（更新版）

```
01 package com.jamescho.game.main;
02
03 import java.awt.Color;
04 import java.awt.Dimension;
05 import java.awt.Image;
06
07 import javax.swing.JPanel;
```

```
08
09 @SuppressWarnings("serial")
10
11 public class Game extends JPanel{
12       private int gameWidth;
13       private int gameHeight;
14       private Image gameImage;
15
16       private Thread gameThread;
17       private volatile boolean running;
18
19       public Game(int gameWidth, int gameHeight) {
20               this.gameWidth = gameWidth;
21               this.gameHeight = gameHeight;
22               setPreferredSize(new Dimension(gameWidth, gameHeight));
23               setBackground(Color.BLACK);
24               setFocusable(true);
25               requestFocus();
26       }
27
28 }
```

看一下 5 个实例变量（程序清单 4.3 的第 12 行到第 17 行），你可能会看到一些不熟悉的内容。我们此前还没有遇到过 Image 和 Thread 类，也没有看到过关键字 volatile。我们将稍后介绍这些。现在先略过它们来看看构造方法。

还记得吧，当初次创建一个对象的时候，调用其构造方法。Game 的构造方法需要 2 个值，名为 gameWidth 和 gameHeight 的整数值。这些值将会是我们的 Java 游戏窗口的内容的宽度和高度，以像素为单位。在构造方法的前两行代码中，我们使用这些值来初始化相同名称的两个实例变量（稍后我们将需要这些值）。

接下来，我们调用属于 JPanel 的 4 个方法（通过继承而可供我们使用），如程序清单 4.3 的第 22 行到第 25 行所示。

这些方法中的第一个，通过给定 gameWidth × gameHeight，要求 Game 对象重新调整大小。我们调用 setPreferredSize()方法，并根据该方法的要求传递一个新的 Dimension 对象（第 22 行）。Dimension 对象直接将宽度和高度值保存到一个地方。

其次，使用 Color 类的 BLACK 常量，从而将 Game 的背景颜色设置为黑色（第 23 行）。

第 24 行和第 25 行允许我们开始接受用户输入（以键盘事件和鼠标事件的形式）。首先将 Game 标志为可聚焦的（*focusable*），然后再请求聚焦（*focus*）。这只是意味着键盘事件和按钮现在可供 Game 对象使用。

4.3.13 向 JFrame 添加 Game

现在，是时候给 JFrame 添加一个 Game 的实例了。返回到 GameMain，用一个新的 Game 实例来初始化 sGame，然后，通过在 main 方法中添加如下所示的粗体代码行，从而将 sGame 添加到帧中（完整的程序参见程序清单 4.4）。

```
public static void main(String[] args) {
            ...
            sGame = new Game(GAME_WIDTH, GAME_HEIGHT);
            frame.add(sGame);
            frame.pack();

            frame.setVisible(true);
    }
```

运行代码，将会看到 JFrame 现在有了合适的大小，如图 4-10 所示。

图 4-10 添加了一个 Game 实例后的 JFrame

我们来讨论所做的修改。frame.add(sGame)是 frame.add(BorderLayout.CENTER, sGame)的另一种表示形式，后者我们在第 3 章中介绍过。frame.pack()告诉 JFrame 对象重新调整大小，以对应其内容的最佳大小（这个最佳大小使用每个组件中的 setPreferredSize()方法来设置）。

关闭该窗口以退出程序。现在，我们几乎完成了 GameMain 类。完整的类如程序清单 4.4 所示。

程序清单 4.4　GameMain 类（更新版）

```
01 package com.jamescho.game.main;
02
03 import java.awt.BorderLayout;
04
05 import javax.swing.JFrame;
06
07 public class GameMain {
08      private static final String GAME_TITLE = "Java Game Development Framework
                (Chapter 4)";
09      public static final int GAME_WIDTH = 800;
10      public static final int GAME_HEIGHT = 450;
11      public static Game sGame;
12
13      public static void main(String[] args) {
14              JFrame frame = new JFrame(GAME_TITLE);
15              frame.setDefaultCloseOperation(JFrame.EXIT_ON_CLOSE);
16              frame.setResizable(false);
17              sGame = new Game(GAME_WIDTH, GAME_HEIGHT);
18              frame.add(sGame);
19              frame.pack();
20              frame.setVisible(true);
21      }
22
23 }
```

4.4　给项目添加图像文件

我们现在离开代码稍事休息，给项目添加一些图像文件。用 Web 浏览器打开 jamescho7.com/book/chapter7/，并且将如下所示的图像文件下载到项目之外的任何文件夹中（或者用给定的名称和大小自己创建两个图像）。

iconimage.png (20px × 20px)——用作 JFrame 的图标图像

welcome.png (800px × 450px)——用作框架的欢迎界面

我们将把这些图像文件添加到 resources 包中。为了做到这一点，在 Package Explorer 中直接打开包含这两个文件的文件夹，并且将文件拖动到 resources 包中。将会看到 **File Operation** 对话框。确保选中了 **Copy files**，如图 4-11 所示，并且按下 OK 按钮。这确保了即便这些图像已经从最初的位置删除了，我们的项目也能够访问它们。

项目现在应该包含两个图像文件了，如图 4-12 所示。

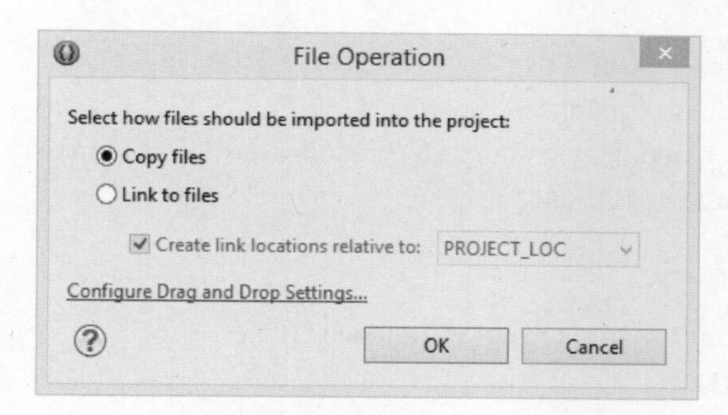

图 4-11　将文件复制到项目中

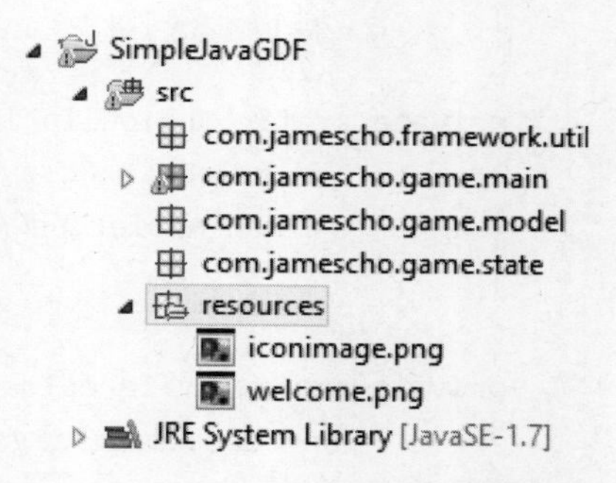

图 4-12　添加图像之后的资源包

4.4.1　创建 Resources 类

既然我们有了一些资源，就需要一个类来管理它们。我们将创建一个 Resources 类，它允许我们从 resources 包快速加载图像和声音文件，并且将它们存储为可以供游戏中的其他类来访问的公有变量。在 com.jamescho.game.main 包中创建这个类，如图 4-13 所示。

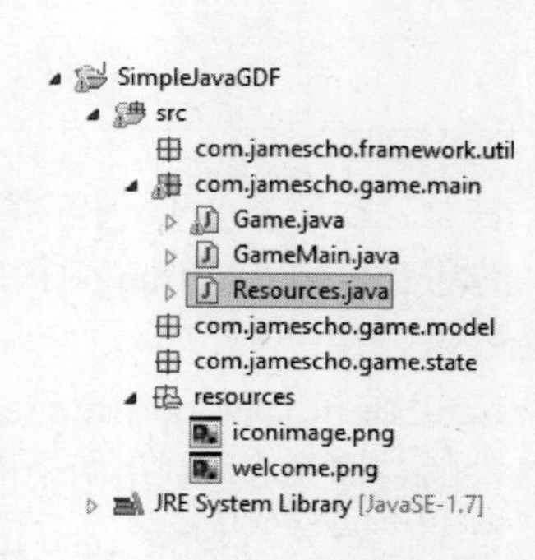

图 4-13　创建 **Resources** 类

我们的 Resources 类将拥有 3 个方法。第一个方法是 load()，这将是一个公有方法，将会加载游戏中的所有的资源。为了完成这一任务，还需要使用两个私有的辅助方法：loadSound()和 loadImage()。

添加这 3 个方法，如程序清单 4.5 所示，注意 import 语句以防止错误。

程序清单 4.5　Resources 类

```
01 package com.jamescho.game.main;
02
03 import java.applet.Applet;
04 import java.applet.AudioClip;
05 import java.awt.image.BufferedImage;
06 import java.net.URL;
07
08 import javax.imageio.ImageIO;
09
10 public class Resources {
11       public static void load() {
12             // To-do
13       }
14
15       private static AudioClip loadSound(String filename) {
16             URL fileURL = Resources.class.getResource("/resources/" + filename);
17             return Applet.newAudioClip(fileURL);
18       }
19
20       private static BufferedImage loadImage(String filename) {
21             BufferedImage img = null;
22             img = ImageIO.read(Resources.class
                         .getResourceAsStream("/resources/" + filename));
23             return img;
24       }
25
26 }
```

注意，程序清单 4.5 中的第 22 行折行了。确保将像这样的任何行都当作一行来对待。

你将会看到 loadImage()中的一个错误，如图 4-14 所示。现在先忽略它。我们稍后将改正这个错误。

loadSound()和 loadImage()方法都接受一个 String 参数，它表示想要从 resources 包加载的文件的名称。这里利用两个内建方法来加载声音和图像文件，我们不在此深入讨论。

这两个方法将搜索 resources 包以查找请求的文件，并且将其作为一个 AudioClip 或 BufferedImage 返回，这是表示图像和声音文件的 Java 对象的示例。

```
private static BufferedImage loadImage(String filename) {
    BufferedImage img = null;
    img = ImageIO.read(Resources.class.getResourceAsStream("/resources/" + filename));
    return img;
}
```

图 4-14 loadImage()中的一个错误

4.4.2 Try/Catch 语句块

现在，我们来改正图 4-14 中的错误。将鼠标放置在错误消息之上，你将会看到关于错误的一条说明，如图 4-15 所示。

```
private static BufferedImage loadImage(String filename) {
    BufferedImage img = null;
    img = ImageIO.read(Resources.class.getResourceAsStream("/resources/" + filename));
    return img;
}
```

Unhandled exception type IOException
2 quick fixes available:
Add throws declaration
Surround with try/catch
Press 'F2' for focus

图 4-15 错误是由于未处理的异常导致的

编译器告诉我们，ImageIO.read(...)可能抛出一个异常（一个错误），并且我们必须提供一种方式来处理该错误。为了做到这一点，我们将选择 **Surround with try/catch** 选项。你的方法应该更新为如下所示，添加的行用粗体显示（你可能会看到一个 IOException 而不是一个 Exception，但是，这没问题。任意一个选项在这里都很好）。

```
private static BufferedImage loadImage(String filename) {
        BufferedImage img = null;
        try {
                img = ImageIO.read(Resources.class
                                .getResourceAsStream("/resources/" + filename));
        } catch (Exception e) {
                // TODO Auto-generated catch block
                e.printStackTrace();
        }
        return img;
}
```

无论何时，当调用可能导致失败的一个方法（例如，ImageIO.read()），我们必须用一个 try/catch 语句块将其包围起来，将具有风险的方法放到 try 语句块中，并且在 catch 语句块中处理错误。我们将保留 e.printStackTrace()，它会告诉我们发生了什么错误以及错误出现在代码中的何处。

这种情况下一种常见的异常是，当游戏无法找到请求的文件的时候，因此，让我们给 catch 语句块添加一条相应的错误消息，使用如下所示的代码行来替代//TODO 行，以便我们能够很容易地找到有问题的文件。

```
System.out.println("Error while reading: " + filename);
```

Resource 类现在应该如程序清单 4.6 所示。

程序清单 4.6　Resources 类（带有 Try/Catch 语句块的更新版）

```
01 package com.jamescho.game.main;
02
03 import java.applet.Applet;
04 import java.applet.AudioClip;
05 import java.awt.image.BufferedImage;
06 import java.net.URL;
07
08
09 import javax.imageio.ImageIO;
10
11 public class Resources {
12     public static void load() {
13             // To-do
14     }
15
16     private static AudioClip loadSound(String filename) {
17             URL fileURL = Resources.class.getResource("/resources/" + filename);
18             return Applet.newAudioClip(fileURL);
19     }
20
21     private static BufferedImage loadImage(String filename) {
22             BufferedImage img = null;
23             try {
24                     img = ImageIO.read(Resources.class
                             .getResourceAsStream("/resources/" + filename));
25             } catch (Exception e) {
26                     System.out.println("Error while reading: " + filename);
```

```
27                  e.printStackTrace();
28              }
29              return img;
30      }
31 }
```

4.4.3 从资源包中加载图像文件

现在，我们打算把两个图像文件 welcome.png 和 iconimage.png 加载到项目中。这只需要两个简单的步骤。

首先为每个文件创建相应的 public static 变量。由于我们要使用图像文件，将创建如下示例中粗体所示的两个 BufferedImage 变量。注意，我们将使用逗号在一行之中声明相同类型的多个变量。

```
...
public class Resources {

        public static BufferedImage welcome, iconimage;

        public static void load() {
                // To-do
        }
...
```

其次，我们必须在 load()方法中初始化这两个变量，通过使用想要的文件名来调用相应的辅助方法来做到这一点，如下面的示例中的粗体代码所示。

```
...
public class Resources {

        public static BufferedImage welcome, iconimage;

        public static void load() {
                welcome = loadImage("welcome.png");
                iconimage = loadImage("iconimage.png");
        }
...
```

注意确保每个 String 参数都与想要的文件的名称完全匹配。完整的类应该如程序清单 4.7

所示。

程序清单 4.7　Resources 类（完整版本）

```
01 package com.jamescho.game.main;
02
03 import java.applet.Applet;
04 import java.applet.AudioClip;
05 import java.awt.image.BufferedImage;
06 import java.net.URL;
07
08
09 import javax.imageio.ImageIO;
10
11 public class Resources {
12
13 	public static BufferedImage welcome, iconimage;
14
15 	public static void load() {
16 		welcome = loadImage("welcome.png");
17 		iconimage = loadImage("iconimage.png");
18 	}
19
20 	private static AudioClip loadSound(String filename) {
21 		URL fileURL = Resources.class.getResource("/resources/" + filename);
22 		return Applet.newAudioClip(fileURL);
23 	}
24
25 	private static BufferedImage loadImage(String filename) {
26 		BufferedImage img = null;
27 		try {
28 			img = ImageIO.read(Resources.class
				.getResourceAsStream("/resources/" + filename));
29 		} catch (Exception e) {
30 			System.out.println("Error while reading: " + filename);
31 			e.printStackTrace();
32 		}
33 		return img;
34 	}
```

```
35
36 }
```

我们稍后将测试这个类。

4.5 检查点#1

让我们来看看到目前为止在框架中已经完成了什么。这对我们来说很重要，可以避免迷失在自己的代码中。在图 4-16 中，还没有创建的类标记为粗体，正在创建的类标记为斜体，已经完成的类标记为带下划线。

> 注意：如果你在此时对于任何类有问题，可以从 jamescho7.com/book/chapter4/checkpoint1 下载源代码。

Main Classes (`com.jamescho.game.main`)

GameMain: 创建了一个 JFrame 并且添加了一个 Game 实例。

Game: 继承了 JPanel 并且创建了一个构造方法来重新调整大小并请求焦点。

Resources: 添加了 load()、loadImage()和 loadSound()方法并加载两个图像文件。

State Classes (`com.jamescho.game.state`)

`State`

`LoadState`

`MenuState`

Utility Classs (`com.jamescho.game.util`)

`InputHandler`

图 4-16 类和说明的列表

我们已经对主类做了很多工作。在后面的部分中，我们将开始并完成状态类（*state class*）。

4.6 定义状态

在一个游戏会话中，玩家经历了多个界面。他可能在一个主菜单界面中开始，进入到设置界面，返回到菜单界面，然后进入游戏过程界面。

为了将这个功能加入到框架中，我们将为游戏中的每一个界面创建一个 Java 类。我们把这些类称为状态（按照这一思路，菜单界面将会用 MenuState 类来表示，游戏过程界面将会用

PlayState 类来表示，依此类推）。如图 4-17 所示。

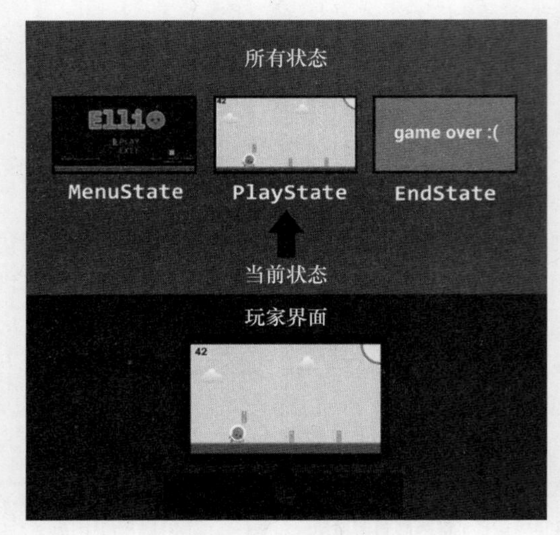

图 4-17　表示状态

4.6.1　创建状态类

在 com.jamescho.game.state 包中，创建一个名为 State 的类。当我们创建其他的状态类（子类）的时候，这个类将会充当一个泛型模板（例如，一个超类）。因此，在我们的游戏中，State 不会表示一个真正的界面。

为了表示这种间接的角色，我们在类声明中添加一个 abstract 关键字来表示这个类是一个抽象类，如程序清单 4.8 所示。

程序清单 4.8　添加 abstract 关键字

```
package com.jamescho.game.state;

public abstract class State {

}
```

4.6.2　关于抽象类的更多介绍

抽象类和接口非常类似。它包含了抽象方法（没有方法体的方法），这些方法必须由任何继承了抽象类的类来实现。这意味着，抽象的 State 类（超类）可以声明抽象方法，从而为我们将要创建的所有状态对象（子类）提供一个通用的结构。

让我们添加 6 个抽象方法，来看看这是如何工作的，这些方法在每个状态对象中都需要实现。将程序清单 4.9 中第 9 行到第 19 行的代码添加到 State 中（请注意 import 语句）。

程序清单 4.9 给 State 类添加抽象方法

```
01 package com.jamescho.game.state;
02
03 import java.awt.Graphics;
04 import java.awt.event.KeyEvent;
05 import java.awt.event.MouseEvent;
06
07 public abstract class State {
08
09       public abstract void init();
10
11       public abstract void update();
12
13       public abstract void render(Graphics g);
14
15       public abstract void onClick(MouseEvent e);
16
17       public abstract void onKeyPress(KeyEvent e);
18
19       public abstract void onKeyRelease(KeyEvent e);
20
21 }
```

在游戏进行过程中，这 6 个方法中的每一个都会在非常特定的时刻调用。

- 当我们转移到一个新的游戏状态的时候，将会调用 init()方法。这是初始化任何将要在整个游戏状态中使用的游戏对象的好地方。
- 游戏循环将在每一帧上调用当前状态的 update()方法。我们使用它在游戏状态中更新每个游戏对象。
- 游戏循环将在每一帧上调用当前状态的 render()方法。我们使用它来把游戏图形渲染到屏幕上。
- 当玩家点击鼠标的时候，将会调用当前状态的 onClick()方法。它接受和鼠标事件相关的信息作为参数。
- 当玩家按下键盘按键的时候，将会调用当前状态的 onKeyPress()方法。它接受和键盘事件相关的信息作为参数，例如，所按下的按键的标识。我们使用这个方法来对游戏做出改变（例如，移动角色）。

- 当玩家释放键盘按键的时候，将会调用当前状态的 onKeyRelease()方法。它接受和键盘事件相关的信息作为参数，例如，所释放的按键的标识。我们使用这个方法来对游戏做出改变（例如，停止角色的移动）。

4.6.3　为何使用一个抽象类

抽象类和接口的不同之处在于，除了允许声明抽象方法以实现那些将要由其子类共享的行为，它还允许我们声明具体类。换句话说，抽象类允许我们将继承和接口的功能组合到一起。

在我们的框架中，State 必须是一个抽象类而不是一个简单的接口，因为我们随后要实现一些具体的方法来执行诸如转移到另一个界面这样的行为。在本章后面，其意义会更为明显。

4.6.4　创建 LoadState 类

让我们把 State 类投入使用，用它作为创建 LoadState 类的一个模板。这个类将表示游戏的加载界面，在那里，我们要求 Resources 类加载所有的游戏资源。

在 com.jamescho.game.state 包中创建 LoadState 类，并且扩展 State，如图 4-18 所示。

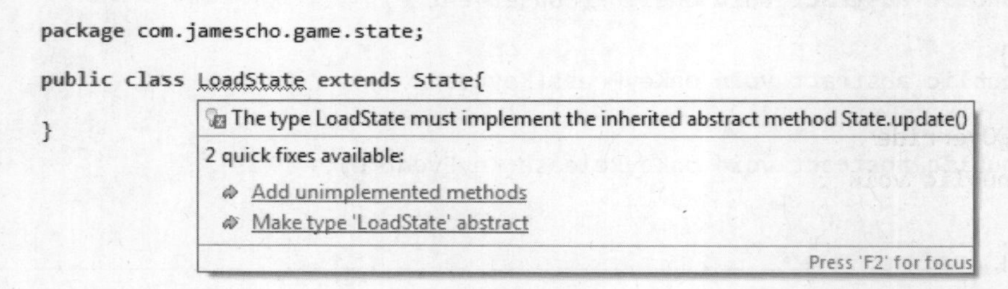

图 4-18　扩展 State

就像实现接口时候一样，我们必须实现一个继承的抽象类的所有抽象方法。选择“Add **unimplemented methods**”进行快速修复，然后，代码应该如程序清单 4.10 所示。

程序清单 4.10　添加了未实现的方法之后的 LoadState 类

```
01 package com.jamescho.game.state;
02
03 import java.awt.Graphics;
04 import java.awt.event.KeyEvent;
05 import java.awt.event.MouseEvent;
```

```
06
07 public class LoadState extends State {
08
09     @Override
10     public void init() {
11             // TODO Auto-generated method stub
12     }
13
14     @Override
15     public void update() {
16             // TODO Auto-generated method stub
17     }
18
19     @Override
20     public void render(Graphics g) {
21             // TODO Auto-generated method stub
22     }
23
24     @Override
25     public void onClick(MouseEvent e) {
26             // TODO Auto-generated method stub
27     }
28
29     @Override
30     public void onKeyPress(KeyEvent e) {
31             // TODO Auto-generated method stub
32     }
33
34     @Override
35     public void onKeyRelease(KeyEvent e) {
36             // TODO Auto-generated method stub
37     }
38
39 }
```

既然已经创建了我们的类并且扩展了模板，我们要开始实现类的行为了。

在 LoadState 的 init()方法中，我们将要求 Resources 类加载所有的游戏资源。把如下所示的代码行添加到 init()方法中，导入 **com.jamescho.game.main.Resources**。

```
Resources.load();
System.out.println(“Loaded Successfully”);
```

可以让其他的方法保持为空。我们不会在 LoadState 中执行任何图像的更新或渲染，并且我们会忽略通过键盘或鼠标发生的任何用户交互。现在，LoadState 看上去应该如程序清单 4.11 所示。

程序清单 4.11　LoadState.java

```
01 package com.jamescho.game.state;
02
03 import java.awt.Graphics;
04 import java.awt.event.KeyEvent;
05 import java.awt.event.MouseEvent;
06
07 import com.jamescho.game.main.Resources;
08
09 public class LoadState extends State{
10
11      @Override
12      public void init() {
13              Resources.load();
14              System.out.println("Loaded Successfully");
15      }
16
17      @Override
18      public void update() {
19              // TODO Auto-generated method stub
20      }
21
22      @Override
23      public void render(Graphics g) {
24              // TODO Auto-generated method stub
25      }
26
27      @Override
28      public void onClick(MouseEvent e) {
29              // TODO Auto-generated method stub
30      }
```

```
31
32      @Override
33      public void onKeyPress(KeyEvent e) {
34              // TODO Auto-generated method stub
35      }
36
37      @Override
38      public void onKeyRelease(KeyEvent e) {
39              // TODO Auto-generated method stub
40      }
41
42 }
```

这就是目前为止我们需要做的事情。接下来，我们将进入 Game 类并且将 LoadState 设置为游戏的初始状态。

4.6.5 设置当前状态

打开 Game 类，并且声明如下的实例变量（导入 com.jamescho.game.state.State）。

```
private volatile State currentState;
```

我们的游戏将每次显示一个游戏状态。变量 currentState 将是框架记录这个当前游戏状态的方式。我们现在将添加一个方法，它接受任何的 State 对象（例如，loadState），调用状态的 init()方法并且将其设置为 currentState。添加如程序清单 4.12 所示的 setCurrentState()方法。

程序清单 4.12 添加 setCurrentState()方法

```
public void setCurrentState(State newState){
        System.gc();
        newState.init();
        currentState = newState;
}
```

> 注意：调用了 System.gc()方法来清理任何未使用的对象，它们占用了宝贵的内存空间。gc 表示“垃圾收集程序”（garbage collector）。我们将在本书后面更详细地介绍垃圾收集的重要性。

现在，我们可以创建想要的那么多个 State 对象，并且直接将其传递到 Game 对象的

setCurrentState()方法中以转移到其状态。

当游戏开始的时候，我们想要让初始游戏的状态是 LoadState。让我们在一个新的 addNotify()方法之中设置它，如程序清单 4.13 的第 38 行到第 42 行所示（注意相应的导入）。

程序清单 4.13　设置初始游戏状态

```
01 package com.jamescho.game.main;
02
03 import java.awt.Color;
04 import java.awt.Dimension;
05 import java.awt.Image;
06
07 import javax.swing.JPanel;
08
09 import com.jamescho.game.state.LoadState;
10 import com.jamescho.game.state.State;
11
12 @SuppressWarnings("serial")
13
14 public class Game extends JPanel {
15       private int gameWidth;
16       private int gameHeight;
17       private Image gameImage;
18
19       private Thread gameThread;
20       private volatile boolean running;
21       private volatile State currentState;
22
23       public Game(int gameWidth, int gameHeight) {
24               this.gameWidth = gameWidth;
25               this.gameHeight = gameHeight;
26               setPreferredSize(new Dimension(gameWidth, gameHeight));
27               setBackground(Color.BLACK);
28               setFocusable(true);
29               requestFocus();
30       }
31
32       public void setCurrentState(State newState) {
33               System.gc();
34               newState.init();
```

```
35              currentState = newState;
36      }
37
38      @Override
39      public void addNotify() {
40              super.addNotify();
41              setCurrentState(new LoadState());
42      }
43
44 }
```

注意，我已经在 addNotify()方法上添加了@Override 注解。这是因为 addNotify()是一个已有的方法，已经被 Game 类继承。当 Game 对象应已经成功地添加到 GameMain 中的 JFrame 中，会自动调用 addNotify()方法。这是开始设置图形、游戏状态和用户输入的一个安全的地方。

注意 **super**（程序清单 4.13 第 40 行）引用了超类。那么，super.addNotify()调用了 JPanel 的 addNotify()方法。你将会经常看到，在一个覆盖的子类方法中调用超类的方法。这意味着，当调用 Game.addNotify()方法的时候，JPanel.addNotify()方法也会被调用。

当一个超类的最初的方法在后台执行重要的任务，如果我们用覆盖的子类方法替代它的话，将不会再调用它，在这种情况下，我们通常在子类方法中调用超类的方法。

现在来运行程序！当 Game 实例添加到 JFrame 中，LoadState 对象初始化为 currentState。此时，调用 LoadState 的 init()方法，这意味着将会加载资源，正如控制台中显示的友好的消息所表示的那样，如图 4-19 所示。

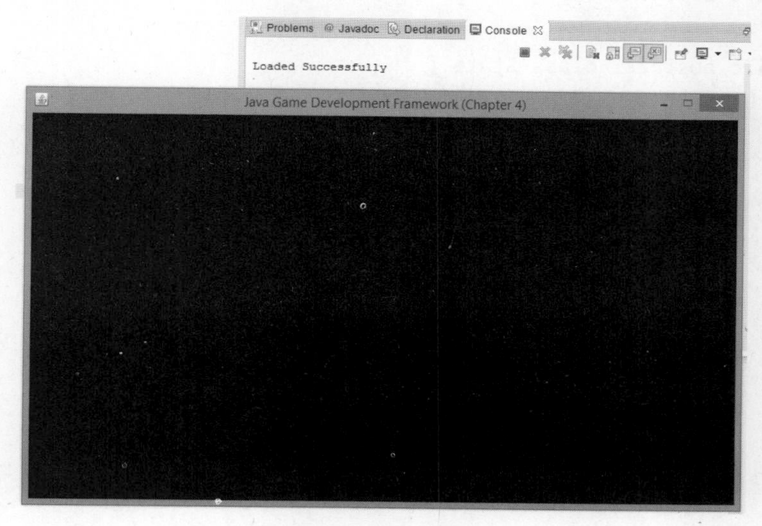

图 4-19　成功加载

4.6.6　转换到 MenuState

程序声称资源已经加载了，但是，在显示某些图像之前，我们不知道这是真的。让我们来要求在加载资源的时候，LoadState 转换到一个名为 MenuState 的新的状态，在该状态下，我们将向屏幕显示一幅图像。

首先需要给 LoadState 一种方法来转换到另一个状态。我们可以在 LoadState 内部实现一个新的方法，它通过调用 Game 对象的 setCurrentState()方法来完成状态改变。这种方法的问题是，每个状态类都需要能够转变为另一个状态类，因此，我们必须寻求一种更高效的解决方案。

其次打开 State 类，并且定义如下的具体方法，它们将通过继承这个抽象超类的任何子类而变得可用（参见程序清单 4.14 的第 23 行到第 25 行，总是提示你要检查新的导入语句，如第 7 行所示）。

程序清单 4.14　把 setCurrentState()方法添加到 State.java

```
01      package com.jamescho.game.state;
02
03      import java.awt.Graphics;
04      import java.awt.event.KeyEvent;
05      import java.awt.event.MouseEvent;
06
07      import com.jamescho.game.main.GameMain;
08
09      public abstract class State {
10
11              public abstract void init();
12
13              public abstract void update();
14
15              public abstract void render(Graphics g);
16
17              public abstract void onClick(MouseEvent e);
18
19              public abstract void onKeyPress(KeyEvent e);
20
21              public abstract void onKeyRelease(KeyEvent e);
22
```

```
23              public void setCurrentState(State newState) {
24                      GameMain.sGame.setCurrentState(newState);
25              }
26
27      }
```

setCurrentState()方法接受一个目标的 State 对象，并且将其传递到 Game 对象的 setCurrentState()方法中（它将存储为 GameMain 类中的一个 sGame 变量）。无论何时，当我们想要转换到一个新的状态的时候，可以从任何状态类中调用这个方法，例如，在 LoadState 中。

我们通过在 com.jamescho.game.state 中创建 MenuState 类来进行测试。一旦创建了这个新的类并且扩展了 State（如果不记得如何做到这一点，请参见图 4.18），实现 init()和 render()方法，如程序清单 4.15 所示。确保留意 import 语句。要注意导入正确的 Resources 类。

程序清单 4.15　完整的 MenuState 类

```
01 package com.jamescho.game.state;
02
03 import java.awt.Graphics;
04 import java.awt.event.KeyEvent;
05 import java.awt.event.MouseEvent;
06
07 import com.jamescho.game.main.Resources;
08
09 public class MenuState extends State {
10
11      @Override
12      public void init() {
13              System.out.println("Entered MenuState");
14      }
15
16      @Override
17      public void update() {
18              // Do Nothing
19      }
20
21      @Override
22      public void render(Graphics g) {
23              // Draws Resources.welcome to the screen at x = 0, y = 0
24              g.drawImage(Resources.welcome, 0, 0, null);
```

```
25      }
26
27      @Override
28      public void onClick(MouseEvent e) {
29              // To do
30      }
31
32      @Override
33      public void onKeyPress(KeyEvent e) {
34              // Intentionally ignored
35      }
36
37      @Override
38      public void onKeyRelease(KeyEvent e) {
39              // Intentionally ignored
40      }
41
42 }
```

稍后我们将详细讨论 g.drawImage(...)方法。现在，回到 LoadState 类。我们将在 update()方法内部添加一条语句，从而转换到新的 MenuState，如下所示。

```
...

public class LoadState extends State {

...
    @Override
    public void update() {
            setCurrentState(new MenuState());     // This is the new line!
    }
...
```

当调用 LoadState.update()方法的时候，这将允许我们从 **LoadState** 转换到 **MenuState。**

现在，你可能会问，既然 MenuState 中有了 render()方法，并且我们将调用一个函数来绘制一幅图像，为什么程序仍然没有显式欢迎图像呢?

原因在于，我们没有调用 Game 类中的 render()方法(因而也没有调用 update()、onClick()、onKeyPress()和 onKeyReleased()方法)。要调用 render()方法，我们需要为 Game 类添加游戏的核心，也就是游戏循环。我们将在如下的检查点之后，完成这件事。

4.7　检查点#2

让我们再次看一下进度。图 4-20 采用了和图 4-16 相同的规则。

Main Classes(com.jamescho.game.main)

GameMain：没变化。

Game：添加了一个 currentState 变量，实现了 addNotify()方法和 setCurrentState()方法。

Resources：没变化。

State Classes (com.jamescho.game.state)

State：添加了所有其他状态对象所需的 6 个方法。定义了一个具体的 setCurrentState()方法，用来在状态之间转换。

LoadState：实现了 State，添加了调用以加载资源和转换到 MenuState。

MenuState：实现了 State，添加了调用以将欢迎图像绘制到屏幕。

Utility Classs (com.jamescho.game.util)

InputHandler

图 4-20　检查点#1 之后的类和修改的列表

> 注意：如果你在此时对于任何类有问题，可以从 jamescho7.com/book/chapter4/checkpoint2 下载源代码。

我们离目标更近了。现在再次回到 Game，在那里，我们将实现游戏循环并创建一个新的 InputHandler 对象。然后，我们将给 GameMain 中的 JFrame 添加一个漂亮的图标，并且准备好构建第一款图形化游戏。

4.8　多任务的需求

你已经听说过多核处理器了。甚至有可能在你自己的计算机中就有一个多核处理器。有了多核，我们可以同时执行各种任务。

由于游戏需要同时执行各种行为（我们不想在游戏渲染的时候，忽略玩家的输入），游戏也需要多任务。但是，我们不必关心玩家是使用 Intel i7 Processor Extreme Edition 还是一台相当老的 Pentium 4。Java 允许我们在使用线程的时候实现多任务（*thread*），甚至没有多核也可以做到这一点。

4.8.1　线程

将线程当作执行指令列表的一个过程。如果在运行框架的时候，想要按照时间顺序列出每个方法，应该会得到将要由默认线程（称为主线程）调用的指令的一个列表，如图 4-21 所示。这个列表叫作调用栈。

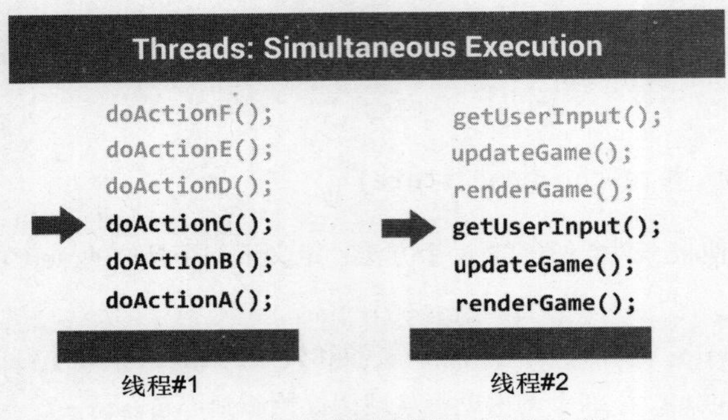

图 4-21　线程/游戏线程：同步执行

到现在位置，我们已经提供了一个单个的调用栈供 JVM 来执行；然而，创建多个栈很容易。对于初学者，我们创建另一个线程并为其提供要执行的指令列表。当程序执行的时候，两个线程将“同时”执行它们的调用栈（这是一个简化过程，但是我们将假设是这样的）。在框架的环境中，这意味着一个线程（游戏线程）可能负责游戏循环的执行，而主线程负责其他的事情。我们现在将在游戏中实现这另外一个线程。

4.8.2　添加游戏线程

创建一个新的调用栈，需要 3 个步骤。首先，创建新线程。其次，给它要执行的一些指令。最后，告诉程序开始执行这些指令。我们将执行所有这些步骤来创建游戏线程。

打开 Game 类。回到程序清单 4.3，我们添加此前一直忽略的 3 个实例变量：gameImage、gameThread 和 running。

我们将利用 Thread 和 boolean 变量来实现一个游戏循环。将下面粗体所示的 initGame() 方法添加到 Game 中（现在先忽略错误）。然后，在 addNotify()中调用这个新方法（也用粗体显示）。

```
...

@Override
```

```
public void addNotify() {
        super.addNotify();
        setCurrentState(new LoadState());
        initGame();
}

private void initGame() {
        running = true;
        gameThread = new Thread(this, "Game Thread");
        gameThread.start();
}

...
```

initGame() 将 running 初始化为真（我们稍后将讨论 volatile）。然后，我们使用一个构建方法来初始化 gameThread，该方法接受两个参数。第一个参数是新的 Thread 要完成的一个任务。第二个参数是这个新的 Thread 的名称。此时，我们的代码中有一个错误，如图 4-22 所示。

```
private void initGame() {
    running = true;
    gameThread = new Thread(this, "Game Thread");
    gameThread.start();
}
```

图 4-22 Thread 构造方法中的错误

将鼠标移动到红色线条（图 4-22 有波浪线）上，将会看到图 4-23 所示的界面，以及建议的快速修复的列表。

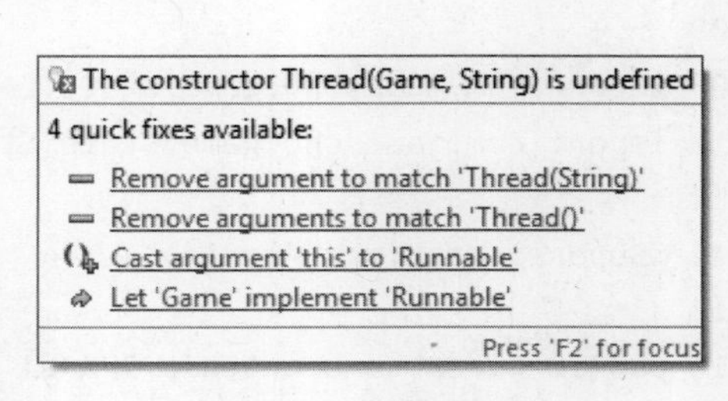

图 4-23 让我可运行

快速修改项看上去似乎建议该构造方法的第一个参数应该是一个 Runnable 类型的变量，而不是 Game 类型的（还记得吧，关键词 this 引用的是调用 Thread 构造方法的那个 Game 的实例）。实际上，Java 文档对 Thread 的构造方法说明如下。

```
Thread (Runnable target, String name)
```

要解决这个问题，我们需要理解 Runnable 对象是什么。还记得吧，线程需要将要执行的指令的列表。该列表以一个 Runnable 对象的形式提供。

现在，我们到哪里获取这个 Runnable 对象？实际上，Runnable 是一个内建的 Java 接口。这意味着，我们可以在自己的 Game 类中实现 Runnable，并且这将允许我们（使用关键字 this）

将 Game 的实例传递给游戏线程的构造方法，如程序清单 4-22 所示。让我们将图 4-24 所示的 implements…声明添加到 Game 类中。

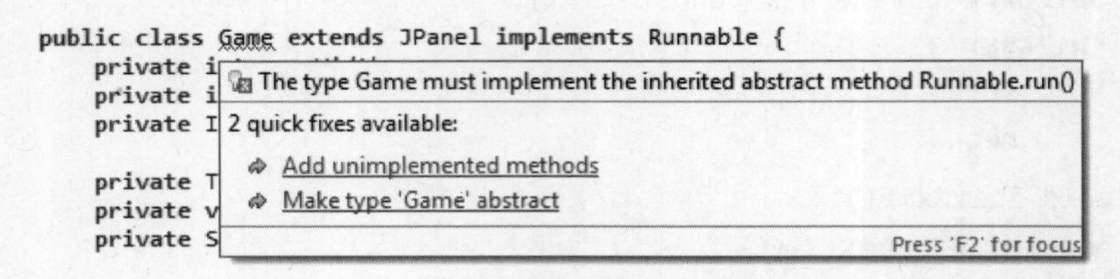

图 4-24　实现了 Runnable 接口的 Game

由于要实现一个接口，我们必须实现其所有的抽象方法。选择 Add unimplemented methods。

这会自动添加 run()方法，如程序清单 4.16 所示，该程序清单显示了此时 Game 类的样子。

程序清单 4.16　实现 run()方法

```
01 package com.jamescho.game.main;
02
03 import java.awt.Color;
04 import java.awt.Dimension;
05 import java.awt.Image;
06
07 import javax.swing.JPanel;
08
09 import com.jamescho.game.state.LoadState;
10 import com.jamescho.game.state.State;
11
12 @SuppressWarnings("serial")
13
14 public class Game extends JPanel implements Runnable {
15       private int gameWidth;
16       private int gameHeight;
17       private Image gameImage;
18
19       private Thread gameThread;
20       private volatile boolean running;
21       private volatile State currentState;
22
23       public Game(int gameWidth, int gameHeight) {
```

```
24              this.gameWidth = gameWidth;
25              this.gameHeight = gameHeight;
26              setPreferredSize(new Dimension(gameWidth, gameHeight));
27              setBackground(Color.BLACK);
28              setFocusable(true);
29              requestFocus();
30      }
31
32      public void setCurrentState(State newState) {
33              System.gc();
34              newState.init();
35              currentState = newState;
36      }
37
38      @Override
39      public void addNotify() {
40              super.addNotify();
41              setCurrentState(new LoadState());
42              initGame();
43      }
44
45      private void initGame() {
46              running = true;
47              gameThread = new Thread(this, "Game Thread");
48              gameThread.start();
49      }
50
51      @Override
52      public void run() {
53              // TODO Auto-generated method stub
54      }
55
56 }
```

实现 Runnable 及其抽象的 run()方法，使得 Game 能够用作一个 Runnable 对象。由此，initGame()方法中的错误不在了，如图 4-25 所示。

```
private void initGame() {
    running = true;
    gameThread = new Thread(this, "Game Thread");
    gameThread.start();
}
```

图 4-25 作为 Runnable 的游戏

基于此，我们可能会猜到 Game 的 run()方法和 gameThread 有些关系，没错，猜对了。

gameThread 需要完成一个任务，并且 run()方法就是该任务。当调用 gameThread.start()方法，如图 4-25 所示，我们请求 gameThread 来执行 run()方法。由于 gameThread 是一个单独的线程，独立于默认的主线程而存在，我们让程序实现了多任务。

现在，当调用 Game 的 addNotify()方法的时候，initGame()也会被调用，从而在 gameThread 中启动 run()方法。你可以在 run()方法中添加一条 print 语句，并且运行该程序以进行测试。一旦 LoadState 变成了当前状态，应该可以看到你的消息。

> **注意**：你可能会问，关键字“volatile”是什么意思，并且它如何影响到一个变量。这是一个相当高级的话题（用 Google 搜索 Java Concurrency）。要理解这一点，你必须先知道，当两个线程共享一个变量的时候（修改或访问相同的变量），在使用该变量之前，它们可能先创建共享变量的自己的一个副本。简而言之，这意味着，在一个线程中修改一个共享变量的值，不会修改该变量的另一个副本，这就导致了不一致的值。

这意味着什么呢？例如，布尔变量 running 的值可能在一个线程上为 true，而在另一个线程上为 false。游戏是该继续还是停止？我们通过将变量标记为 volatile 的，从而避免这种二义性的问题。

我们还想让 currentState 成为 volatile 的，因为只应该有一个当前状态。游戏不应该在一种状态和另一种状态之间含糊不清。

4.8.3　实现游戏循环

现在，我们添加了游戏线程，是时候来向其添加游戏循环了。现在，我们将只是关注 run()方法。

在 run()方法中，添加如下面的粗体所示的一个 while 循环，以及一条 exit 命令（如下所示）。正如你所见，当游戏循环结束的时候，游戏也应该终止。

```
...

        @Override
        public void run() {
                while (running) {

                }

                // End game immediately when running becomes false.
                System.exit(0);
```

```
    }

...
```

当 running 变为 false 的时候，游戏循环终止了，这意味着，要终止游戏，我们需要将 running 的值修改为 false，稍后再详细说明。

在游戏循环体中，我们将执行两项任务：更新和渲染。更新很简单。我们只需要让 currentState 调用其 update()方法。然而，渲染需要更多的绘制，这要用 3 个步骤来完成。

要渲染游戏，我们依赖于一种叫作双缓冲（double buffering）的技术。我们不是一次将一个图像直接绘制到屏幕上，相反，我们将准备一个离屏的空的图像，并且将所有的图像绘制到其上，最后再每次一帧地将完成后的场景绘制到屏幕上。因此，必须完成的 3 个步骤是：

1. 准备一个离屏的空的图像。
2. 将 currentState 的场景（currentState 中所有的游戏对象）渲染到这个游戏图像。
3. 将完成后的离屏图像绘制到屏幕上。

双缓冲允许我们减少令人讨厌的图像歪曲和抖动。我们在这里不会介绍太多的细节。只要了解双缓冲就够了，尽管这项技术需要花更多的时间去编写代码，但它改进了游戏过程的体验。

现在是时候添加代码了。在游戏循环中，添加如下所示的 4 行粗体代码，并且定义如下所示的一个名为 prepareGameImage()的新方法（导入 **Graphics**）。

```
...

        @Override
        public void run() {
                while (running) {
                        currentState.update();
                        prepareGameImage();
                        currentState.render(gameImage.getGraphics());
                        repaint();
                }

                // End game immediately when running becomes false.
                System.exit(0);
        }


        private void prepareGameImage() {
                if (gameImage == null) {
                        gameImage = createImage(gameWidth, gameHeight);
```

```
            }
            Graphics g = gameImage.getGraphics();
            g.clearRect(0, 0, gameWidth, gameHeight);
    }
...
```

在我们已经添加到游戏循环中的 4 行代码中，我们更新了 currentState，然后调用 3 个方法来处理渲染所需的步骤。在 prepareGameImage()中，我们创建了 gameImage 变量，并且用 gameWidth 作为宽度、gameHeight 作为高度来初始化它，从而准备好了离屏图像。接下来，在每一帧中，我们清理图像，即使用相等大小的一个矩形，来清除在前一帧中已经绘制到屏幕上的所有图像。这确保了前一帧中的图像不会渗透到当前帧，每一帧都是重新开始的。

4.8.4　帧每秒和定时机制

游戏通过快速切换的静态图像（或帧）来提供一种动画的假象。同样，游戏性常常能用 FPS（帧每秒）来度量。通常，FPS 越高，图形和游戏过程越顺利。

在我们的框架中，FPS 等价于每秒钟游戏循环的迭代（重复）次数。这是因为，在每一次迭代中，我们都更新和渲染游戏一次，刷新屏幕一次。

因此，如下所示的公式是思考游戏的一种很好的方式。

更新+渲染=游戏循环的一次迭代=一帧

我们的框架的目标为 60FPS。这应该足够保持流畅的游戏过程。因此，我们想要让游戏循环每秒钟迭代 60 次，这将意味着，每次迭代应该大约需要 0.017 秒（17 毫秒）来执行。有多重处理 FPS 的复杂方式，我们稍后将讨论，但是现在，我们将保持其尽量简化。

我们做了一个假设，对于在该框架上构建的大多数游戏，更新和渲染都将在非常短的时间（2～3 毫秒）内完成。当然，这会随着系统的不同、游戏的不同而有所变化，原因在于我们稍后将要更加详细讨论的定时机制。现在，在每一次更新和渲染之后，我们打算要求游戏循环睡眠 14 毫秒。在加上 2～3 毫秒的更新和渲染之后，每次迭代共需要 17 毫秒左右。

> 注意：由于游戏循环未结束（它一直运行，直到我们通过将 running 设置为 false 来告诉它结束），游戏线程将占用大量的计算机 CPU 时间。要求游戏线程睡眠，将允许 CPU 花时间来执行其他的任务，例如，接受用户输入。

要实现睡眠驱动的定时机制，只要向 run()方法添加如下所示的代码行。

```
...
@Override
public void run() {
```

```
        while (running) {
                currentState.update();
                prepareGameImage();
                currentState.render(gameImage.getGraphics());
                repaint();
                try {
                        Thread.sleep(14);
                } catch (InterruptedException e) {
                        e.printStackTrace();
                }
        }
        System.exit(0);
}
...
```

注意，我们只是调用了一个名为 Thread.sleep()的简单的静态方法，以要求游戏线程睡眠 14 毫秒。我们必须将其包含在一个 try-catch 中，因为它可能会抛出一个异常（特别是 InterruptedException 这种形式的异常。如果对此不熟悉的话，参见图 4-15 以及随后关于 try-catch 语句块的讨论）。

游戏循环完成了，并且它应该运行了大约 17 毫秒。这个定时机制非常有限，我们很快将在后续章节中修改它。

4.8.5　退出游戏

Game 类现在差不多完成了。我们只需要再添加几个方法。第一个方法很小。它是一个简单的方法，只有当游戏要退出的时候才会调用。它会把 boolean running 设置为 false，使得游戏循环终止。

将如下所示的方法添加到 Game 类中。

```
public void exit() {
        running = false;
}
```

4.8.6　修正绘图

还记得吧，我们必须执行 3 个步骤来渲染游戏。我们已经成功地创建了一个名为 gameImage 的离屏图像，并且用我们的图像填充了它，但是现在，必须将该图像绘制到屏幕。

为了做到这一点，必须在游戏循环中调用 repaint()方法，但是，这只是请求程序调用 Game 对象的 paintComponent()方法，而这个 Game 对象是一个 JPanel（参见 3.6.7 小节）。

此时，Game 并没有一个定制的 paintComponent()方法，其中，我们必须真正执行将 gameImage 绘制到屏幕的动作。让我们像下面一样覆盖它。

```
@Override
protected void paintComponent(Graphics g) {
        super.paintComponent(g);
        if (gameImage == null) {
                return;
        }
        g.drawImage(gameImage, 0, 0, null);
}
```

在 paintComponent()方法中，我们首先检查 gameImage 是否为 null，因为如果它不存在的话，我们不希望绘制它。如果它是 null，我们调用 return，在一个 void 方法中，这将直接结束该方法。下一次调用 prepareGameImage()和 repaint()，这个 gameImage 应该不为空。

paintComponent()的参数，是对一个名为 g 的 Graphics 对象的引用，我们可以将其看作设备的屏幕上的一块画布。我们将接受 g，并且将离屏的 gameImage 绘制到其上的 $x = 0, y = 0$ 坐标处（游戏窗口的左上角）。

注意： g.drawImage(…)的第三个参数是一个 ImageObserver 对象，它允许你确定一个图像是否已经完全加载。在我们的框架中，不会使用它，因此，可以安全地为其传入 null。

更新后的 Game 类如程序清单 4.17 所示。

程序清单 4.17　Game 类（更新版）

```
01 package com.jamescho.game.main;
02
03 import java.awt.Color;
04 import java.awt.Dimension;
05 import java.awt.Graphics;
06 import java.awt.Image;
07
08 import javax.swing.JPanel;
09
10 import com.jamescho.game.state.LoadState;
```

```
11 import com.jamescho.game.state.State;
12
13 @SuppressWarnings("serial")
14
15 public class Game extends JPanel implements Runnable {
16       private int gameWidth;
17       private int gameHeight;
18       private Image gameImage;
19
20       private Thread gameThread;
21       private volatile boolean running;
22       private volatile State currentState;
23
24       public Game(int gameWidth, int gameHeight) {
25               this.gameWidth = gameWidth;
26               this.gameHeight = gameHeight;
27               setPreferredSize(new Dimension(gameWidth, gameHeight));
28               setBackground(Color.BLACK);
29               setFocusable(true);
30               requestFocus();
31       }
32
33       public void setCurrentState(State newState) {
34               System.gc();
35               newState.init();
36               currentState = newState;
37       }
38
39       @Override
40       public void addNotify() {
41               super.addNotify();
42               setCurrentState(new LoadState());
43               initGame();
44       }
45
46       private void initGame() {
47               running = true;
```

```
48              gameThread = new Thread(this, "Game Thread");
49              gameThread.start();
50      }
51
52      @Override
53      public void run() {
54              while (running) {
55                      currentState.update();
56                      prepareGameImage();
57                      currentState.render(gameImage.getGraphics());
58                      repaint();
59
60                      try {
61                              Thread.sleep(14);
62                      } catch (InterruptedException e) {
63                              e.printStackTrace();
64                      }
65              }
66              System.exit(0);
67      }
68
69      private void prepareGameImage() {
70              if (gameImage == null) {
71              gameImage = createImage(gameWidth, gameHeight);
72              }
73              Graphics g = gameImage.getGraphics();
74              g.clearRect(0, 0, gameWidth, gameHeight);
75      }
76
77      public void exit() {
78              running = false;
79      }
80
81      @Override
82      protected void paintComponent(Graphics g) {
83              super.paintComponent(g);
84              if (gameImage == null) {
```

```
85                  return;
86              }
87              g.drawImage(gameImage, 0, 0, null);
88      }
89 }
```

运行代码，应该会看到图 4-26 所示的图像。

图 4-26　第一幅图像

我们已经完全让图像显示了出来。要完成框架，还有最后一件事情必须要做，这就是增加响应用户输入的功能。

4.8.7　处理玩家输入

还记得吧，每个状态类都实现了处理键盘和鼠标输入的方法；然而，给我们的状态的 onClick()、onKeyPress()和 onRelease()方法添加代码，此时还没有任何效果。和 init()、update()和 render()方法一样，这些方法不会自动调用。当玩家与游戏交互的时候，我们必须要求调用 currentState 的输入方法，而这正是 InputHandler 类发挥作用的地方。

在 com.jamescho.framework.util 中，创建一个名为 InputHandler 的新类，我们指定了当玩家和游戏交互的时候要通知这个类。为了确保这一点，我们必须在这个类中实现 Java 的两个内建接口 KeyListener 和 MouseListener，并且附加类 Game 的一个实例。

第一步，更新类声明，使其如程序清单 4.18 所示，注意 implements 和 improt 语句。

程序清单 4.18　实现 KeyListener 和 MouseListener

```
package com.jamescho.framework.util;

import java.awt.event.KeyListener;
import java.awt.event.MouseListener;

public class InputHandler implements KeyListener, MouseListener {

}
```

将鼠标移动到这个类声明中的错误之上（如图 4-27 所示），并且选择 Add unimplemented methods。

```
package com.jamescho.framework.util;

import java.awt.event.KeyListener;
import java.awt.event.MouseListener;

public class InputHandler implements KeyListener, MouseListener {

}
```

The type InputHandler must implement the inherited abstract method MouseListener.mouseClicked(MouseEvent)

2 quick fixes available:

- Add unimplemented methods
- Make type 'InputHandler' abstract

Press 'F2' for focus

图 4-27　实现抽象方法

这将会自动向你的类添加 ouseClicked()、mouseEntered()、mouseExited()、 mousePressed()、mouseReleased()、keyPressed()、keyReleased() 和 keyTyped()方法。我们只是关心其中的 3 个方法——mouseClicked()、keyPressed()和 keyReleased()，因为这 3 个方法足够我们实现在游戏中想要的任何用户交互。

正如其名称所示，当玩家点击鼠标按键、按下一个键盘按键或释放一个键盘按键的时候，分别调用 mouseClicked()、keyPressed()和 keyReleased()方法。当调用这些方法的时候，InputHandler 的角色是要求游戏的 currentScreen 调用其自身的 onClick()、onKeyPress() 和 onKeyRelease()方法。这一关系如图 4-28 所示。

注意：可以参阅关于 KeyListener 和 MouseListener 接口的 Java 文档，以了解何时调用接口的方法的更多信息。

KeyListener:

http://docs.oracle.com/javase/7/docs/api/java/awt/event/KeyListener.html

MouseListener:

http://docs.oracle.com/javase/7/docs/api/java/awt/event/MouseListener.html

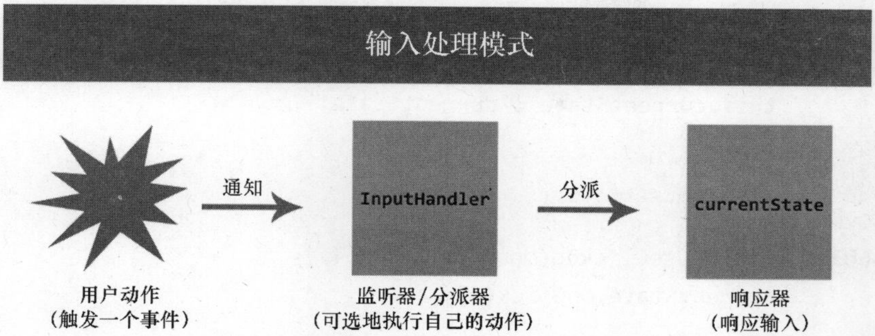

输入处理模式

通知　InputHandler　分派　currentState

用户动作
（触发一个事件）

监听器/分派器
（可选地执行自己的动作）

响应器
（响应输入）

图 4-28　输入处理模式

要调用其输入相关的方法，InputHandler 需要知道游戏的 currentState 是什么，因此，我们将创建一个新的实例变量，任何时候，当游戏状态变化的时候，都将更新该变量。将如下所示的实例变量添加到 InputHandler 类中，确保导入了 com.jamescho.game.state.State。

```
private State currentState;
```

创建如下所示的相应的 setter 方法。

```
public void setCurrentState(State currentState) {
        this.currentState = currentState;
}
```

现在，让我们给 mouseClicked()、keyPressed()和 keyReleased()方法添加一些代码。特别是，我们将要求游戏的 currentState 调用与其 3 个方法同名的版本，如程序清单 4.19 第 20 行、第 45 行和第 50 行所示，这也是 InputHandler 的最终版本。

程序清单 4.19　InputHandler 类

```
01 package com.jamescho.framework.util;
02
03 import java.awt.event.KeyEvent;
04 import java.awt.event.KeyListener;
05 import java.awt.event.MouseEvent;
06 import java.awt.event.MouseListener;
07
08 import com.jamescho.game.state.State;
09
10 public class InputHandler implements KeyListener, MouseListener {
11
12     private State currentState;
```

```
13
14      public void setCurrentState(State currentState) {
15              this.currentState = currentState;
16      }
17
18      @Override
19      public void mouseClicked(MouseEvent e) {
20              currentState.onClick(e);
21      }
22
23      @Override
24      public void mouseEntered(MouseEvent e) {
25              // Do Nothing
26      }
27
28      @Override
29      public void mouseExited(MouseEvent e) {
30              // Do Nothing
31      }
32
33      @Override
34      public void mousePressed(MouseEvent e) {
35              // Do Nothing
36      }
37
38      @Override
39      public void mouseReleased(MouseEvent e) {
40              // Do Nothing
41      }
42
43      @Override
44      public void keyPressed(KeyEvent e) {
45              currentState.onKeyPress(e);
46      }
47
48      @Override
49      public void keyReleased(KeyEvent e) {
50              currentState.onKeyRelease(e);
```

```
51      }
52
53      @Override
54      public void keyTyped(KeyEvent arg0) {
55          // Do Nothing
56      }
57
58 }
```

InputHandler 类的相关工作到此结束。接下来，我们将在游戏中添加 InputHandler 的一个实例。

4.8.8 添加 InputHandler

作为一个 JPanel 子类，Game 继承了两个方法，它们将允许监听用户输入。它们是 addKeyListener(KeyListener l)和 addMouseListener(Mouse Listener l)。这两个方法分别接受实现了 KeyListener 和 MouseListener 接口的一个类的任何实例。我们已经有一个类实现了这两个接口（**InputHandler**），事情因此变得容易。

当在 Game 中调用 addKeyListener()和 addMouseListener()的时候，我们将传入 InputHandler 的一个实例作为参数。然后，这个对象将设置为 JPanel 的键盘和鼠标监听器，并且由此当玩家和游戏交互的时候，将会通知它（具体形式是，其方法被调用）。

打开 Game 类并且添加如下所示的实例变量（记住，导入 com.jamescho.framework.util.InputHandler）。

```
private InputHandler inputHandler;
```

在一个名为 initInput()的新的方法中初始化它，该方法定义如下。

```
private void initInput() {
    inputHandler = new InputHandler();
    addKeyListener(inputHandler);
    addMouseListener(inputHandler);
}
```

接下来，我们直接在 addNotify()方法中调用该方法，如下面的粗体代码所示。这将会初始化 inputHandler，并且将其设置为我们的 Game 的键盘和鼠标监听器。

```
@Override
public void addNotify() {
```

```
        super.addNotify();
        initInput();  // This is the new line!
        setCurrentState(new LoadState());
        initGame();
    }
```

最后，在 setCurrentState()方法中添加一行代码，为我们的 inputHandler 设置 currentState 变量，如下面的粗体代码所示。

```
    public void setCurrentState(State newState){
        System.gc();
        currentState = newState;
        newState.init();
        inputHandler.setCurrentState(currentState);    // This is the new line!
    }
```

这就完成了输入处理和 Game 类，完整的 Game 类如程序清单 4.20 所示。

程序清单 4.20　完整的 Game 类

```
001 package com.jamescho.game.main;
002
003 import java.awt.Color;
004 import java.awt.Dimension;
005 import java.awt.Graphics;
006 import java.awt.Image;
007
008 import javax.swing.JPanel;
009
010 import com.jamescho.framework.util.InputHandler;
011 import com.jamescho.game.state.LoadState;
012 import com.jamescho.game.state.State;
013
014 @SuppressWarnings("serial")
015
016 public class Game extends JPanel implements Runnable {
017     private int gameWidth;
018     private int gameHeight;
019     private Image gameImage;
020
```

```
021        private Thread gameThread;
022        private volatile boolean running;
023        private volatile State currentState;
024
025        private InputHandler inputHandler;
026
027        public Game(int gameWidth, int gameHeight){
028                this.gameWidth = gameWidth;
029                this.gameHeight = gameHeight;
030                setPreferredSize(new Dimension(gameWidth, gameHeight));
031                setBackground(Color.BLACK);
032                setFocusable(true);
033                requestFocus();
034        }
035
036        public void setCurrentState(State newState){
037                System.gc();
038                newState.init();
039                currentState = newState;
040                inputHandler.setCurrentState(currentState);
041        }
042
043        @Override
044        public void addNotify() {
045                super.addNotify();
046                initInput();
047                setCurrentState(new LoadState());
048                initGame();
049        }
050
051        private void initInput() {
052                inputHandler = new InputHandler();
053                addKeyListener(inputHandler);
054                addMouseListener(inputHandler);
055        }
056
057        private void initGame() {
```

```
058             running = true;
059             gameThread = new Thread(this, "Game Thread");
060             gameThread.start();
061     }
062
063     @Override
064     public void run() {
065             while (running) {
066                     currentState.update();
067                     prepareGameImage();
068                     currentState.render(gameImage.getGraphics());
069                     repaint();
070
071                     try {
072                             Thread.sleep(14);
073                     } catch (InterruptedException e) {
074                             e.printStackTrace();
075                     }
076
077             }
078             // End game immediatly when running becomes fales
079             System.exit(0);
080     }
081
082     private void prepareGameImage() {
083             if (gameImage == null) {
084                     gameImage = createImage(gameWidth, gameHeight);
085             }
086             Graphics g = gameImage.getGraphics();
087             g.fillRect(0, 0, gameWidth, gameHeight);
088     }
089
090     public void exit() {
091             running = false;
092     }
093
094     @Override
```

```
095     protected void paintComponent(Graphics g) {
096             super.paintComponent(g);
097             if (gameImage == null) {
098                     return;
099             }
100             g.drawImage(gameImage, 0, 0, null);
101     }
102
103 }
```

现在，试一试给 MenuState 类的 onClick()、onKeyPress()和 onKeyRelease()方法添加一些 print 语句，当你运行程序并且使用键盘和鼠标和欢迎界面交互的时候，应该会看到这些输出，如图 4-29 所示。

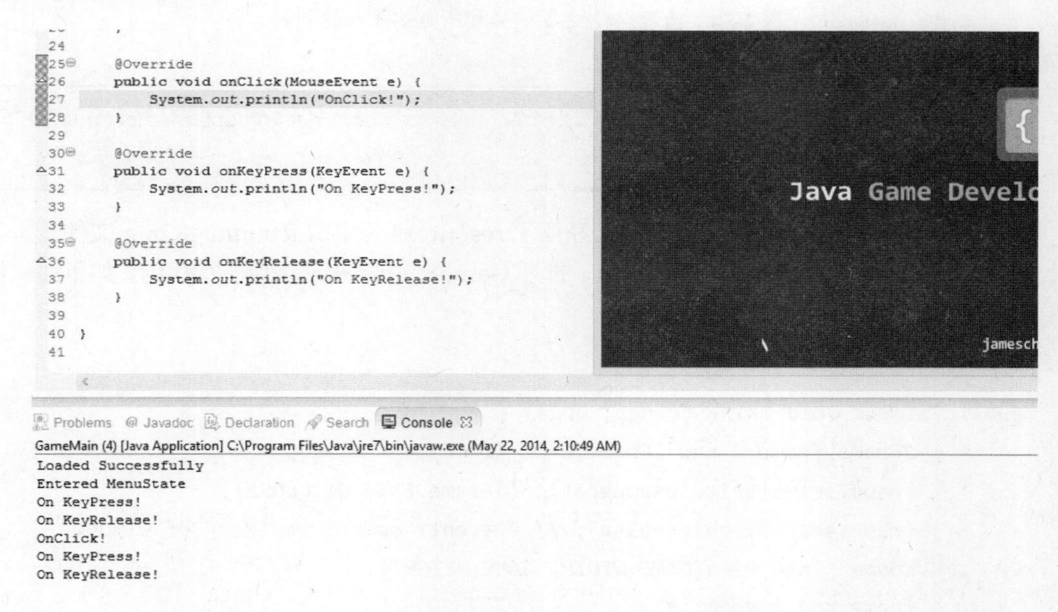

图 4-29　与游戏交互

4.9　检查点#3

再做一些小的修改，我们就完成了这个框架了。图 4-30 按照图 4-16 同样的格式列出所做的修改。

Main Classes (com.jamescho.game.main)

GameMain：未修改。
Game：实现游戏循环和输入。
Resources：未修改。

State Classes (com.jamescho.game.state)

State：未修改。
LoadState：未修改。
MenuState：未修改。

Utility Classs (com.jamescho.game.util)
InputHandler: 实现了 KeyListener 和 MouseListener，提供了一个方法来设置 currentState。

图 4-30　检查点#2 之后的类和所做的修改的列表

注意：如果你在此时对于任何类有问题，可以从 jamescho7.com/book/chapter4/checkpoint3 下载源代码。

我们需要做的最后的修改，是利用已经位于 resources 包中的 iconimage.png 文件，将其设置为框架的启动图标。为了做到这一点，打开 GameMain，并且添加一行代码，如下面粗体代码所示。

```
...
public static void main(String[] args) {
        JFrame frame = new JFrame(GAME_TITLE);
        frame.setDefaultCloseOperation(JFrame.EXIT_ON_CLOSE);
        frame.setResizable(false); // Prevents manual resizing of window
        sGame = new Game(GAME_WIDTH, GAME_HEIGHT);
        frame.add(sGame);
        frame.pack();
        frame.setVisible(true);
        frame.setIconImage(Resources.iconimage); // This is the new line!
}
...
```

接下来，运行框架，应该会看到该图标（图 4-31 展示了在 Windows 8 上的效果）。

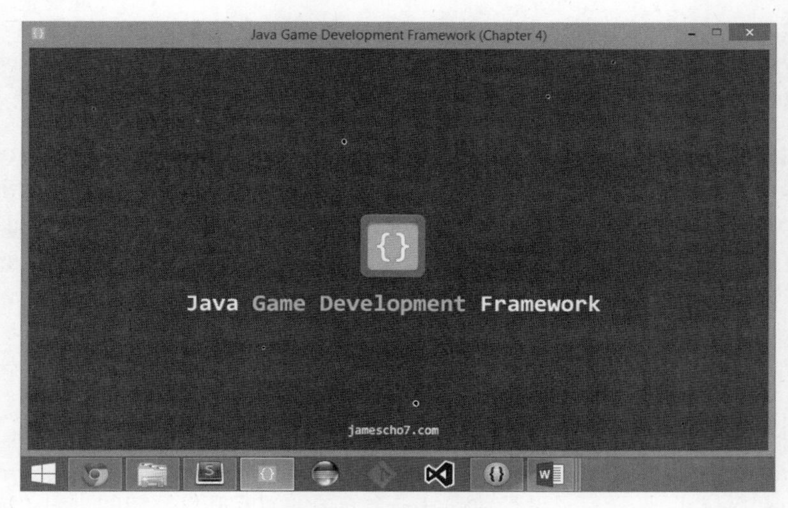

图 4-31　设置图标图像

注意：第 4 章的完整的框架可以从 jamescho7.com/book/chapter4/complete 下载。

好了，已经完成了！在后续的章节中，我们将对框架进行一些改进，但现在，是时候来构建游戏了。请跳过后面的许可信息，并且和我一起进入下一节。

关于许可和代码复用

这个框架可以供你使用而没有任何限制。你可以修改该框架，重新发布器代码，甚至构建商业化游戏，而不必得到我或者出版社的许可。在每一个发布中，你必须创建一个名为 LICENSE.txt 的文本文件，并且在其中包含如下的许可声明（可以从 jamescho7.com/book/license 下载）。

```
The MIT License (MIT)

Copyright (c) 2014 James S. Cho

Permission is hereby granted, free of charge, to any person obtaining a copy of
this software and associated documentation files (the "Software"), to deal in the
Software without restriction, including without limitation the rights to use, copy,
modify, merge, publish, distribute, sublicense, and/or sell copies of the Software,
and to permit persons to whom the Software is furnished to do so, subject to the
following conditions:
```

4.10　由此开始

本章篇幅很长，带领你学习了设计和开发一个简单的游戏开发框架的过程，这个框架将充当我们在后面几章中所构建的游戏的基础。这是我们初次在本书中构建的一个正式的应用程序，并且我们看到了很多 Java 概念的实际应用。

既然已经有了最初的游戏开发框架，现在是时候来构建游戏了。在第 5 章中，我们将应用这个框架。快乐的旅程就要开始了。

第 5 章　保持简单

在开始游戏开发的时候，常见的一个陷阱是，对于想要构建什么太过具体。雄心勃勃的开发者，想要构建一款故事情节吸引人以至于他们认为每个人都会喜欢的游戏。对于人物角色是什么样子的，他将做些什么，他将和谁打斗，游戏从哪里开始以及何时结束，等等，他们都已经有了一个思路。他们学习一种编程语言，并一头扎入游戏开发的挑战中，最终他们只是认识到自己的雄心壮志太大而且来得太早。

本章完全从小处开始着手。我不会教你如何构建梦想中的游戏，我将教会你如何使用已有的游戏开发框架来构建一款简单的游戏。我将指导你设计和实现每一个游戏对象，从而帮助你成为一位更好的程序员。在本章的末尾，你将会意识到，在你发布一款开创性的游戏之前，还有很长一段路要走，但是，你将会对开发过程有一个很好的了解，并且将从头开始构建自己的第一款游戏。

5.1　游戏开发：高层级概览

我们的游戏将是 Pong 的一个翻版，名为 *LoneBall*，它将挑战玩家，让其通过按下向上和向下箭头来控制挡板，尽可能地使一个球保持左右、来回弹跳，而球的速度会随机地加快或减慢。每次成功地救球，玩家都会得到 1 分；而每次错过了球，玩家就会丢掉 3 分。别扭之处在于，挡板总是按照相反的方向移动，这意味着，右边的挡板的移动方向总是和你按下的箭头的方向相反。最终产品的屏幕截图如图 5-1 所示。

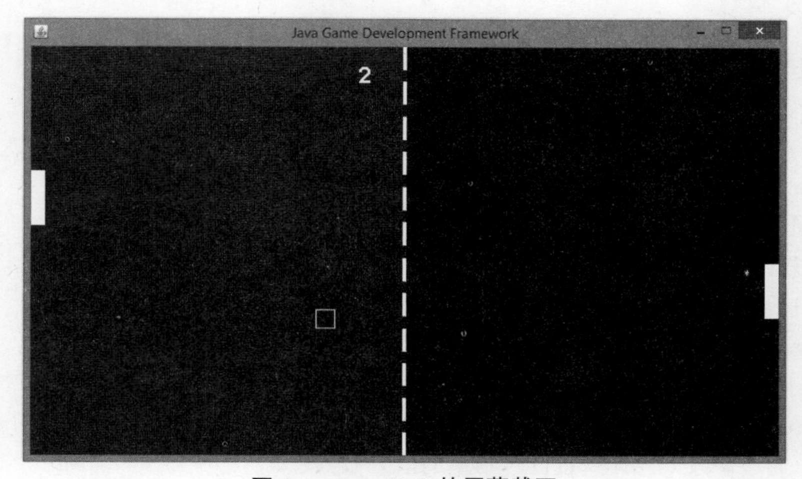

图 5-1　LoneBall 的屏幕截图

5.1.1　为何如此简单

尽管这个游戏很简单，但它涉及游戏开发的很多重要的方面。你将学习如何编写类，以表示游戏对象，如何检测和处理碰撞，如何更新对象以响应用户输入，如何将其渲染到屏幕上以及更多内容。在构建每一款游戏中所使用的技术是类似的，但是，重要的是，学习这些技能的时候不要受到花哨的图像和次要功能的干扰。

5.1.2　类

我们将创建一个 Paddle 类并且将它实例化两次，以用来表示挡板。我们还将创建 Ball 类的一个实例，来表示方形的“球”，它将封装在屏幕上移动和弹回球所需的所有逻辑。这些对象中的每一个都将在我们命名为 PlayState 的一个游戏状态中存在并与之交互，而 PlayState 的工作就是在处理玩家键盘输入的同时更新和渲染对象。

面向对象编程的优点之一是其可扩展性。我们可以很容易地添加新的类和功能，而不会影响到整个应用程序。在构建自己的游戏的时候，我们可能会发现自己的框架漏掉了在游戏开发过程中可能用得上的一两项功能（例如，很容易地生成随机数），并且我们将在需要的时候添加这些功能。

现在，我们已经阅读完了概览，是时候开始构建游戏了。

5.2　准备 LoneBall 项目

5.2.1　复制框架

在所有的游戏开发项目中，我们总是首先复制游戏开发框架。这允许我们立即开始构建自己的游戏，而不用重新编写我们在第 4 章已经编写过的独立于游戏的代码。

打开 Eclipse。如果你在第 4 章结束的时候打开过这个游戏开发框架，通过鼠标右键点击它（在 Mac 上是 Ctrl +点击），按下 Copy，并且将其粘贴回 Package Explorer 中，用新的名称 LoneBall 命名它。完成这些操作，你将拥有图 5-2 所示的所有的类，这就准备好了。

现在，我们的游戏开发框架准备好了，下一个步骤是打开 GameMain 并且将 JFrame 窗口的名称更改为 LoneBall (Chapter 5)。通过修改 GAME_TITLE 常量的值来做到这一点，如程序清单 5.1 所示。

图 5-2　LoneBall 项目

注意：如果你没有在自己的计算机上访问过该框架，可以从 jamescho7.com/book/chapter4/complete 下载.zip 格式的相应版本。要把下载的框架导入到工作区，将.zip 文件解压到一个方便的目录中。接下来，在 Package Explorer 上点击鼠标右键（在 Mac 上是 Ctrl+点击），点击 Import，选择 General 下的 Existing Projects into Workspace 作为导入来源，浏览包含了解压缩文件的文件夹，在 Projects 处点击 Select All 并按下 Finish。Package Explorer 现在应该会显示游戏开发框架的项目。如果你在其中的任何一个步骤遇到困难，请在 jamescho7.com 发帖寻求帮助。

程序清单 5.1 GameMain 类

```
package com.jamescho.game.main;

import javax.swing.JFrame;

public class GameMain {
    public static final String GAME_TITLE = "Java Game Development Framework (Chapter 4)";
    public static final String GAME_TITLE = "LoneBall (Chapter 5)";
    public static final int GAME_WIDTH = 800;
    public static final int GAME_HEIGHT = 450;
    public static Game sGame;

        public static void main(String[] args) {
                JFrame frame = new JFrame(GAME_TITLE);
                frame.setDefaultCloseOperation(JFrame.EXIT_ON_CLOSE);
                frame.setResizable(false);
                sGame = new Game(GAME_WIDTH, GAME_HEIGHT);
                frame.add(sGame);
                frame.pack();
                frame.setVisible(true);
                frame.setIconImage(Resources.iconimage);
        }

}
```

让我们确保已经成功地复制了框架，并且已经修改了其名称。将该项目作为一个 Java 应用程序运行。应该会看到图 5-3 所示的窗口（注意窗口的标题）。

图 5-3　LoneBall JFrame

5.2.2　添加并加载资源

我们已经准备好添加一些内容了。首先要添加的是在整个开发过程中需要使用的资源。在编写代码之前，先准备好所有的资源，这会使得我们更轻松、快速地开发游戏，而不必在图像/声音编辑程序和 Eclipse IDE 之间来回切换。

我已经创建了 LoneBall 的资源并且将其上传到了图书的配套网站上。现在，你可以将其下载到自己的项目中，并且将新的资源加载到 Resources 类中。

可以从 jamescho7.com/book/chapter5 下载并使用如下所示的资源（图像和声音文件）。你也可以按照相应的大小和类型来创建图像和声音文件，以使用自己的资源。

bounce.wav (Duration: <1 sec)——当球从挡板弹回的时候播放

hit.wav (Duration: <1 sec)——当球从墙上弹回的时候播放

iconimage.png (32px × 32px)——用作 JFrame 的图标图像

welcome.png (800px × 450px)——用作 LoneBall 新的欢迎界面

line.png (4px × 450px)——用作两种背景颜色之间的区分

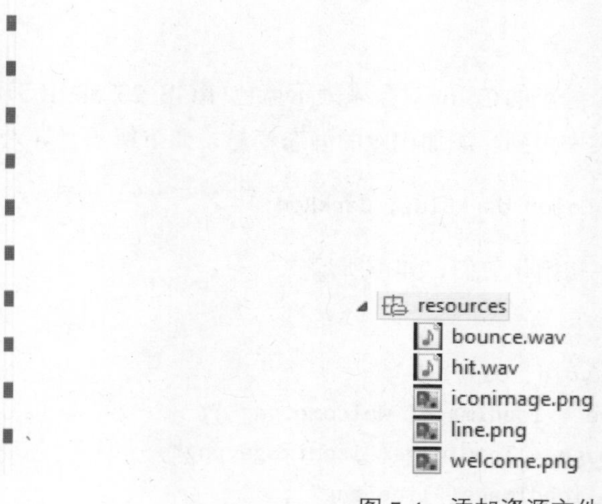

图 5-4 添加资源文件

下载这 5 个文件，并将其添加到你的项目的 resources 包中，覆盖已有的文件。resources 包现在应该如图 5-4 所示。

> 注意：如果你想要使用自己的资源，我推荐你使用 GIMP 或 Photoshop 来准备游戏的图像。这里采用的声音文件是使用 www.bfxr.net 的一款免费的在线工具创建的（对于使用 bfxr 生成的任何内容，你有完全的权利，因此，不必担心许可问题）。

接下来，我们将把新的资源文件加载到 Resources 类中。这分两个步骤完成。首先，声明如下所示的 static 变量（welcome 和 iconimage 可能已经声明过了）。

```
public static BufferedImage welcome, iconimage, line;
public static AudioClip hit, bounce;
```

接下来，在 load()方法中初始化新创建的变量，如下所示。对于图像文件，使用 loadImage()；对于声音文件，使用 loadSound()。

```
...
public static void load() {
        welcome = loadImage("welcome.png");
        iconimage = loadImage("iconimage.png");
        line = loadImage("line.png");
        hit = loadSound("hit.wav");
        bounce = loadSound("bounce.wav");
}
...
```

我们将创建两个静态的 Color 对象来表示蓝色（RGB: 25, 83, 105）和红色（RGB: 105, 13, 13）背景，并将在其他类中用到。添加相应的静态变量，如下所示（导入 java.awt.Color）。

```
public static Color darkBlue, darkRed;
```

在 load()方法中初始化它们，如下所示。

```
...
public static void load() {
        welcome = loadImage("welcome.png");
        iconimage = loadImage("iconimage.png");
        line = loadImage("line.png");
        hit = loadSound("hit.wav");
        bounce = loadSound("bounce.wav");
        darkBlue = new Color(25, 83, 105); // Constructor accepts RGB
        darkRed = new Color(105, 13, 13); // Constructor accepts RGB
}
...
```

完整的 Resources 类如程序清单 5.2 所示（请检查自己的 import 语句）。

程序清单 5.2 完整的 Resources 类

```
01 package com.jamescho.game.main;
02
03 import java.applet.Applet;
04 import java.applet.AudioClip;
05 import java.awt.Color;
06 import java.awt.image.BufferedImage;
07 import java.net.URL;
08
09 import javax.imageio.ImageIO;
10
11 public class Resources {
12       public static BufferedImage welcome, iconimage, line;
13       public static AudioClip hit, bounce;
14
15       public static Color darkBlue, darkRed;
16
17       public static void load() {
18               welcome = loadImage("welcome.png");
19               iconimage = loadImage("iconimage.png");
20               line = loadImage("line.png");
21               hit = loadSound("hit.wav");
22               bounce = loadSound("bounce.wav");
23               darkBlue = new Color(25, 83, 105);
24               darkRed = new Color(105, 13, 13);
25       }
26
27       public static AudioClip loadSound(String filename){
28               URL fileURL = Resources.class.getResource("/resources/" + filename);
29               return Applet.newAudioClip(fileURL);
30       }
31
32       public static BufferedImage loadImage(String filename){
33          BufferedImage img = null;
34          try {
35               img = ImageIO.read(Resources.class.getResource("/resources/" + filename));
```

```
36          } catch (Exception e) {
37              System.out.println("Error while reading: " + filename);
38              e.printStackTrace();
39          }
40          return img;
41      }
42  }
```

既然资源已经加载了，让我们再一次运行游戏，看看所做的修改（注意，有了新的欢迎界面和图标图像），如图 5-5 所示。

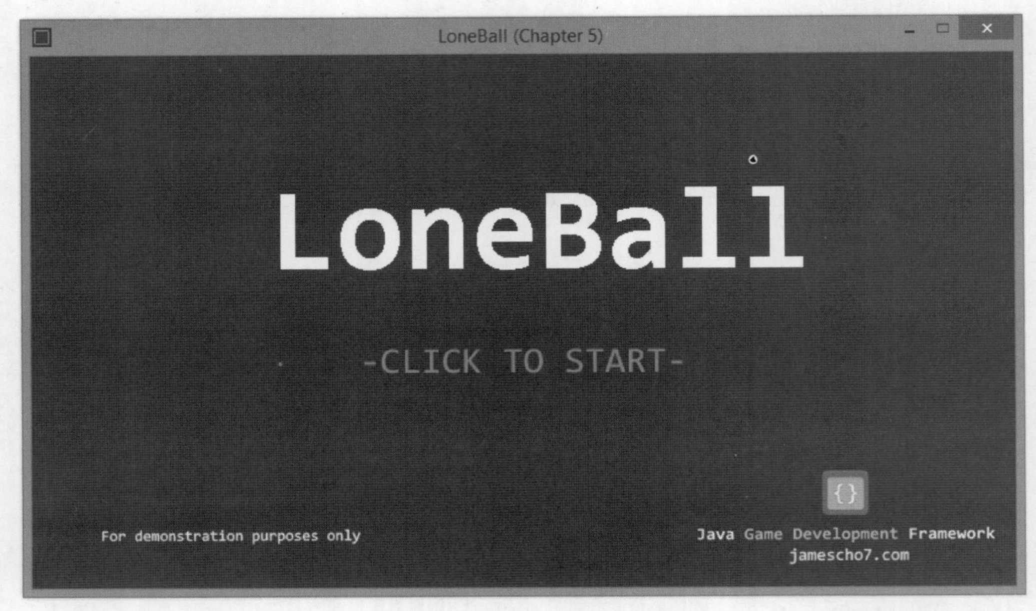

图 5-5　LoneBall 欢迎界面

5.3　实现游戏过程界面

5.3.1　添加 PlayState

资源都准备好了，是时候来添加 PlayState 类了，它将充当 *LoneBall* 的游戏过程界面。在 com.jamescho.game.state 中创建这个类，并且扩展 State（对于游戏的每一个新界面，必须这么做）。Eclipse 将会立即"生气"（给出一条错误消息），并且要求你 *Add unimplemented methods*。

执行这一快速修复，你的类应该如程序清单 5.3 所示。

程序清单 5.3 PlayState 类（最初版本）

```
package com.jamescho.game.state;

import java.awt.Graphics;
import java.awt.event.KeyEvent;
import java.awt.event.MouseEvent;

public class PlayState extends State{

        @Override
        public void init() {
                // TODO Auto-generated method stub
        }

        @Override
        public void update() {
                // TODO Auto-generated method stub
        }

        @Override
        public void render(Graphics g) {
                // TODO Auto-generated method stub
        }

        @Override
        public void onClick(MouseEvent e) {
                // TODO Auto-generated method stub
        }

        @Override
        public void onKeyPress(KeyEvent e) {
                // TODO Auto-generated method stub
        }

        @Override
```

```
	public void onKeyRelease(KeyEvent e) {
		// TODO Auto-generated method stub
	}

}
```

在新的状态中，我们将要做的第一件事情，就是添加代码来渲染背景（参见图 5-1）。还记得吧，渲染类似于用笔刷绘画。在绘制任何形状之前，必须选择一种颜色，你先绘制的任何内容，都会出现在此后绘制的内容的下面。这意味着，必须在任何其他内容之前绘制背景，因为我们想要让它在球和挡板之下。

要为 *LoneBall* 绘制背景，我们首先使用暗蓝色填充屏幕。然后，绘制一个红色矩形覆盖右半边屏幕（顺序很重要）。最后，在屏幕的中央绘制 line.png 以轻松实现点划线效果（如图 5-1 所示）。

> 注意：要绘制点划线，我们也可以渲染多个白色的矩形，而不是渲染一个.png 文件。这种替代方法可以节约一些内存，因为我们只需要处理一张图像，但是，它可能需要较多的代码。这样的权衡在游戏编程中很常见，你必须在最优化（更快的程序）和工作效能（更快的程序员）之前寻求平衡。一般的规则是，找出程序中的瓶颈并改进它们，从而只有在必要的时候才优化。

把粗体所示的代码添加到 PlayState 的 render()方法中，注意导入 com.jamescho.game.main.GameMain 和 com.jamescho.game.main.Resources。

```
...
import java.awt.event.MouseEvent;
import com.jamescho.game.main.GameMain;
import com.jamescho.game.main.Resources;
...
@Override
public void render(Graphics g) {
	// Draw Background
	g.setColor(Resources.darkBlue);
	g.fillRect(0, 0, GameMain.GAME_WIDTH, GameMain.GAME_HEIGHT);
	g.setColor(Resources.darkRed);
	g.fillRect(GameMain.GAME_WIDTH / 2, 0, GameMain.GAME_WIDTH / 2,
			GameMain.GAME_HEIGHT);
	// Draw Separator Line
```

```
        g.drawImage(Resources.line, (GameMain.GAME_WIDTH / 2) - 2, 0, null);
    }
    ...
```

代码很简单，因此，我们让你自行浏览添加的内容。记住，在绘制图形的时候，屏幕的原点(0, 0)位于左上角。

如果对此不理解，记住用来绘制矩形的 4 个参数是 x、y、width 和 height，其中(x, y)是所要绘制的图像或矩形的左上角。在绘制图像的例子中，第一个参数是要绘制的图像，接下来的两个参数是 *x* 和 *y* 值。在本书中，最后的参数总是 null（最后一点提示，Resources.Line 的宽度是 4px，并且这和从 x 坐标减去 2 有关）。

> 注意：我们可以通过 GameMain.GAME_WIDTH 和 GameMain.GAME_HEIGHT 变量来获取游戏的宽度和高度。

5.3.2 转换到 PlayState

既然有了一个 PlayState 来渲染背景，当鼠标点击的时候，让我们打开 MenuState 并要求其转换到 PlayState，以确保 PlayState 是能够工作的。这只需要在 onClick()方法中添加一行代码，如程序清单 5.4 的第 28 行所示。

程序清单 5.4 从 MenuState 到 PlayState

```
01 package com.jamescho.game.state;
02
03 import java.awt.Graphics;
04 import java.awt.event.KeyEvent;
05 import java.awt.event.MouseEvent;
06
07 import com.jamescho.game.main.Resources;
08
09 public class MenuState extends State{
10
11     @Override
12     public void init() {
13             System.out.println("Entered MenuState");
14     }
15
16     @Override
```

```
17      public void update() {
18
19      }
20
21      @Override
22      public void render(Graphics g) {
23              g.drawImage(Resources.welcome, 0, 0, null);
24      }
25
26      @Override
27      public void onClick(MouseEvent e) {
28              setCurrentState(new PlayState());
29      }
30
31      @Override
32      public void onKeyPress(KeyEvent e) {
33
34      }
35
36      @Override
37      public void onKeyRelease(KeyEvent e) {
38
39      }
40
41 }
```

运行该程序。一旦看到了菜单界面，就点击鼠标上的任意一个按钮。游戏应该随后会进入游戏过程界面，它渲染了一个漂亮的蓝红背景，还带有点划线的效果，如图 5-6 所示。

图 5-6　从 MenuState 到 PlayState

5.4　设计挡板

甚至是像 LoneBall 这样简单的游戏，也必须有一些东西供玩家控制（视屏游戏没有玩家交互的话，只不过是一个视频）!接下来，我们将在游戏中实现一个可控制的挡板。

这些挡板的蓝图（类）叫作 Paddle。有了这样一个类，创建 Paddle 对象就容易了，该对象将存储在游戏中表示挡板所需的所有信息和行为。

关键知识点

面向对象编程在游戏开发中的优点

创建游戏对象展示出了面向对象编程的优点。使用类创建的每一个对象，表示屏幕上的一个实际的实体，并且，这使得程序员很容易将自己的思路融入到项目中。在我们构建的任何游戏中，每个角色、每一面墙或背景元素的背后，都有一个对象，并且由此有一个负责表示它的类。

在创建 Paddle 类之前，让我们先来看看其中的变量和方法。

5.4.1　Paddle 中的变量

在为一个新的游戏对象创建变量的时候，应该问自己如下的问题：我需要在每个游戏对象中存储什么信息？

在每个挡板的例子中，我们需要知道它位于何处以及它有多大。我们还需要知道它移动的多快，以及它要朝哪个方向移动。这些需求可以帮助我们确定需要为 Paddle 类创建什么变量，如下所示。

坐标和大小：我们要创建 4 个变量以便能够定位每个挡板，并且在坐标平面中绘制它。这些变量是 x、y、width 和 height。这 4 个值的作用如图 5-7 所示。

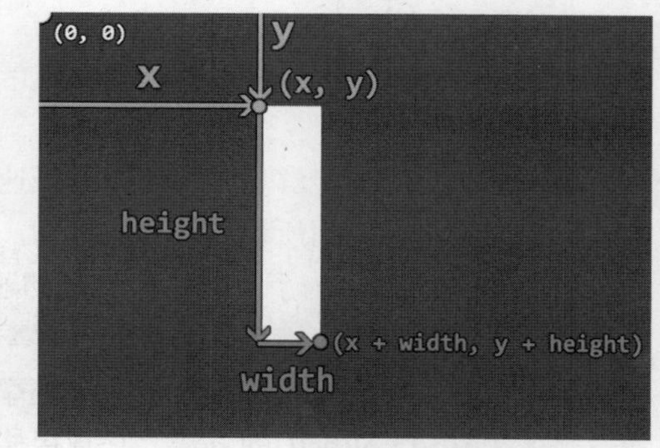

图 5-7　挡板概览

边界矩形：Rectangle 是 Java 中的内建类，它表示一个简单的四边形。该类有一个内建的方法，允许我们很容易地检查两个 Rectangle 是否重合。如下面的例子所示。

```
Rectangle r = new Rectangle(0, 0, 10, 10);
Rectangle r2 = new Rectangle(5, 5, 10, 10);
```

```
System.out.println(r.intersects(r2));
```

为了搞清楚结果是什么，我们将其画出来。看一下图 5-8，其中，原点位于左上角。两个矩形是重合的，因此 r.intersects(r2)返回 true。

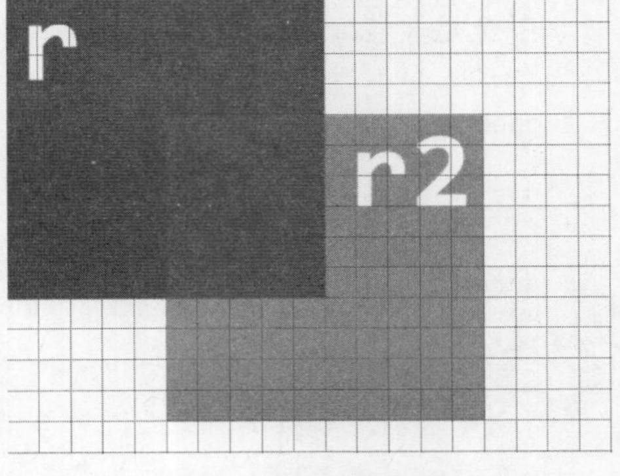

图 5-8　它们重叠了吗

我们将利用这个简单的相交性检查，来确定球和挡板之间是否发生了碰撞。可以这样来做：针对每个对象，创建一个 Rectangle 作为其边界矩形（*bounding box*），并且在每一帧检查是否重合。

速率：我们的挡板将要向上或向下移动，因此，我们要创建一个名为 *velY* 的变量来存储与每个挡板的当前移动速度和方向相关的信息。这个变量表示一个挡板在每一帧中应该移动的像素数。因此，将一个挡板在一帧中的 *y* 坐标加上 *velY*，我们将计算出它在下一帧的 *y* 坐标。这意味着，一个正的 *velY* 值表示挡板向下移动（记住，在我们的坐标平面中，*y* 是向下增加的），并且负的 *velY* 值表示挡板向上移动。

> 注意：如果上面的讨论让你混淆，或者你只是想要回顾一下游戏需要遵守的简单的物理规律，请参阅附录 B。

5.4.2　方法

和创建变量一样，问自己一个问题以帮助你确定需要为游戏对象创建什么方法：游戏对象应该能够做什么？

每个挡板都需要能够增加速度，降低速度，更新自己的位置，以及更新其边界矩形。我们将创建方法来执行下面所概述的这些行为。

加速/减速方法：为了改变每个挡板的速率，我们将实现 accelUp()、accelDown()和 stop()方法。这些方法将相应地更新挡板的 *y* 速率（分别使其为负、为正和为 0）。

更新方法：给定挡板的当前位置和速率，update()方法将确定其一个新位置。我们还将创建一个名为 updateRect()的方法，它直接移动边界矩形以使其与挡板对象对齐。

5.5　创建 Paddle 类

我们在前面的小节中概述了 Paddle 类，现在来编写其代码。

5.5.1 添加变量

在 com.jamescho.game.model 包中，创建 Paddle 类。然后，创建如下所示的实例变量和构造方法，确保导入了 java.awt.Rectangle。

```
package com.jamescho.game.model;

import java.awt.Rectangle;

public class Paddle {
        private int x, y, width, height, velY;
        private Rectangle rect;

        public Paddle(int x, int y, int width, int height) {
                this.x = x;
                this.y = y;
                this.width = width;
                this.height = height;
                rect = new Rectangle(x, y, width, height);
                velY = 0;
        }

}
```

构造方法将接受 x、y、width 和 height 值来初始化 Paddle 的坐标和大小，它还会创建一个新的、具有相同坐标和大小的边界矩形。我们最后将 y 速率初始化为 0。

5.5.2 添加方法

在 Paddle 类中，添加 update()、updateRect()、accelUp()、accelDown()和 stop()方法，如程序清单 5.5 所示（第 18 行到第 37 行）。

程序清单 5.5　带有 5 个方法的 Paddle 类

```
01 package com.jamescho.game.model;
02
03 import java.awt.Rectangle;
04
05 public class Paddle {
```

```
06      private int x, y, width, height, velY;
07      private Rectangle rect;
08
09      public Paddle(int x, int y, int width, int height) {
10              this.x = x;
11              this.y = y;
12              this.width = width;
13              this.height = height;
14              rect = new Rectangle(x, y, width, height);
15              velY = 0;
16      }
17
18      public void update() {
19              y += velY;
20              updateRect();
21      }
22
23      private void updateRect() {
24              rect.setBounds(x, y, width, height);
25      }
26
27      public void accelUp() {
28              velY = -5;
29      }
30
31      public void accelDown() {
32              velY = 5;
33      }
34
35      public void stop() {
36              velY = 0;
37      }
38
39 }
```

注意：如果方法需要被其他类调用的话，总是要保持它是 public 的。否则，使其为 private 的。在上面的示例中，updateRect()只会由同一个类中的 update()方法调用，因此它保持为 private。

5 个方法的代码都很简单。update()方法在每一帧中将 *velY* 和 *y* 相加一次。其效果就是将挡板移动到一个 $y + velY$ 的 *y* 坐标位置（如果你需要详细了解这一点，参见附录 B）。update()方法还调用了 updateRect()方法，它接受挡板更新的坐标并且将边界矩形移动到相同的位置。

3 个加速/减速方法，accelUp()、accelDown()和 stop()，分别直接将 *velY* 的值更改为相应的值：–5、5 和零。

注意，这里的移动速度将会是每帧 5 或–5，根据方向不同而不同（如果面板不移动的话，速度就是 0）。如果我们想要把移动速度修改为 4 或者–4 呢？那么，我们必须在代码中修改两个地方（在 accelUp()和 accelDown()方法中）。这在 LoneBall 中很容易，然而，在较为复杂的游戏类中，像这样一个简单的修改，可能需要修改 10 行代码（甚至更多）。如果你没有创建这样一个游戏类的话，你可能会认为这样的修改根本不值得。这很糟糕。代码应该帮助你实现对游戏的想象力，而不是限制它。让我们探讨如何能够减少依赖性，以避免在将来陷入这种困境。

5.5.3 用常量减少依赖性

要在 Paddle 中创建一个新的常量，只要声明 final static 变量就可以了，如下面的粗体代码所示。

```
...

public class Paddle {
        private int x, y, width, height, velY;
        private Rectangle rect;
        private final static int MOVE_SPEED_Y = 4;   // This is the new line
...
```

接下来，修改 accelUp()和 accelDown()方法的实现，以使用该常量而不是直接编码的整数值（如程序清单 5.6 的第 29 行和第 34 行所示）。

程序清单 5.6 使用常量

```
01 package com.jamescho.game.model;
02
03 import java.awt.Rectangle;
04
05 public class Paddle {
06      private int x, y, width, height, velY;
07      private Rectangle rect;
```

```
08      private final static int MOVE_SPEED_Y = 4;
09
10      public Paddle(int x, int y, int width, int height) {
11              this.x = x;
12              this.y = y;
13              this.width = width;
14              this.height = height;
15              rect = new Rectangle(x, y, width, height);
16              velY = 0;
17      }
18      public void update() {
19              y += velY;
20              updateRect();
21      }
22
23      private void updateRect() {
24              rect.setBounds(x, y, width, height);
25      }
26
27      public void accelUp() {
28              velY = -5;
29              velY = -MOVE_SPEED_Y;
30      }
31
32      public void accelDown() {
33              velY = 5;
34              velY = MOVE_SPEED_Y;
35      }
36
37      public void stop() {
38              velY = 0;
39      }
40
41 }
```

现在，如果想要修改挡板的移动速度，所需要做的只是将 MOVE_SPEED_Y 的值修改为想要的值，因为 accelUp()和 accelDown()方法将自动接收修改后的值。通过将 MOVE_SPEED_Y 添加到类中，我们减少了依赖于移动速度的值的代码的行数。

这一修改现在似乎不重要，但是，尽可能减少依赖性，将会使得代码更易于维护。通过这一修改，当你决定要让挡板移动更快的时候，更容易确定所必须修改的值，因为只要快速看一眼，就知道这里有一个名为 MOVE_SPEED_Y 的常量。

这样做的好处意味着，如果你休了一个假期并且数周之后再回来看你的代码，也不需要完整地推理自己的代码才能搞清楚如何进行一次简单的修改。当然，在基于团队的环境中，这意味着其他人可以浏览你的代码并轻松地添加、修改或删除功能，而不需要知道一些不方便的细节，例如，必须总是同时修改哪个方法。

5.5.4　添加 getter

Paddle 类的实例变量都是 private 的。这意味着，其他的类不能够合法地修改挡板的 *x* 和 *y* 位置（*x* 不能修改，*y* 只能在 Paddle 的 update()方法中修改）。这保护了我们的变量，但是也意味着 PlayState 不能访问 *x* 和 *y* 值从而在正确的位置、以正确的大小渲染 Paddle 对象。

我们还有一步就完成了 Paddle 类，即创建 5 个 getter 方法，以便其他的类能够查看 Paddle 对象的实例变量，但不能修改这些变量。这 5 个 getter 方法如下面的粗体代码所示。

```
package com.jamescho.game.model;

import java.awt.Rectangle;

public class Paddle {
	...

	public void stop() {
		velY = 0;
	}

	public int getX() {
		return x;
	}

	public int getY() {
		return y;
	}

	public int getWidth() {
		return width;
	}
```

```
        public int getHeight() {
                return height;
        }

        public Rectangle getRect() {
                return rect;
        }

}
```

Paddle 类现在完成了。我们现在来实例化这个类，以便创建所需的 Paddle 对象。

5.6　在 PlayState 中实现 Paddle 对象

我们的游戏需要两个挡板对象，如图 5-1 所示。打开 PlayState 类，声明如下的变量（要导入 com.game.model.Paddle）。

```
private Paddle paddleLeft, paddleRight;
private static final int PADDLE_WIDTH = 15;
private static final int PADDLE_HEIGHT = 60;
```

在 init()方法中，初始化新的 Paddle 变量，如下面的粗体代码所示。

```
@Override
public void init() {
        paddleLeft = new Paddle(0, 195, PADDLE_WIDTH, PADDLE_HEIGHT);
        paddleRight = new Paddle(785, 195, PADDLE_WIDTH, PADDLE_HEIGHT);
}
```

这两个挡板应该在坐标（$x = 0, y = 195$）和（$x = 785, y = 195$）创建。根据所提供的 x 位置，将 paddleLeft 放置在屏幕的左端，而将 paddleRight 放置在屏幕的右端。

给定的 y 值表明了每个挡板的左上角应该放置在哪里，以保证它们垂直居中。这些值通过用 225（垂直方向的中心）减去 30（挡板高度的一半）直接计算出来。

> **注意：** 此时，只有当游戏的分辨率保持在 800×450（这在 GameMain 中设置），两个挡板才能居中。我们原本可以使用 GameMain 的 GAME_WIDTH 和 GAME_HEIGHT 常量来得出 x 和 y 坐标，从而剔除其对屏幕分辨率的依赖性。但是在这里，为了保持简单起见，我们使用了直接编码的值。

5.6.1 渲染面板

为了确保在正确的位置初始化两个挡板，我们将其绘制到屏幕上。在 **PlayState** 中的 render()方法中，添加如下所示的粗体代码行（相应地导入 java.awt.Color）。

```
@Override
public void render(Graphics g) {
        // Draw Background
        g.setColor(Resources.darkBlue);
        g.fillRect(0, 0, GameMain.GAME_WIDTH, GameMain.GAME_HEIGHT);
        g.setColor(Resources.darkRed);
        g.fillRect(GameMain.GAME_WIDTH / 2, 0, GameMain.GAME_WIDTH / 2,
                    GameMain.GAME_HEIGHT);
        // Draw Separator Line
        g.drawImage(Resources.line, 398, 0, null);

        // Draw Paddles
        g.setColor(Color.white);
        g.fillRect(paddleLeft.getX(), paddleLeft.getY(), paddleLeft.getWidth(),
                        paddleLeft.getHeight());
        g.fillRect(paddleRight.getX(), paddleRight.getY(), paddleRight.getWidth(),
                        paddleRight.getHeight());

}
```

这 3 行代码直接在每个挡板所存储的坐标位置上绘制了两个白色的矩形。这些绘制调用都位于渲染方法的末尾，以便挡板在背景之后绘制（因而挡板在上）。

尝试运行游戏。应该会看到两个垂直居中的挡板，分别悬挂在窗口的左右两端，如图 5-9 所示。

5.6.2 处理玩家输入

当玩家按下向上或向下箭头键的时候，我们想要让挡板移动。得益于我们的框架，可以使用方法 onKeyPress()和 onKeyRelease()来轻松地实现这一点。

当游戏检测到一次键盘按键按下或释放的时候，会自动调用这两个和输入相关的方法。注意，这些方法有相同的参数（KeyEvent e）。这会传入一个 KeyEvent 对象，它存储了触发该方法的按键的相关信息，并且我们可以调用该对象的 getKeyCode()方法来获取这些信息。如图 5-9 所示。

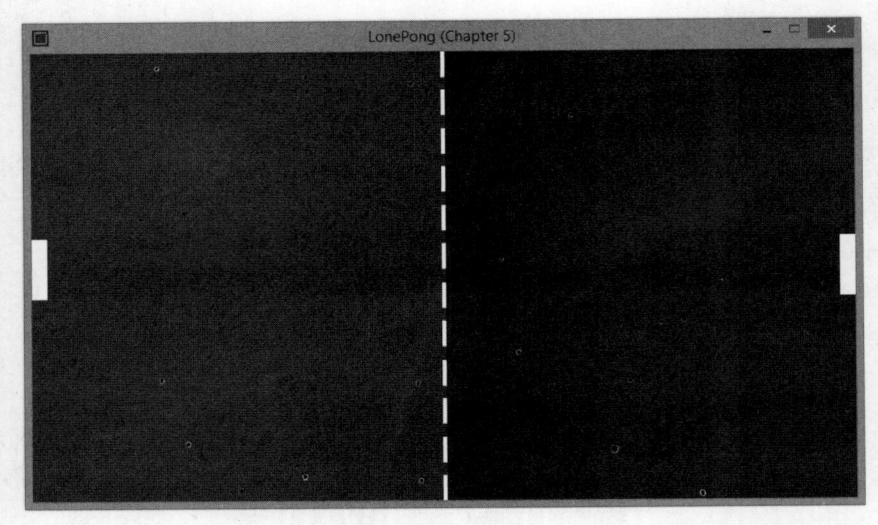

图 5-9 渲染挡板

这意味着，要确定按下或释放了哪个按键，将 e.getKeyCode()的值与表示每个键盘按键的不同常量（这些常量在 KeyEvent 类中使用 VK_...前缀定义）进行比较就可以了。

和其他的代码说明一样，当你看到代码的应用的时候，就会更明白其意义了。添加如下所示的粗体代码，从而在 **PlayState** 中更新 onKeyPress()和 onKeyRelease()方法。

```
...
@Override
public void onKeyPress(KeyEvent e) {
        if (e.getKeyCode() == KeyEvent.VK_UP) {
                paddleLeft.accelUp();
                paddleRight.accelDown();
        } else if (e.getKeyCode() == KeyEvent.VK_DOWN) {
                paddleLeft.accelDown();
                paddleRight.accelUp();
        }
}

@Override
public void onKeyRelease(KeyEvent e) {
        if (e.getKeyCode() == KeyEvent.VK_UP ||
                        e.getKeyCode() == KeyEvent.VK_DOWN) {
                paddleLeft.stop();
```

```
            paddleRight.stop();
        }
    }
    ...
```

onKeyPress()方法只关心两个键：VK_UP（向上按键）和 VK_DOWN（向下按键）。如果这两个键中的任意一个按下了，都会相应地调用两个挡板的 accelUp()和 accelDown()方法。注意，我们给 paddleLeft 发送所按下的箭头键的方向，而给 paddleRight 发送的是相反的方向。

onKeyRelease()方法也只关注相同的按键。在该方法中，无论释放的键是 VK_UP 还是 VK_DOWN，它的响应都是停止两个挡板。

尝试运行你的代码并且按下向上和向下箭头键。什么也没有发生！这是因为，尽管我们修改了每个挡板的 velY 属性，但还没有允许挡板更新。让我们做些修改。

5.6.3　通过委托来更新挡板

在 PlayState 的 update()方法中，要求每个挡板更新自己，如下所示。

```
@Override
public void update() {
        paddleLeft.update();
        paddleRight.update();
}
```

注意，update()方法委托了两个其他的对象给 update()。它自己要做的工作确实非常少。这种模式叫作委托（*delegation*），你会发现，在维护对象的层级的时候，它非常有用。在这个示例中，PlayState 表示一个完整的游戏过程界面并且包含各种对象，包括 paddleLeft 和 paddleRight。你更新 PlayState，PlayState 中的所有其他内容也会更新。PlayState 中的每个对象都一起行动。这是一种很强大的模式。做完这一修改，PlayState 应该如程序清单 5.7 所示。

程序清单 5.7　PlayState（更新版）

```
01 package com.jamescho.game.state;
02
03 import java.awt.Color;
04 import java.awt.Graphics;
05 import java.awt.event.KeyEvent;
06 import java.awt.event.MouseEvent;
```

```
07
08 import com.jamescho.game.main.GameMain;
09 import com.jamescho.game.main.Resources;
10 import com.jamescho.game.model.Paddle;
11
12 public class PlayState extends State{
13
14      private Paddle paddleLeft, paddleRight;
15      private static final int PADDLE_WIDTH = 15;
16      private static final int PADDLE_HEIGHT = 60;
17
18      @Override
19      public void init() {
20              paddleLeft = new Paddle(0, 195, PADDLE_WIDTH, PADDLE_HEIGHT);
21              paddleRight = new Paddle(785, 195, PADDLE_WIDTH, PADDLE_HEIGHT);
22      }
23
24      @Override
25      public void update() {
26              paddleLeft.update();
27              paddleRight.update();
28      }
29
30      @Override
31      public void render(Graphics g) {
32              // Draw Background
33              g.setColor(Resources.darkBlue);
34              g.fillRect(0, 0, GameMain.GAME_WIDTH, GameMain.GAME_HEIGHT);
35              g.setColor(Resources.darkRed);
36              g.fillRect(GameMain.GAME_WIDTH / 2, 0, GameMain.GAME_WIDTH / 2,
37                              GameMain.GAME_HEIGHT);
38              // Draw Separator Line
39              g.drawImage(Resources.line, (GameMain.GAME_WIDTH / 2) - 2, 0, null);
40              // Draw Paddles
41              g.setColor(Color.white);
42              g.fillRect(paddleLeft.getX(), paddleLeft.getY(), paddleLeft.getWidth(),
43                              paddleLeft.getHeight());
```

```
44                  g.fillRect(paddleRight.getX(), paddleRight.getY(), paddleRight.getWidth(),
45                                         paddleRight.getHeight());
46
47          }
48
49          @Override
50          public void onClick(MouseEvent e) {
51                  // TODO Auto-generated method stub
52          }
53
54          @Override
55          public void onKeyPress(KeyEvent e) {
56                  if (e.getKeyCode() == KeyEvent.VK_UP) {
57                          paddleLeft.accelUp();
58                          paddleRight.accelDown();
59                  } else if (e.getKeyCode() == KeyEvent.VK_DOWN) {
60                          paddleLeft.accelDown();
61                          paddleRight.accelUp();
62                  }
63
64          }
65
66          @Override
67          public void onKeyRelease(KeyEvent e) {
68                  if (e.getKeyCode() == KeyEvent.VK_UP ||
69                                  e.getKeyCode() == KeyEvent.VK_DOWN) {
70                          paddleLeft.stop();
71                          paddleRight.stop();
72                  }
73
74          }
75
76 }
```

尝试再次运行代码。如果按下向上和向下箭头键，挡板应该开始朝着相反的方向移动了。然而，这里有一个 bug。一旦挡板到达了屏幕的顶部或底部，它会直接穿过窗口，如图 5-10 所示。

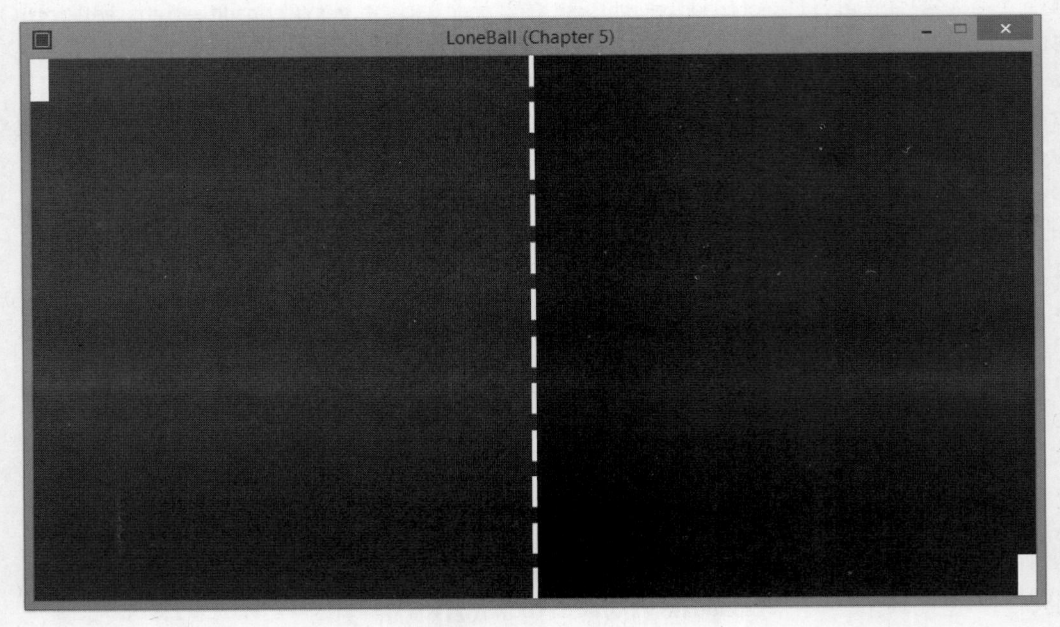

图 5-10　第一个 bug

5.6.4　修正 bug

实际上挡板不应该如此，严格地讲，这是一个 bug。我们没有告诉挡板，它不应该离开屏幕。要做到这一点，需要对 Paddle 类中的 update()方法做一个小小的修改，如下面的粗体代码所示（需要导入 **GameMain**）。

```
public void update() {
        y += velY;

        if (y < 0) {
                y = 0;
        } else if (y + height > GameMain.GAME_HEIGHT) {
                y = GameMain.GAME_HEIGHT - height;
        }

    updateRect();
}
```

这一修改有什么用呢？在更新了挡板的 *y* 位置之后，我们现在检查挡板是否离开了屏幕。当 *y* 小于 0 的时候（意味着挡板的顶部已经离开的屏幕），或者当 *y* + *height* 大于游戏的高度的时候（意味着挡板的底部已经离开了屏幕），可能会发生这种情况。一旦检测到挡板移动到了窗口之外，我们直接在同一帧中更正其 *y* 位置（在 update()方法结束之前）。

我们之所以在同一帧中修正碰撞，有一个重要的原因。在 update() 方法完成之前，不会调用 render()方法。这意味着，通过在 update()的每一次迭代的末尾来解决碰撞，我们可以确保玩家不会看到挡板离开屏幕（即便其 *y* 位置临时性地离开了窗口）。

再次运行游戏，不管你如何强烈地按下箭头键，挡板都会保持在屏幕之上。

> 注意：上面的技术也适用于解决两个游戏对象之间的碰撞。

此时，我已经实现了两个挡板，现在，必须实现计分系统和球。

5.7 实现计分系统

我们将创建一个整数来表示分数，然后使用第 3 章所介绍的 g.drawString()方法将分数绘制到屏幕上，从而实现一个计分系统。为 PlayState 声明如下所示的实例变量（需要导入 **java.awt.Font**）。

```
private int playerScore = 0;
private Font scoreFont;
```

变量 scoreFont 是 Font 的一个实例，Font 是一个内建的 Java 类，它允许我们定制所绘制的字符串的外观。在 init()方法中初始化 scoreFont，如下面的粗体代码所示。

```
@Override
public void init() {
        paddleLeft = new Paddle(0, 195, PADDLE_WIDTH, PADDLE_HEIGHT);
        paddleRight = new Paddle(785, 195, PADDLE_WIDTH, PADDLE_HEIGHT);
        scoreFont = new Font("SansSerif", Font.BOLD, 25);
}
```

这会创建一个新的、粗体的、sans-serif 的 Font 对象，其大小为 25。

使用字体和使用 Colors 类似。在 render()方法中，我们首先将 scoreFont 设置为 Graphics 对象的当前字体，然后，将文本绘制到屏幕上。在 render()方法的末尾，添加如下所示的代码行。

```
// Draw UI
g.setFont(scoreFont); // Sets scoreFont as current font
g.drawString(playerScore, 350, 40); // Draws String using current font
```

第 2 行代码将会产生如下错误。

```
The method drawString(String, int, int) in the type Graphics is not applicable for
the arguments (int, int, int)
```

这是说 drawString()方法期待 String、int 和 int 类型的参数，而你却提供了 int、int 和 int。这个错误是可以意料到的，因为方法的名称是 drawString()而非 drawInt()。解决方法是，将 playerScore 转换为 String，然后再要求绘制它。这么做的一种方法是，调用如下所示的方法。

```
String playerScoreStr = String.valueOf(playerScore);
```

上面的 String 类的静态方法，接受一个整数，并且返回该整数的一个 String 的副本。我个人不喜欢这个方法。有一种更奇特的方法来做同样的事情，就是使用一个简单的字符串连接。

```
String playerScoreStr = "" + playerScore;
```

这种方法将一个整数附加到一个空的字符串的后面，由此得到该整数的 String 版本。这是一种较快而且易于记住的方法。在你的方法中添加这一修正，如下面的粗体代码所示。

```
@Override
public void render(Graphics g) {
        // Draw Background
        g.setColor(Resources.darkBlue);
        g.fillRect(0, 0, GameMain.GAME_WIDTH, GameMain.GAME_HEIGHT);
        g.setColor(Resources.darkRed);
        g.fillRect(GameMain.GAME_WIDTH / 2, 0, GameMain.GAME_WIDTH / 2,
                        GameMain.GAME_HEIGHT);
        // Draw Separator Line
        g.drawImage(Resources.line, 398, 0, null);

        // Draw Paddles
        g.setColor(Color.white);
        g.fillRect(paddleLeft.getX(), paddleLeft.getY(), paddleLeft.getWidth(),
                        paddleLeft.getHeight());
        g.fillRect(paddleRight.getX(), paddleRight.getY(),
                        paddleRight.getWidth(), paddleRight.getHeight());

        // Draw UI
        g.setFont(scoreFont);
        g.drawString(playerScore, 350, 40);
        g.drawString("" + playerScore, 350, 40);
}
```

再次运行该程序，应该会看到图 5-1 所示的得分显示出来。因为我们还没有开始增加分数，分数保持为 0。

5.8 实现 RandomNumberGenerator 类

在创建 Ball 类之前，我们打算添加一个新的类，它允许我们快速生成随机数。阅读 2.21 节，你将会想起来，我们执行了如下所示的步骤来产生一个随机数。

- 创建一个新的 Random 对象。
- 导入 java.util.Random。
- 调用 nextInt(int n)方法，它生成 0（包括）和 *n*（不包括）之间的一个随机数。

这种方法的问题在于，在产生一个随机数之前，我们必须要创建一个新的 Random 对象，而这也会消耗内存。创建 10 个甚至 100 个 Random 对象绝对没问题，但是别忘了，我们编写的每一行代码都是在（至少每秒 60 次的）游戏循环中执行的。这意味着，如果我们要在 Paddle 的 update()方法中创建一个 Random 对象，我们每秒钟会得到 60 个新的 Random 对象。当然，也有办法来解决这个问题，那就是只在那些需要的时候才会调用的方法（例如，init()）之中创建 Random 对象，但是这并不能解决这个问题：对于一段时间后要访问一个随机数一次的每个对象，需要创建一个新的 Random 对象。

如果我们的框架提供了一种方式来生成一个随机数，而不再每次都需要一个新的 Random 对象，那就太方便了。如果我们能够生成任意两个数字之间的一个随机数，而不只是 0 和 *n* 之间的随机数，那就太好了。你是程序员，所以你可以添加这一功能。在 com.jamescho.framework.util 中，创建一个名为 RandomNumberGenerator 的类，并且像程序清单 5.8 那样实现它。

程序清单 5.8 RandomNumberGenerator 类

```
01 package com.jamescho.framework.util;
02
03 import java.util.Random;
04
05 public class RandomNumberGenerator {
06
07     private static Random rand = new Random();
08
09     public static int getRandIntBetween(int lowerBound, int upperBound) {
10             return rand.nextInt(upperBound - lowerBound) + lowerBound;
11     }
12
```

```
13      public static int getRandInt(int upperBound) {
14              return rand.nextInt(upperBound);
15      }
16 }
```

这个类有一个单个的、静态的 Random 对象，名为 rand，它将在整个应用程序中共享。rand 在该类的两个方法中用来生成一个随机数（如果需要了解 static 的话，请参阅附录 A）。浏览一下本书 2.21 节，就能搞清楚其中的逻辑了。

注意，这两个方法都是 public 和 static 的，这意味着，框架中的其他类不需要实例化一个 Random 对象或创建一个新的 RandomNumberGenerator 对象，就可以访问它们。换句话说，你可以很容易地生成一个随机数，如下所示。

```
... // Elsewhere in the framework
import com.jamescho.framework.util.RandomNumberGenerator;
...
System.out.println(RandomNumberGenerator.getRandIntBetween(-10, 11));
...
```

上面的示例中粗体所示的代码行，将会产生-10（包括）到 11（不包括）之间的一个随机整数，并且它甚至不需要你创建一个新的 Random 对象。我们将在整个 Ball 类和后面的游戏中使用 RandomNumberGenerator。

5.9　设计球

我们可以移动挡板一整天，但是这有何乐趣呢？让我们通过添加球，来给游戏添加一些活跃性。和挡板一样，我们先来看看所要创建的这个类的概要（注意和 Paddle 类的相似之处）。

5.9.1　Ball 类中的变量

坐标和大小：我们将创建和 Paddle 类中类似的 *x*、*y*、*width* 和 *height* 变量。

边界矩形：球也将有一个使用 Rectangle 类创建的边界矩形。这允许我们检查它和两个挡板之间的碰撞。

速率：球和挡板一样，也有一个 *velY* 变量，但是它还可以水平移动。我们需要再为其添加一个叫作 *velX* 的速率变量。

5.9.2　Ball 类的方法

更新方法：和 Paddle 类一样，Ball 类也有 update()和 updateRect()方法用于计算球及其边界矩形的新位置。update()方法将使用一个名为 correctYCollisions()的辅助方法，它将检查并解决与屏幕顶部和底部的碰撞（还记得吧，在 Paddle 类中，我们将相同的功能直接添加到了 update()方法中）。

其他方法：Ball 类还有 3 个公开的方法，当某个事件发生的时候，它们将通知 PlayState，并且允许该状态做出相应的反应。例如，我们有一个名为 isDead()的方法，如果球撞击到游戏屏幕的左边界或右边界，它将返回 true。

一旦发生这种情况，我们就认为球死掉了。玩家会丢掉 3 分，并且球会重置。为了做到这一点，我们将实现一个 reset()方法，它将把球返回到屏幕的中央。我们还将添加一个 onCollideWith()方法，当球与挡板碰撞的时候，就会触发该方法。

5.10 创建 Ball 类

既然知道了需要创建哪些变量和方法，让我们开始在 Eclipse 中创建类。这个过程和创建 Paddle 类的过程很相似，因此，我们将更快速地进行介绍。

5.10.1 添加变量

在 com.jamescho.game.model 包中，创建一个新的 Ball 类。声明如下所示的变量。

```
private int x, y, width, height, velX, velY;
private Rectangle rect;
```

添加如下所示的构造方法，来初始化这些变量。

```
    public Ball(int x, int y, int width, int height) {
            this.x = x;
            this.y = y;
            this.width = width;
            this.height = height;
            velX = 5;
            velY = RandomNumberGenerator.getRandIntBetween(-4, 5);
            rect = new Rectangle(x, y, width, height);
    }
```

注意，我们使用了 RandomNumberGenerator 类，调用其 getRandIntBetween()方法来产生一个随机的 *velY*。由于这个类在不同的包中，我们必须导入 com.jamescho.framework.util.RandomNumberGenerator。确保也要导入 Rectangle。

5.10.2　添加更新方法

接下来，添加 update()方法及其两个辅助方法（相应地导入 GameMain 和 Resources）。

```
public void update() {
        x += velX;
        y += velY;
        correctYCollisions();
        updateRect();
}

private void correctYCollisions() {
        if (y < 0) {
                y = 0;
        } else if (y + height > GameMain.GAME_HEIGHT) {
                y = GameMain.GAME_HEIGHT - height;
        } else {
                return;
        }

        velY = -velY;
        Resources.bounce.play();
}

private void updateRect() {
        rect.setBounds(x, y, width, height);
}
```

我们已经在 Paddle 类中看到过这 3 个方法中所发生的事情，但是，还是有一些事情值得介绍。

- 正如所预料的那样，update()方法将使用两个速率变量来更新 x 和 y 值。
- correctYCollisions()的逻辑遵从一种有趣的模式。首先检查球是否穿过了屏幕的顶部或底部，并且更正它。如果证明球没有离开窗口，我们直接调用 return 在那里结束该方法。这意味着，只有在球已经跑到了窗口之外的时候，后面的两行代码才会执行（这表示与墙的顶部或底部发生了碰撞，因此，我们弹回球并且播放弹回的声音）。

```
velY = -velY;
Resources.bounce.play();
```

5.10.3 添加其他方法

在 Ball 类之中，再声明另外 3 个方法，如下所示。

```
public void onCollideWith(Paddle p) {
        if (x < GameMain.GAME_WIDTH / 2) {
                x = p.getX() + p.getWidth();
        } else {
                x = p.getX() - width;
        }
        velX = -velX;
        velY += RandomNumberGenerator.getRandIntBetween(-2, 3);
}

public boolean isDead() {
        return (x < 0 || x + width > GameMain.GAME_WIDTH);
}

public void reset() {
        x = 300;
        y = 200;
        velX = 5;
        velY = RandomNumberGenerator.getRandIntBetween(-4, 5);
}
```

当游戏确定球已经与两个挡板中的一个发生碰撞的时候，调用 onCollideWith()方法。和 PlayState 中的 onKeyPress()方法一样，onCollideWith()方法接受触发它的挡板对象的一个引用。

在 onCollideWith()中，我们可以检查球当前是在屏幕的左边还是屏幕的右边，从而确定它与左边的还是右边的挡板相碰撞。然后，使用这一信息来解决碰撞，把球移动到挡板的边界矩形之外（这可能是左挡板的右侧，或者是右挡板的左侧）。一旦解决了碰撞，我们把球沿其路径送回，在水平方向上取反并且随机地修改 *velY*。

isDead()方法检查两个条件：球是碰撞到屏幕的左侧，还是碰撞到屏幕的右侧。如果这些事件中的任何一个发生，该方法向调用者返回 true。我们将在 PlayState 中调用该方法，以确定球何时死掉并做出相应的反应。

PlayState 将会调用 reset()方法以对死掉的球做出响应。该方法直接将球移动到初始的位置，并给它一个随机的速率。

5.10.4　添加 getter 方法

我们将为 Ball 类，创建和 Paddle 类相同的 getter 方法，如下所示。

```
public int getX() {
        return x;
}

public int getY() {
        return y;
}

public int getWidth() {
        return width;
}

public int getHeight() {
        return height;
}

public Rectangle getRect() {
        return rect;
}
```

现在，Ball 类完成了。如果你遇到错误，请将其与程序清单 5.9 比较，后者展示了完整的 Ball 类。

程序清单 5.9　Ball 类（完整版）

```
01      package com.jamescho.game.model;
02
03      import java.awt.Rectangle;
04
05      import com.jamescho.framework.util.RandomNumberGenerator;
06      import com.jamescho.game.main.GameMain;
07      import com.jamescho.game.main.Resources;
08
09      public class Ball {
```

```
10          private int x, y, width, height, velX, velY;
11          private Rectangle rect;
12
13          public Ball(int x, int y, int width, int height) {
14                  this.x = x;
15                  this.y = y;
16                  this.width = width;
17                  this.height = height;
18                  velX = 5;
19                  velY = RandomNumberGenerator.getRandIntBetween(-4, 5);
20                  rect = new Rectangle(x, y, width, height);
21          }
22
23          public void update() {
24                  x += velX;
25                  y += velY;
26                  correctYCollisions();
27                  updateRect();
28          }
29
30          private void correctYCollisions() {
31                  if (y < 0) {
32                          y = 0;
33                  } else if (y + height > GameMain.GAME_HEIGHT) {
34                          y = GameMain.GAME_HEIGHT - height;
35                  } else {
36                          return;
37                  }
38
39                  velY = -velY;
40                  Resources.bounce.play();
41          }
42
43          private void updateRect() {
44                  rect.setBounds(x, y, width, height);
45          }
46
47          public void onCollideWith(Paddle p) {
```

```
48                  if (x < GameMain.GAME_WIDTH / 2) {
49                      x = p.getX() + p.getWidth();
50                  } else {
51                      x = p.getX() - width;
52                  }
53                  velX = -velX;
54                  velY += RandomNumberGenerator.getRandIntBetween(-2, 3);
55          }
56
57          public boolean isDead() {
58                  return (x < 0 || x + width > GameMain.GAME_WIDTH);
59          }
60
61          public void reset() {
62                  x = 300;
63                  y = 200;
64                  velX = 5;
65                  velY = RandomNumberGenerator.getRandIntBetween(-4, 5);
66          }
67
68          public int getX() {
69                  return x;
70          }
71
72          public int getY() {
73                  return y;
74          }
75
76          public int getWidth() {
77                  return width;
78          }
79
80          public int getHeight() {
81                  return height;
82          }
83
84          public Rectangle getRect() {
85                  return rect;
```

```
86              }
87  }
```

5.11　在 PlayState 中实现 Ball 对象

添加球所需的基本步骤和添加挡板相同。我们将声明并初始化它，要求其更新，然后渲染它。

5.11.1　声明并初始化球

首先，将新的球声明为一个实例变量，带有一个表示其直径的常量（别忘了导入 com.jamescho.game. model.Ball）。对 PlayState 类的修改，如下面的粗体代码所示。

```
...
import com.jamescho.game.model.Ball;
import com.jamescho.game.model.Paddle;

public class PlayState extends State {
        private Paddle paddleLeft, paddleRight;
        private static final int PADDLE_WIDTH = 15;
        private static final int PADDLE_HEIGHT = 60;

        private Ball ball;
        private static final int BALL_DIAMETER = 20;
...
```

接下来，在 init()方法中初始化 ball 变量。

```
        @Override
        public void init() {
                paddleLeft = new Paddle(0, 195, PADDLE_WIDTH, PADDLE_HEIGHT);
                paddleRight = new Paddle(785, 195, PADDLE_WIDTH, PADDLE_HEIGHT);
                scoreFont = new Font("SansSerif", Font.BOLD, 25);
                ball = new Ball(300, 200, BALL_DIAMETER, BALL_DIAMETER);
}
```

这会将球放到一个任意的初始位置（300, 200)，其 *width* 和 *height* 等于常量 BALL_DIAMETER 的值（记住，我们的球实际上是方形的）。

5.11.2　更新球

接下来，我们将再委托一次，要求球在 **PlayState** 的 update()方法中更新。

```
@Override
public void update() {
        paddleLeft.update();
        paddleRight.update();
        ball.update();
}
```

5.11.3　渲染球

最后，在 render()方法中添加如下所示的粗体代码行，以绘制球。

```
@Override
public void render(Graphics g) {
        // Draw Background
        g.setColor(Resources.darkBlue);
        g.fillRect(0, 0, GameMain.GAME_WIDTH, GameMain.GAME_HEIGHT);
        g.setColor(Resources.darkRed);
        g.fillRect(GameMain.GAME_WIDTH / 2, 0, GameMain.GAME_WIDTH / 2,
                        GameMain.GAME_HEIGHT);
        // Draw Separator Line
        g.drawImage(Resources.line, 398, 0, null);

        // Draw Paddles
        g.setColor(Color.white);
        g.fillRect(paddleLeft.getX(), paddleLeft.getY(), paddleLeft.getWidth(),
                        paddleLeft.getHeight());
        g.fillRect(paddleRight.getX(), paddleRight.getY(),
                        paddleRight.getWidth(), paddleRight.getHeight());

        // Draw Ball
        g.drawRect(ball.getX(), ball.getY(), ball.getWidth(), ball.getHeight());

        // Draw UI
        g.setFont(scoreFont);
```

```
            g.drawString("" + playerScore, 350, 40);
        }
```

注意，我们将球绘制到挡板的顶部，但是，这是任意的，因为球和挡板不能看上去重叠。做完这些修改，PlayState 应该如程序清单 5.10 所示。

程序清单 5.10　PlayState 类（更新后的版本）

```
01 package com.jamescho.game.state;
02 
03 import java.awt.Color;
04 import java.awt.Font;
05 import java.awt.Graphics;
06 import java.awt.event.KeyEvent;
07 import java.awt.event.MouseEvent;
08 
09 import com.jamescho.game.main.GameMain;
10 import com.jamescho.game.main.Resources;
11 import com.jamescho.game.model.Ball;
12 import com.jamescho.game.model.Paddle;
13 
14 public class PlayState extends State{
15 
16      private Paddle paddleLeft, paddleRight;
17      private static final int PADDLE_WIDTH = 15;
18      private static final int PADDLE_HEIGHT = 60;
19 
20      private Ball ball;
21      private static final int BALL_DIAMETER = 20;
22 
23      private int playerScore = 0;
24      private Font scoreFont;
25 
26      @Override
27      public void init() {
28              paddleLeft = new Paddle(0, 195, PADDLE_WIDTH, PADDLE_HEIGHT);
29              paddleRight = new Paddle(785, 195, PADDLE_WIDTH, PADDLE_HEIGHT);
30              scoreFont = new Font("SansSerif", Font.BOLD, 25);
31              ball = new Ball(300, 200, BALL_DIAMETER, BALL_DIAMETER);
```

```
32      }
33
34      @Override
35      public void update() {
36              paddleLeft.update();
37              paddleRight.update();
38              ball.update();
39      }
40
41      @Override
42      public void render(Graphics g) {
43              // Draw Background
44              g.setColor(Resources.darkBlue);
45              g.fillRect(0, 0, GameMain.GAME_WIDTH, GameMain.GAME_HEIGHT);
46              g.setColor(Resources.darkRed);
47              g.fillRect(GameMain.GAME_WIDTH / 2, 0, GameMain.GAME_WIDTH / 2,
48                              GameMain.GAME_HEIGHT);
49
50              // Draw Separator Line
51              g.drawImage(Resources.line, (GameMain.GAME_WIDTH / 2) - 2, 0, null);
52
53              // Draw Paddles
54              g.setColor(Color.white);
55              g.fillRect(paddleLeft.getX(), paddleLeft.getY(), paddleLeft.getWidth(),
56                      paddleLeft.getHeight());
57              g.fillRect(paddleRight.getX(), paddleRight.getY(), paddleRight.getWidth(),
58                      paddleRight.getHeight());
59
60              // Draw Ball
61              g.drawRect(ball.getX(), ball.getY(), ball.getWidth(), ball.getHeight());
62
63              // Draw UI
64              g.setFont(scoreFont); // Sets scoreFont as current font
65              g.drawString("" + playerScore, 350, 40);
66
67      }
68
69      @Override
```

```
70      public void onClick(MouseEvent e) {
71              // TODO Auto-generated method stub
72      }
73
74      @Override
75      public void onKeyPress(KeyEvent e) {
76              if (e.getKeyCode() == KeyEvent.VK_UP) {
77                      paddleLeft.accelUp();
78                      paddleRight.accelDown();
79              } else if (e.getKeyCode() == KeyEvent.VK_DOWN) {
80                      paddleLeft.accelDown();
81                      paddleRight.accelUp();
82              }
83
84      }
85
86      @Override
87      public void onKeyRelease(KeyEvent e) {
88              if (e.getKeyCode() == KeyEvent.VK_UP ||
89                          e.getKeyCode() == KeyEvent.VK_DOWN) {
90                      paddleLeft.stop();
91                      paddleRight.stop();
92              }
93
94      }
95
96 }
```

遗憾的是，我们的游戏还没有完成。运行代码，将会看到球不会与挡板碰撞，并且它消失了（穿越了窗口的一端）。让我们来修复它。

5.12　处理碰撞：球 vs.挡板以及球 vs.消失

要完成我们的游戏，必须要做 3 件事情。

- 检查球是否与左边的挡板碰撞，并且做出相应的反应。
- 检查球是否与右边的挡板碰撞，并且做出相应的反应。
- 检查球是否与屏幕的左边界或右边界碰撞，并且做出相应的反应。

可以调用 ball.isDead()方法来检测第 3 种情况。要处理前两种情况，在 PlayState 中声明以下这个新的方法。

```
private boolean ballCollides(Paddle p) {
        return ball.getRect().intersects(p.getRect());
}
```

这个辅助方法检查球是否与给定的挡板碰撞，它通过判断球的边界矩形是否与该挡板的边界矩形相交来做到这一点。

接下来，让我们对 **PlayState** 中的 update()方法做出如下粗体代码所示的修改，以处理碰撞的 3 种情况。注意，我们调用了 ballCollides()两次，并且调用了 ball.isDead()一次。

```
@Override
public void update() {
        paddleLeft.update();
        paddleRight.update();
        ball.update();

        if (ballCollides(paddleLeft)) {
                playerScore++;
                ball.onCollideWith(paddleLeft);
                Resources.hit.play();
        } else if (ballCollides(paddleRight)) {
                playerScore++;
                ball.onCollideWith(paddleRight);
                Resources.hit.play();
        } else if (ball.isDead()) {
                playerScore -= 3;
                ball.reset();
        }
}
```

让我们讨论一下对 update()方法做出的修改。

如果球碰到了任何一个挡板，我们调用 ball.onCollideWith()，它将处理球的反弹。我们还使用后自增运算符++将分数增加 1（记住，playerScore++等同于 playerScore = playerScore + 1），并且播放 hit.wav。

如果球碰撞到屏幕的左边界或右边界，我们将分数减去 3 分，并且将球重置到其在屏幕中的初始位置，以便游戏过程能够继续再次重复（并且一次次地重复）。

运行最终产品

PlayState 类到此完成了，并且 LoneBall 已经完整地实现了。运行该游戏，并且确保一切都能工作。如果你的代码遇到了问题，可以从 jamescho7.com/book/chapter5/complete 下载完整的源代码。

5.13 导出游戏

在你享受自己的游戏之前，我想教你如何用 Eclipse 执行一项任务。你一定很想让人们能够享受你的游戏，而不必访问源代码或者安装 IDE。做到这一点的最容易的方法，就是将自己的项目导出为一个*.jar 文件，安装了 Java 7 或 Java 8 的大多数机器都可以执行该文件。

将项目导出为一个可运行的.jar 文件很容易。在 Package Explorer 中，用鼠标右键点击项目，并且选择 **Export**。将会弹出 **Export** 对话框，此时，在 Java 分类下选择 Runnable JAR file，如图 5-11 所示。

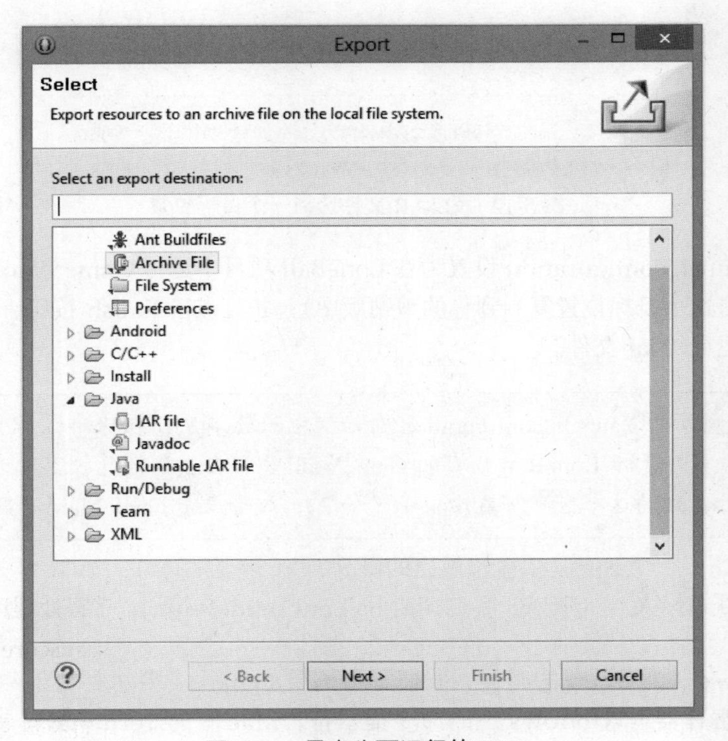

图 5-11 导出为可运行的 JAR

点击 **Next >**按钮，将会看到图 5-12 所示的界面。

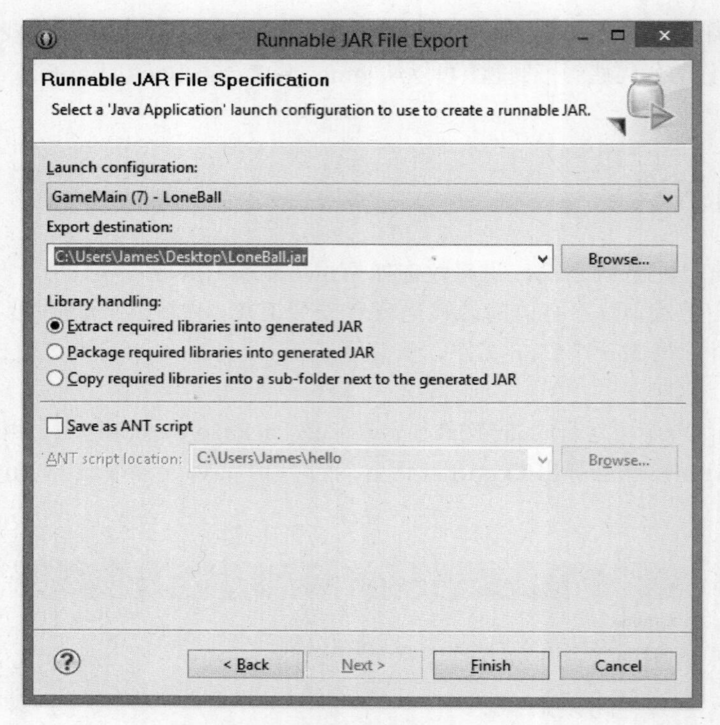

图 5-12　为 JAR 文件选择一个目标位置

确保将 Launch configuration 设置为在 LoneBall 项目中运行 GameMain 类，选择一个导出目标位置（将这个目标位置复制到你的剪贴版中），并且点击 Finish 按钮。这将会在该目录中创建一个可运行的.jar 文件。

注意：图 5-12 所示的 Launch configuration 对话框中的数字(7)，在你的机器上可能会有所不同。这个数字表示 LoneBall 项目的 GameMain 类，在我的计算机上最近已经是第 7 次运行。你看到的这个数字可能比较小（如 2），或者只是 GameMain-LoneBall。

5.14　执行游戏

退出 Eclipse。执行游戏的时候，我们不再需要 Eclipse。要执行新创建的.jar 文件，打开一个命令行解释器（Windows 上的命令提示符，Mac 上的 Terminal），并且输入如下所示的命令。

```
java -version
```

这应该会显示图 5-13 所示的界面，这是告诉你计算机上安装的是 Java 的哪个版本（我的机器上显示的是 1.7.0_55，表示 Java 7 的 update 55 版）。

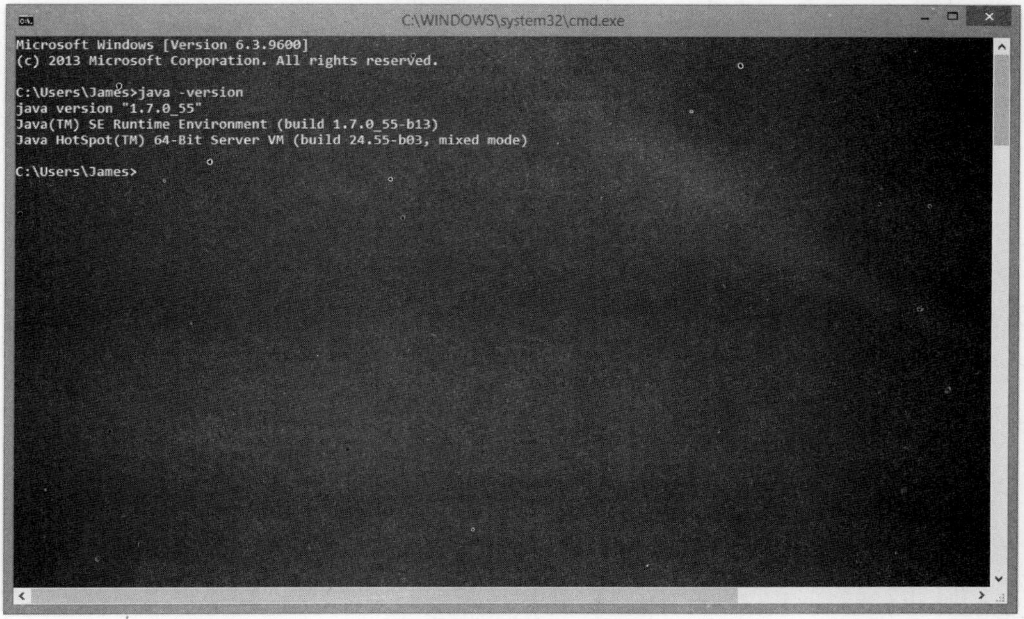

```
C:\WINDOWS\system32\cmd.exe
Microsoft Windows [Version 6.3.9600]
(c) 2013 Microsoft Corporation. All rights reserved.

C:\Users\James>java -version
java version "1.7.0_55"
Java(TM) SE Runtime Environment (build 1.7.0_55-b13)
Java HotSpot(TM) 64-Bit Server VM (build 24.55-b03, mixed mode)

C:\Users\James>
```

图 5-13 Java 版本命令

注意：如果你得到一条如 java: Command not found 的错误，那么，你的终端无法找到 Java 的安装。要修正这个问题，按照如下所示链接的说明去做。

http://docs.oracle.com/javase/tutorial/essential/ environment/paths.html

下一步很容易，假设你已经复制了前一节中的 JAR 文件的导出目标位置。如果还没有，没关系，也很容易。

在命令行输入 java –jar 命令，后面跟着你的导出目标位置（在 Windows 上，可以点击鼠标右键并且选择 **Paste**）。

```
java -jar INSERT_YOUR_EXPORT_DESTINATION_HERE
(e.g. java -jar C:\Users\James\Desktop\LoneBall.jar)
```

如果你没有复制导出目标位置，直接在资源管理器或者 Finder 中找到 JAR 文件，在输入了相同的命令后，直接将其拖拽到终端中（别忘了-jar 后面要有空格）。这将会自动打印出其完整路径。

一旦执行了该命令，应该看到 LoneBall 的窗口弹出来，如图 5-14 所示。它的样子就像是在 Eclipse 中一样，不过，现在它是通过一个打包的、可共享的.jar 文件来执行的。

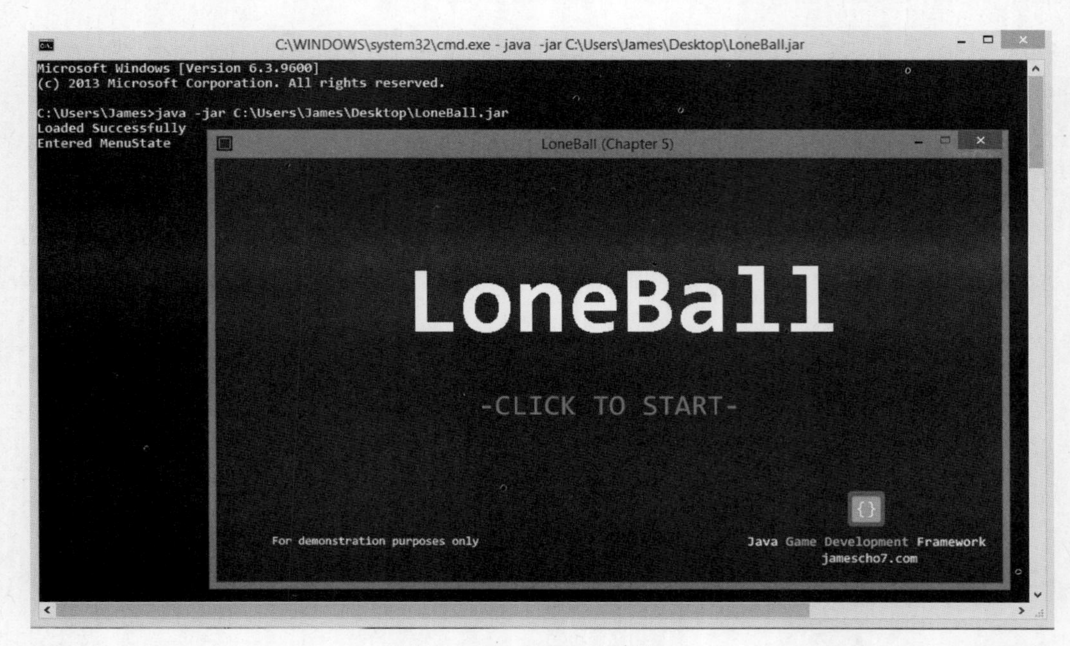

图 5-14 LoneBall 运行窗口

5.15 小结

在继续学习第 6 章之前，你应该做几件事情。

首先，用心地去玩新游戏，并且浏览在前两章中所编写过的代码。确保理解所编写的每个类，以及为什么要编写该类，然后，绘制一张表示类之间如何交互的图表。

接下来，研究本书的配套网站 jamescho7.com/book/samples/上给出的一些示例游戏项目。玩这些游戏，并且分析它们的类和方法。阅读代码是提高自己的一种很好的方式，特别是如果你能够花时间分析和理解代码的话。

最后，动手开发自己的示例游戏。你可以先对 LoneBall 做一些简单的修改，然后构建一款自己的游戏。如果需要帮助，请到本书的配套网站上发帖。如果你已经创建了一款游戏并且想要得到反馈，将你的.JAR 文件（或者是源代码文件）上传并和我们分享。重要的是，你开始编写代码而不需要本书的帮助。阅读代码只能让你学到这么多。记住，实践出真知，并且本章中有很多的素材可以实践和练习。

5.16　下一关

在第 6 章中，也就是本书第二部分的最后一章中，我们将给游戏框架添加一些奇特的（也更加复杂的）功能，例如，动画。使用这一升级后的框架，我们将构建一个不停歇的奔跑者，带有动画的角色和滚动的障碍物。这是位于你和 Android 游戏开发之间的最后一项挑战了。休息一下，思考一下我们到现在为止学过的内容。当你准备好进入下一关的时候，一起来学习第 6 章。

第 6 章　下一关

你可能会觉得 LonePong 很有趣，但显然没有 *Flappy Bird* 好玩。在本章中，我们将要制作一款极具挑战性的、不停歇的奔跑者的类型游戏。其中，你可以控制一个名为 Ellio 的外星人，他在自己的玩具砖块的帮助下（这些积木可能是漂浮在地面之上的），试图调整地球对他的重力作用。这款游戏如图 6-1 所示。

图 6-1　Ellio:永不停歇的奔跑者

在游戏 Ellio 中，人物角色将会不停地奔跑而没有玩家的控制。而砖块则从右边的屏幕滚动过来，玩家需要做出相应的反应，从下面滑过或者跳起来避开砖块。每次玩家碰到一组砖块，Ellio 都将会被向左推移一段距离。一旦 Ellio 被推移到屏幕之外，游戏结束。

6.1　框架需要进行一处更新

在开始开发 Ellio 之前，我们需要更新框架。和 LonePone 一样，我们将要使用第 4 章中的游戏开发框架作为起点；然而，需要注意框架的当前版本有一些局限性。

6.1.1　与帧速率无关的移动 vs.与帧速率相关的移动

框架的核心问题在于游戏循环之中，其内容如下。

```
@Override
public void run() {
        while (running) {
                currentState.update();
                prepareGameImage();
                currentState.render(gameImage.getGraphics());
                repaint();

                try {
                        Thread.sleep(14);
                } catch (InterruptedException e) {
                        e.printStackTrace();
                }
        }

        System.exit(0);
}
```

我们之前假设游戏循环的每一次迭代将花费 17 毫秒（3 毫秒的更新/渲染以及 14 毫秒的睡眠）。尽管这种假设在 LoneBall 中很管用，但这并不是一个合理的假设。更新和渲染步骤所花的时间可能比 3 毫秒长，或者比 3 毫秒短。这意味着，游戏循环不会以稳定的速率迭代。在计时很重要的一些游戏中，这可能会导致问题，特别是当计算自己的物理行为（移动、碰撞等）的时候，如果游戏没有将帧速率考虑在内的话，问题将更为严重。为了理解为什么会这样，请考虑如下的情况。

我们假设要创建一个横向卷轴的游戏，其中 Player 对象在其 update()方法（该方法每一帧都会调用一次）的每一次迭代中都向右移动 3 像素。假设游戏以 60FPS 平稳地运行，这将转换为每秒钟移动 180 像素。如果由于我们在游戏过程中引入了较多的敌人类型和特殊效果，游戏变得慢了下来，将会发生什么情况？FPS 可能会下降，游戏循环会变慢，由此 update()的调用的频次减少。假设新的 FPS 是 50，移动的速度会减少为每秒 150 像素。

如果游戏的行为像上面讨论的那样，我们就说该游戏是与帧速率相关的移动（*framerate-dependent movement*），因为移动的速度直接和帧速率相关联。这意味着，只要帧速率变了，游戏将会运行得更慢或者更快。在大多数情况下，这不会导致有趣的游戏体验。

在诸如 *Flappy Bird* 或 *Megaman* 这样的游戏中，跳动和移动的计时准确性，对于保持角色活命来说很重要。因此，这些游戏必须是所谓的与帧速率无关的移动（*framerate-independent movement*），其中，移动的速度不会随着帧速率而改变。相反，这些游戏计算每一帧所花的时间，并且根据该值来调整对象的速率，因此，移动的速度受到时间变化的影响，而不会受到帧速率变化的影响。

要使得与帧速率无关的移动更形象化，想象一下你构建了与前面所描述的相同的横向卷轴游戏。期待在 update()中 Player 对象的移动速度不再是 3 像素，而是 180 和 delta 的乘积，其中 delta 是从 update()的前一次迭代之后流逝的秒数。这么做的效果就是，创建了一个与帧速率无关的稳定速度。如果帧速率减小，delta 将会增加，速率也有由此增加。在这种情况下，Player 将会总是每秒移动 180 像素。

Ellio 也需要玩家精确控制其移动。因此，我们将添加与帧速率无关的移动，以改进游戏框架。

6.1.2　动画

框架的另一个局限性是它不能创建和显示动画。对于 LoneBall 中的球和挡板来说，我们使用静态图像是可以接受的，但是，在不停歇的奔跑者中，即便像 Ellio 这样的角色也需要表现出好像是在真正奔跑的样子。我们需要创建一组类来实现这一新的功能。

6.2　规划修改：高层级的概览

- 游戏循环：我们将修改游戏循环，以添计时功能，理由如下。
  - 计算更新和渲染步骤所需的时长，将允许我们计算游戏能够睡眠多久，从而维持一个稳定的帧速率。
  - 计时允许状态类来实现与帧速率无关的移动，因此，当 FPS 确实下降的时候，我们可以保持游戏的速度不变。
  - 动画需要知道当前帧中已经过去了多少时间，从而确定何时转换到下一帧。
- 状态类：我们必须修改状态类的 update()方法，从而使它们可以接受自前一帧后流逝的时间量的相关信息，并且由此实现与帧速率无关的移动。
- 动画：游戏将会加入动画。我们将创建一个 Frame 类和一个 Animation 类来实现动画。

6.3　开始之前要了解的方法

6.3.1　Math.max()

Math.max()是 Math 类的一个方法（注意，它是静态的）。它判断作为参数传递给它的两个数字，并返回较大的值。例如，如果像这样调用该方法：

```
System.out.println(Math.max(-1, 5));
```

结果将会是5。

为什么该方法是静态的？这是因为 Math.max()的行为不会随着 Math 的实例（*instance*）的不同而改变，即所有的 Math 对象都应该以完全相同的方式执行 max()方法（实际上，Math 中的所有的方法都是静态的，并且你不用实例化该类）。参见附录 A 了解关于静态方法的更多信息。

6.3.2 System.nanoTime()

要完成动画和与帧速率不相关的移动，我们需要一种方式来计算游戏循环的每一次迭代之间所经过的时间的长短。

这个功能可以使用 Java 的内建方法 System.nanoTime()来实现。在介绍这个方法的作用之前，我们先来学习如何使用它。

```
long before = System.nanoTime();
for (int i = 0; i < 100; i++) {
    System.out.println(i);
}
long after = System.nanoTime();
System.out.println("The loop took " + (after - before) + " nanoseconds to run!");
```

在上面的示例中，System.nanoTime()方法帮助我们计算一个 for 循环打印出 100 个数字的所用的时间。这之所以奏效，是因为 System.nanoTime()返回了从某个任意的固定时间点之后经过的纳秒数（十亿分之一秒）。由于这个时间点是固定的，后续任何对 System.nanoTime()的调用，都可以确保返回一个比前一次调用更大的值，这个值还取决于两次调用之前所经过的纳秒数。因此，long after 减去 long before 就可以得到一个准确的计时值。

注意：System.nanoTime()的一个缺陷是，用作参考时间点的那个固定时间点，是随意的并且可能会变化。因此，该方法不能用来计算当前时间。如果你对于在程序中确定当前时间感兴趣，查看一下 System.currentTimeMillis()方法。

6.4 更新游戏循环

既然已经规划好了修改，并且研究了将要使用的方法，现在开始编写代码吧。

注意：如果在对 Game 类进行修改的时候你有任何的疑惑，请参考程序清单 6.1。也可以访问本书的配套网站 jamescho7.com/book/chapter6/。

6.4.1　修改计时机制

正如前面所介绍的，游戏循环的当前版本以不同的时间间隔迭代。一些迭代要花 15 毫秒，而另一些则要花 17～19 毫秒。我们打算让这些时间间隔一致，固定在 17 毫秒。为了理解我们将要做出的修改，首先将游戏循环分解为一系列的阶段，以进行简化。

我们的游戏循环（简化后）：

- 更新。
- 渲染。
- 睡眠。
- （重复）。

由于目标是让游戏循环每 17 毫秒迭代一次，更新、渲染和睡眠的步骤，一共应该占用 17 毫秒。

我们不能修改完成更新和渲染调用所需的毫秒数（这个值将会根据游戏中的对象的数目以及操作系统的性能而变化），然而，我们可以修改睡眠时间的长短。例如，如果更新和渲染步骤要花 15 毫秒来完成，我们可以睡眠 2 毫秒（(因为总的毫秒数是 17)。另一方面，如果更新和渲染要花 3 毫秒完成，我们可以睡眠 14 毫秒（总的毫秒数还是 17)。

现在，我们知道要修改计时机制，必须知道花了多长时间执行更新和渲染方法。打开游戏开发框架项目的 Game 类（或者创建一个名为 **SimpleJavaGDF2** 的新版本），并且做出如下粗体代码所示的修改。

```
@Override
public void run() {
   // These variables should sum up to 17 on every iteration
   long updateDurationMillis = 0; // Measures both update AND render
   long sleepDurationMillis = 0; // Measures sleep

     while (running) {
        long beforeUpdateRender = System.nanoTime();

        currentState.update();
        prepareGameImage();
        currentState.render(gameImage.getGraphics());
        repaint();

        updateDurationMillis = (System.nanoTime() - beforeUpdateRender) / 1000000L;
        sleepDurationMillis = Math.max(2, 17 - updateDurationMillis);

        try {
```

```
                Thread.sleep(14);
                Thread.sleep(sleepDurationMillis);
            } catch (InterruptedException e) {
                e.printStackTrace();
            }
        }

        System.exit(0);
    }
```

将和计时思路相关的代码行放到循环中执行，这可能有点令人混淆，因为循环总是要从一个地方跳到另一个地方，但是请相信我，经过一段时间后，其意义就会体现出来。

我们来讨论所做的修改。首先创建了两个 long 类型的变量（用于计算更新和渲染所需的时间的 updateDurationMillis，以及用于计算睡眠时间的 sleepDurationMillis）。注意，这两个变量都是在循环之外声明的，具体原因我们稍后讨论。

在调用一系列的更新和渲染方法之前，我们先查看时间并将其存储到变量 beforeUpdateRender 中。一旦执行完更新和渲染方法，我们再查看一次时间（System.nanoTime()）并且用其减去最初的（beforeUpdateRender），从而计算出时间间隔。结果的单位是纳秒，用其除以 100 万，转换为以毫秒为单位（1 纳秒等于百万分之一毫秒）。

最后，我们计算出睡眠的时间是 17 – updateDurationMillis，并且要求线程按照这个时间来睡眠。如果 updateDurationMillis 大于 17 的话，这个值可能是负值，因此，我们使用 Math.max() 方法来强制要求以 2 毫秒作为最小的睡眠时间。如果还没搞清楚，考虑如下所示的代码段。

```
for (int updateTime = 0; updateTime < 20; updateTime++) {
    long sleepTime = Math.max(2, 17 - updateTime);
    System.out.println(sleepTime);
}
```

这模拟了 updateTime 的范围在 0～20（这是一个大于 17 的值）之间的时候，sleepTime 中将会发生的情况。记下了循环的每一次迭代中 sleepTime 将会采用的值，并且，在这种情况下，调用 Math.max()方法的作用就变得清晰了。

6.4.2 计算增量

既然已经有了计时机制，我们可以计算游戏循环的每一次迭代的时间了。这个值我们称之为增量（*delta*），它只不过是 updateDurationMillis 和 sleepDurationMillis 的加和。增量会传递给 currentState 的更新方法，以用于实现动画和与帧速率无关的移动。

在游戏循环中，添加如下所示的粗体代码。

```
@Override
public void run() {
    long updateDurationMillis = 0;
    long sleepDurationMillis = 0;

    while (running) {
            long beforeUpdateRender = System.nanoTime();
            long deltaMillis = updateDurationMillis + sleepDurationMillis;  // New line!

            currentState.update();
            prepareGameImage();
            currentState.render(gameImage.getGraphics());
            repaint();

            updateDurationMillis = (System.nanoTime() - beforeUpdateRender) / 1000000L;
            sleepDurationMillis = Math.max(2, 17 - updateDurationMillis);

            try {
                    Thread.sleep(sleepDurationMillis);
            } catch (InterruptedException e) {
                    e.printStackTrace();
            }
    }

    System.exit(0);
}
```

在大多数情况下，新创建的 deltaMillis 的值应该是 17 毫秒，但是，如果 updateDurationMillis 花了异常长的一个时间，这个数字应该会更高。

6.4.3　允许与帧速率无关的移动

我们已经有了 deltaMillis 值，现在，必须使用它来实现与帧速率无关的移动。但是首先，我们打算清理一下游戏循环。它太乱了。

我们将重新创建一个新的方法，以“重构”代码（重新构造代码的编写方式，而不会改变其行为）。用鼠标选取循环中的如下 4 行代码。

```
...
currentState.update();
```

```
prepareGameImage();
currentState.render(gameImage.getGraphics());
repaint();
...
```

也可以手动创建一个新的方法，将这 4 行代码复制到新的方法中，并且通过调用该方法替代原来的 4 行代码，但是，还有一种更容易（也更快）的方式。

在选取的 4 行代码上点击鼠标右键（在 Mac 上是 Ctrl +点击），并且选择 *Refactor > Extract Method*，如图 6-2 所示。

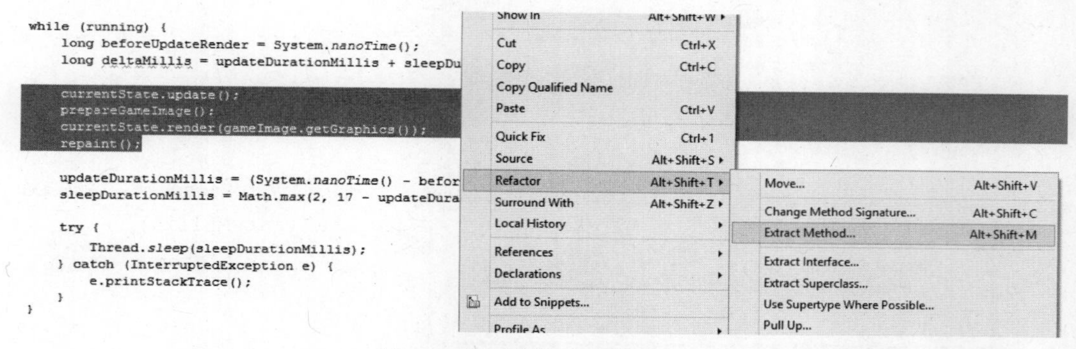

图 6-2　通过提取方法进行重构

为新的方法输入名称“updateAndRender”，如图 6-3 所示。保持访问权限为 **private**。我们将只能够在游戏循环内部调用该方法。

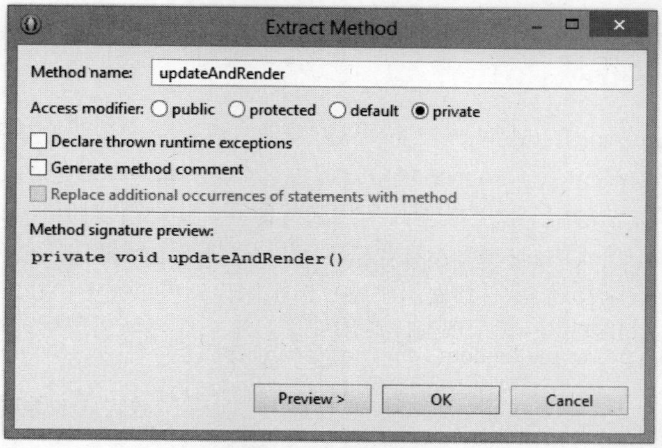

Extract Method

Method name: updateAndRender

Access modifier: ○ public ○ protected ○ default ◉ private

☐ Declare thrown runtime exceptions

☐ Generate method comment

☐ Replace additional occurrences of statements with method

Method signature preview:

private void updateAndRender()

Preview >　OK　Cancel

图 6-3　新的方法的名称

一旦点击了 OK 按钮，Eclipse 就会自动重构代码，如图 6-4 所示。

```
@Override
public void run() {
    long updateDurationMillis = 0;
    long sleepDurationMillis = 0;

    while (running) {
        long beforeUpdateRender = System.nanoTime();
        long deltaMillis = updateDurationMillis + sleepDurationMillis;

        updateAndRender();

        updateDurationMillis = (System.nanoTime() - beforeUpdateRender) / 1000000L;
        sleepDurationMillis = Math.max(2, 17 - updateDurationMillis);

        try {
            Thread.sleep(sleepDurationMillis);
        } catch (InterruptedException e) {
            e.printStackTrace();
        }
    }

    System.exit(0);
}

private void updateAndRender() {
    currentState.update();
    prepareGameImage();
    currentState.render(gameImage.getGraphics());
    repaint();
}
```

图 6-4 重构后的代码

我们还没有完成。上面的两个方框中的代码，必须做细微的修改。首先，我们需要传入 deltaMillis 的值，作为 updateAndRender()方法的参数，如下所示。

```
updateAndRender();
updateAndRender(deltaMillis);
```

接下来，updateAndRender()方法需要做些修改，以接受这个新的参数，并且我们必须将该参数传递到 currentState.update()方法中。通过这么做，每一个状态的 update()方法都将能够访问自 update()方法的上一次迭代开始所用去的时间，其原因我们已经介绍过了。我更希望用秒为单位表示这个值，因此，我们可以将其除以 1000f（这使得我们稍后可以用像素每秒而不是像素每毫秒来表示移动）。必须做出的修改用粗体代码表示如下。

```
private void updateAndRender(long deltaMillis) {
        currentState.update(deltaMillis / 1000f);
        prepareGameImage();
        currentState.render(gameImage.getGraphics());
        repaint();
}
```

将会看到更新的方法中有一个错误，如图 6-5 所示。

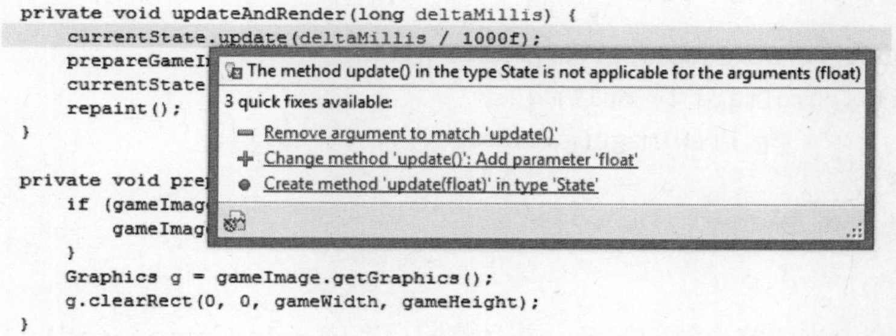

```
private void updateAndRender(long deltaMillis) {
    currentState.update(deltaMillis / 1000f);
    prepareGameI
    currentState
    repaint();
}

private void prep
    if (gameImage
        gameImage
    }
    Graphics g = gameImage.getGraphics();
    g.clearRect(0, 0, gameWidth, gameHeight);
}
```

The method update() in the type State is not applicable for the arguments (float)
3 quick fixes available:
Remove argument to match 'update()'
Change method 'update()': Add parameter 'float'
Create method 'update(float)' in type 'State'

图 6-5　updateAndRender()中的一个错误

这个错误告诉我们，State 类中的 update()方法不接受一个数值的参数。我们将很快修复这个问题。

6.4.4　在循环外声明变量

既然已经计算好了增量，我们可以讨论一下之前在游戏循环之外声明 updateDurationMillis 和 sleepDurationMillis 的原因了。

要理解这一点，你应该知道在循环内声明的变量，只能在当前迭代之中访问。在下一次的迭代中，不能访问该变量。既然增量的概念是自游戏循环的上一次迭代后经过的时间量，我们需要访问上一次迭代的 updateDurationMillis 和 sleepDurationMillis 来计算增量。这就是为什么我们必须在循环外声明两个 long 变量。记住了这一点，再来看一下游戏循环，计时变量变得更有意义了。

6.5　切换到主动渲染

此时，我们要采取 3 个步骤来执行渲染。首先准备一个空白的游戏图像，用来自 current State 的内容填充它，然后使用 repaint()方法将图像绘制到屏幕（该方法要求调用 paintComponent()方法）。

在上面的步骤中，第 3 个步骤是被动的。再一次，我们请求调用 paintComponent()，但是 JVM 不一定听我们的，不能保证 paintComponent()将会被调用。

这是一个问题，因为变量 deltaMillis 应该表示从上一次更新和渲染后所经过的时间量，但是，我们不能保证在前一次迭代中真正调用了渲染方法。当我们实现动画的时候，时间精确的绘制很重要，因此，我们必须修正这个问题。

我们将利用一种叫作主动渲染（*active rendering*）的方法，它将提高游戏的性能并且使得渲染更加可预计。当主动渲染的时候，我们不只是请求游戏渲染，而是告诉它要去渲染。这真的很容易。我们将创建一个总是会被调用的新方法，而不是调用 repaint()，而 repaint()有时候还调用 paintComponent()。新创建的方法几乎和 paintComponent()相同，如下所示。

```
private void renderGameImage(Graphics g) {
        if (gameImage != null) {
                g.drawImage(gameImage, 0, 0, null);
        }
        g.dispose();
}
```

向 Game 类中添加这个新的方法，并且删除已有的 paintComponent()方法。

接下来，我们直接在 updateAndRender()方法中替换对 repaint()方法的调用，如下面的粗体代码所示。

```
private void updateAndRender(long deltaMillis) {
        currentState.update(deltaMillis / 1000f);
        prepareGameImage();
        currentState.render(gameImage.getGraphics());
        repaint();
        renderGameImage(getGraphics());
}
```

getGraphics()方法返回了 JPanel 的 Graphics 对象（还记得吧，Game 类继承自 JPanel），并且通过访问它将允许我们在JPanel上绘制。我们将其作为一个参数传递给renderGameImage()方法。

无论何时，当我们使用完自已所请求的一个 Graphics 对象，建议手动地抛弃该对象，如前面的 renderGameImage()方法中所示。

回顾代码

我们在 Game 类中做了很多必要的调整，加入了计时、增量计算和主动渲染。现在，在这一行中还有一个错误。

```
currentState.update(deltaMillis / 1000f);
```

下面将修正这个错误。完整的 Game 类如程序清单 6.1 所示。

程序清单 6.1　Game 类（完整版本）

```
001 package com.jamescho.game.main;
002
```

```
003 import java.awt.Color;
004 import java.awt.Dimension;
005 import java.awt.Graphics;
006 import java.awt.Image;
007
008 import javax.swing.JPanel;
009
010 import com.jamescho.framework.util.InputHandler;
011 import com.jamescho.game.state.LoadState;
012 import com.jamescho.game.state.State;
013
014 @SuppressWarnings("serial")
015
016 public class Game extends JPanel implements Runnable{
017     private int gameWidth;
018     private int gameHeight;
019     private Image gameImage;
020
021     private Thread gameThread;
022     private volatile boolean running;
023     private volatile State currentState;
024
025     private InputHandler inputHandler;
026
027     public Game(int gameWidth, int gameHeight){
028             this.gameWidth = gameWidth;
029             this.gameHeight = gameHeight;
030             setPreferredSize(new Dimension(gameWidth, gameHeight));
031             setBackground(Color.BLACK);
032             setFocusable(true);
033             requestFocus();
034     }
035
036     public void setCurrentState(State newState) {
037             System.gc();
038             newState.init();
039             currentState = newState;
```

```
040            inputHandler.setCurrentState(currentState);
041     }
042
043     @Override
044     public void addNotify() {
045            super.addNotify();
046            initInput();
047            setCurrentState(new LoadState());
048            initGame();
049     }
050
051     private void initInput() {
052            inputHandler = new InputHandler();
053            addKeyListener(inputHandler);
054            addMouseListener(inputHandler);
055     }
056
057     private void initGame() {
058            running = true;
059            gameThread = new Thread(this, "Game Thread");
060            gameThread.start();
061     }
062
063     @Override
064     public void run() {
065
066        long updateDurationMillis = 0; // Measures both update AND render
067        long sleepDurationMillis = 0; // Measures sleep
068
069            while (running){
070                   long beforeUpdateRender = System.nanoTime();
071                   long deltaMillis = updateDurationMillis + sleepDurationMillis;
072
073                   updateAndRender(deltaMillis);
074
075                   updateDurationMillis = (System.nanoTime() - beforeUpdateRender) /
                          1000000L;
```

```
076                 sleepDurationMillis = Math.max(2, 17 - updateDurationMillis);
077
078                 try {
079                         Thread.sleep(sleepDurationMillis);
080                 } catch (InterruptedException e) {
081                         e.printStackTrace();
082                 }
083         }
084         System.exit(0);
085     }
086
087     private void updateAndRender(long deltaMillis) {
088         currentState.update(deltaMillis / 1000f);
089         prepareGameImage();
090         currentState.render(gameImage.getGraphics());
091         renderGameImage(getGraphics());
092     }
093
094     private void prepareGameImage() {
095         if (gameImage == null) {
096                 gameImage = createImage(gameWidth, gameHeight);
097         }
098         Graphics g = gameImage.getGraphics();
099         g.fillRect(0, 0, gameWidth, gameHeight);
100     }
101
102     public void exit() {
103         running = false;
104     }
105
106     private void renderGameImage(Graphics g) {
107         if (gameImage != null) {
108                 g.drawImage(gameImage, 0, 0, null);
109         }
110         g.dispose();
111     }
112
113 }
```

6.6　更新 State 类

我们必须对 State 类做一些小的修改，以便能够利用游戏类中计算增量的优点。这将会修正 updateAndRender()方法中的错误，并且允许我们稍后执行动画。打开 State 类，并且修改 update()方法，如程序清单 6.2 所示。

程序清单 6.2　State 类（更新后的版本）

```
package com.jamescho.game.state;

import java.awt.Graphics;
import java.awt.event.KeyEvent;
import java.awt.event.MouseEvent;

import com.jamescho.game.main.GameMain;

public abstract class State {

        public abstract void init();

        public abstract void update();
        public abstract void update(float delta);

        public abstract void render(Graphics g);

        public abstract void onClick(MouseEvent e);

        public abstract void onKeyPress(KeyEvent e);

        public abstract void onKeyRelease(KeyEvent e);

        public void setCurrentState(State newState) {
                GameMain.sGame.setCurrentState(newState);
        }
}
```

现在，update()方法将接受名为 delta 的一个浮点值，它表示从上一次更新迭代后经过的时间量。这个值通常是.017（在 60FPS 中是 17 毫秒）。

这使得我们避免了Game类中的错误，因为State现在有了一个能够接受数字值的update()方法；然而，由于我们已经在一个抽象的超类中修改了该方法（还记得吧，LoadState和MenuState都继承自State），我们必须也对子类做一些修改。对LoadState和MenuState的update()方法做出的修改，如程序清单6.3和程序清单6.4所示。

程序清单 6.3　LoadState 类（更新后的版本）

```
package com.jamescho.game.state;

import java.awt.Graphics;
import java.awt.event.KeyEvent;
import java.awt.event.MouseEvent;

import com.jamescho.game.main.Resources;

public class LoadState extends State {

        @Override
        public void init() {
                Resources.load();
                 System.out.println("Loaded Successfully");
        }

        @Override
        public void update() {    (strikethrough)
        public void update(float delta){
                setCurrentState(new MenuState());
        }

        @Override
        public void render(Graphics g) {
                // TODO Auto-generated method stub
        }

        @Override
        public void onClick(MouseEvent e) {
                // TODO Auto-generated method stub
        }

        @Override
        public void onKeyPress(KeyEvent e) {
```

```
		// TODO Auto-generated method stub
	}

	@Override
	public void onKeyRelease(KeyEvent e) {
		// TODO Auto-generated method stub
	}

}
```

程序清单 6.4　MenuState 类（更新后的版本）

```
package com.jamescho.game.state;

import java.awt.Graphics;
import java.awt.event.KeyEvent;
import java.awt.event.MouseEvent;

import com.jamescho.game.main.Resources;

public class MenuState extends State{

	@Override
	public void init() {
		System.out.println("Entered MenuState");

	}

	@Override
	public void update(float delta){

	}

	@Override
	public void render(Graphics g) {
		g.drawImage(Resources.welcome, 0, 0, null);
	}

	@Override
	public void onClick(MouseEvent e) {
```

```
    }

    @Override
    public void onKeyPress(KeyEvent e) {

    }

    @Override
    public void onKeyRelease(KeyEvent e) {

    }
}
```

做了这些修改之后，所有的错误就从我们的项目中消失了。

6.7　添加 andomNumberGenerator

在继续前进之前，框架还应该拥有第 5 章中的 RandomNumberGenerator 类的一个副本。检查 com.jamescho.framework.util 包，看看是否已经有了这个类。如果没有，可以在程序清单 5.8 中找到该类。将其添加到 com.jamescho.framework.util 中，然后再继续进行。

做出修改后，当前的项目结构应该如图 6-6 所示。

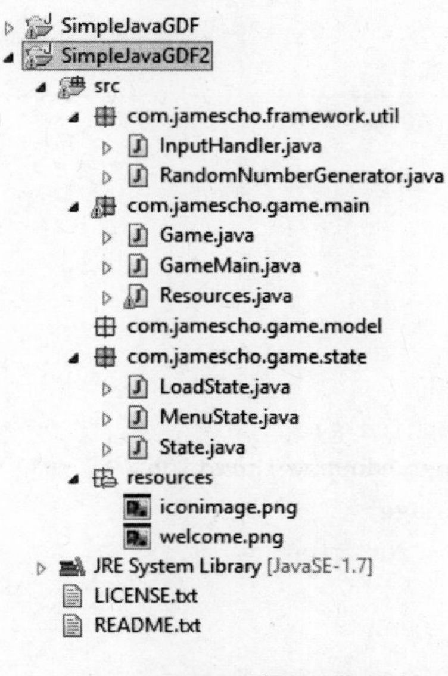

图 6-6　项目结构，检查点 1

注意：如果此时你对于任何的类有问题，可以从 jamescho7.com/book/chapter6/checkpoint1 下载源代码。

6.8 添加动画

既然 State 类能够访问增量值，我们可以将动画加入到框架中。然而，在开始编写类之前，首先需要理解动画是什么。

动画是一种假象，我确信这种说法你已经听到很多次了。动画是快速连续画出来的一系列静止的图像，从而给人类的大脑造成移动的假象。这些图像中的每一幅叫作帧，并且每一帧都持续一定的时间。我们将使用这一思路来创建一个 Animation 类和一个 Frame 类。

6.8.1 设计和实现 Frame 类

Frame 对象应该是一个简单的类，它包含了一个图像及其持续时间（它应该显示的时间长度）。因此，Frame 应该针对每个属性有一个实例变量。我们将保持这两个实例变量为 private 的，并且提供 public 的 getter 来访问它们。

创建一个名为 com.jamescho.framework.animation 的新的包，它将很快包含 Animation 类和 Frame 类。在这个包中创建 Frame 类并实现它，如程序清单 6.5 所示。

程序清单 6.5 Frame 类（完整版本）

```
package com.jamescho.framework.animation;

import java.awt.Image;

public class Frame {
	private Image image;
	private double duration;

	public Frame(Image image, double duration) {
		this.image = image;
		this.duration = duration;
	}

	public double getDuration() {
```

```
            return duration;
        }

        public Image getImage() {
            return image;
        }
}
```

这个 Frame 类非常简单。由于这里没有新的内容需要讨论，我们将继续进入最难的部分。

6.8.2 设计 Animation 类

Animation 类是相关的帧的一个集合。例如，如果我们需要 7 个帧来形成一个循环走动的动画，那么，每个帧都有 1 秒钟的时长，我们绘制了图 6-7 来表示它。

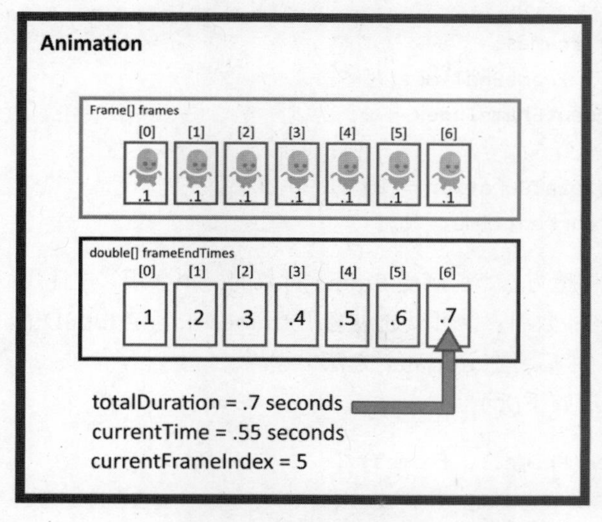

图 6-7 一个走动的动画

花 3 分钟研究图 6-7 及其 5 个变量。你可能会获知我们的动画策略。如果你想要证实一下自己的猜测，请继续阅读。

对于每一个动画，我们将创建保存了多个帧（图像和相应的时长）的一个数组。使用每一帧的时长值，我们可以判定何时应该从一帧切换到另一帧。例如，帧 0 应该在 currentTime 为 0.1 秒的时候完成，而帧 1 应该在 0.2 秒的时候完成，依此类推。这些结束时间都存储在另一个叫作 frameEndTimes 的并行数组（parallel array）中。在继续阅读之前，确保你能够从图 5-7 中看出这种关系。

> **注意：** 术语并行数组表示两个数组中的元素之间存在某种关系，例如，frame[5]中的元素和 frameEndTimes[5]中的元素之间。在这个例子中，frame[5]应该在 frameEndTimes[5]中给定结束时间，在那个时刻，frame[6]会变成当前帧。

在我们的实现中，将为每一个想要的动画创建一个 Animation 对象，例如，行走的动画。接下来，我们将使用来自游戏循环的增量值更新该动画，以便动画的 currentTime 变量在每一帧都增加正确的秒数。使用 currentTime 来确定 currentFrameIndex（应该显示的帧的索引），Animation 将能够用 g.drawImage(...)来渲染自己。

6.8.3　实现 Animation 类

既然已经介绍了 Animation 类的逻辑，现在就开始实现它，首先从变量开始。在 com.jamescho.framework.animation 包中创建 Animation 类，并且声明如下所示的实例变量。

```
private Frame[] frames;
private double[] frameEndTimes;
private int currentFrameIndex = 0;

private double totalDuration = 0;
private double currentTime = 0;
```

我们将创建一个构造方法，它接受 Frame 对象的一个数组，并且我们将使用该数组来创建并行的 frameEndTimes 数组。也可以通过遍历 frames 来确定 totalDuration，而 currentTime 和 currentFrame 索引稍后将在 update()方法中递增。

要添加的构造方法如下所示。

```
public Animation(Frame... frames) {
        this.frames = frames;
        frameEndTimes = new double[frames.length];

        for (int i = 0; i < frames.length; i++) {
                Frame f = frames[i];
                totalDuration += f.getDuration();
                frameEndTimes[i] = totalDuration;
        }
}
```

你将会注意到，这个构造方法只有一个 Frame...类型的参数；这不是一个输入错误。在 Java 中，...表示你可以指定参数的一个可变的数目。这意味着，该构造方法可以接受任意多个 Frame 对象，如下面代码所示（这只是一个示例，请不要将如下内容添加到你自己的代码中）。

```
Frame f1 = new Frame(...); // Constructor call simplified
Frame f2 = new Frame(...);
Frame f3 = new Frame(...);
Frame f4 = new Frame(...);
Frame f5 = new Frame(...);

Animation anim = new Animation(f1, f2, f3);
Animation anim2 = new Animation(f4, f5);
```

其中引用了 Animation 构造方法两次。注意，当构造方法接受可变数目的 Frame 对象的时候，这些帧一起放入到一个单个的数组中以便于使用。我们将这个数组赋值给 frames 变量。

在该构造方法中，我们还创建了一个新的、名为 frameEndTimes 的 doubles 数组。这个数组应该是数组 frames 的并行数组，我们使其具有相同的长度。然后，使用 for 循环来确定每一帧的结束时间，以及所有帧的 totalDuration。如果你觉得逻辑有点混淆，请参见图 6-7，并且我们将使用该图带你逐步熟悉这个构造方法。

变量已经准备好并且初始化了。接下来，我们所要添加的是 4 个方法：update()、wrapAnimation()、render()和另一个 render()，如下所示（记住做相应的导入以避免错误）。

```
public synchronized void update(float increment) {
        currentTime += increment;

        if (currentTime > totalDuration) {
                wrapAnimation();
        }

        while (currentTime > frameEndTimes[currentFrameIndex]) {
                currentFrameIndex++;
        }
}

private synchronized void wrapAnimation() {
        currentFrameIndex = 0;
        currentTime %= totalDuration; // equal to cT = cT % tD
}
```

```
public synchronized void render(Graphics g, int x, int y) {
        g.drawImage(frames[currentFrameIndex].getImage(), x, y, null);
}

public synchronized void render(Graphics g, int x, int y, int width, int height) {
        g.drawImage(frames[currentFrameIndex].getImage(), x, y, width, height, null);
}
```

> 注意：关键字 synchronized 用来确保动画在多线程环境中准确地更新。synchronized 用来表示一个方法应该完整地执行。这也是一个高级主题，我们不会在本书中介绍它。

我们有两个具有相同名称和不同参数的 render()方法。在 Java 中，这叫作重载一个方法（*overloading a method*）。通常，具有相同名称的方法，允许我们以不同的方式来执行相同的行为。在这个示例中，render(Graphics g, int x, int y)方法允许我们在 x 和 y 绘制动画的当前帧，但它不允许指定图像应该有多大。相反，render(Graphics g, int x, int y, int width, int height) 允许指定图像的大小。

重要的操作发生在 update()方法中。该方法有两个作用。首先，它记录了 currentTime（动画运行了多长时间）并且处理了不合常规的情形。其次，它通过将更新后的 currentTime 值和 frameEndTimes 数组进行比较，从而确定了 currentFrameIndex。

为了让这些步骤能够发生，该方法接受一个参数，这是一个名为 increment 的浮点值。这是来自游戏循环的一个增量值。随后，currentTime 随着该值而增加。如果 currentTime 的值比 totalDuration 的值大，我们知道动画已经完成了。在这种情况下，Animation 类通过调用 wrapAnimation()方法来选择重复该动画。

当 currentTime 超过了 totalDuration 的时候，调用 wrapAnimation()方法，将 current FrameIndex 重置为 0，并且计算 currentTime % totalDuration 作为一个新的 currentTime。模除（%）运算符用于计算溢出（或者说在重新设置动画之前，动画已经结束并经过了多少秒）。

Animation 类和 Frame 类现在完成了。完整的 Animation 类如程序清单 6.6 所示。

程序清单 6.6　Animation 类（完整版本）

```
01 package com.jamescho.framework.animation;
02
03 import java.awt.Graphics;
04
05 public class Animation {
06       private Frame[] frames;
```

```
07      private double[] frameEndTimes;
08      private int currentFrameIndex = 0;
09
10      private double totalDuration = 0;
11      private double currentTime = 0;
12      public Animation(Frame... frames) {
13              this.frames = frames;
14              frameEndTimes = new double[frames.length];
15
16              for (int i = 0; i < frames.length; i++) {
17                      Frame f = frames[i];
18                      totalDuration += f.getDuration();
19                      frameEndTimes[i] = totalDuration;
20              }
21      }
22
23      public synchronized void update(float increment) {
24              currentTime += increment;
25
26              if (currentTime > totalDuration) {
27                      wrapAnimation();
28              }
29
30              while (currentTime > frameEndTimes[currentFrameIndex]) {
31                      currentFrameIndex++;
32              }
33      }
34
35      private synchronized void wrapAnimation() {
36              currentFrameIndex = 0;
37              currentTime %= totalDuration; // equal to cT = cT % tD
38      }
39
40      public synchronized void render(Graphics g, int x, int y) {
41              g.drawImage(frames[currentFrameIndex].getImage(), x, y, null);
42      }
43
44      public synchronized void render(Graphics g, int x, int y, int width,
                                int height) {
```

```
45              g.drawImage(frames[currentFrameIndex].getImage(), x, y, width,
                        height,null);
46      }
47
48 }
```

框架现在比在第 5 章的时候状态更佳。让我们开始构建 Ellio 吧。

> 注意：如果此时你对于任何的类有问题，可以从 jamescho7.com/book/chapter6/checkpoint2 下载源代码。

6.9 Ellio：优化至关重要

Ellio 是一个简单的两个按键的游戏，但是，其不停奔跑着的本质要求我们进行一些优化探讨。

6.9.1 内存管理的问题

到目前位置，我们很大程度地忽略了内存的使用；我们随意地创建对象，假设机器总是有足够的内存（RAM）来根据我们的需要存储这些变量。当我们开始针对 Android 开发的时候，这一假设就站不住脚了。移动设备的内存通常比计算机小，并且这些内存通常要在多个应用程序之间同步、共享。这使得内存管理成为我们在游戏开发的时候应该主动考虑的一个重要问题，我们从 Ellio 开始讨论这个问题。

如果再次看看图 6-1，你将会注意到 Ellio 必须避开从右边而来的一系列的黄色砖块。让我问你这个问题：对于已经移动出屏幕左端的砖块，我们该如何处理？这些砖块不再可见，因此，保留它们的话，则意味着它们要占用内存，这毫无道理。继续浪费处理能力来更新和渲染它们，将意味着游戏会随着时间而变得越来越慢。

你可能会这样回答这个问题："我们应该销毁不使用的代码块"。尽管这听起来像是一个好主意，但这意味着我们必须创建一组新的代码块，来替代已经销毁的代码块。由于几个原因，这么是做很糟糕的。要理解为什么，让我们来讨论一些优化技巧，它们将使得我们的游戏运行得更快。

6.9.2 优化技巧

- 将 CPU 的工作负载最小化：随着你增加 CPU 在每一帧上所必须执行的操作的数目，你冒着降低游戏的帧速率的风险。这通常会导致较为糟糕的游戏体验。要将计算机的工作负载最小化，只要执行那些绝对必要的计算就可以了。例如，只有当检测碰撞的可能性非常重要的时候，才检测碰撞（这涉及很多的计算和 if 语句）。如果一个物体距离你的角色还有半个屏幕那么远，没有必要执行昂贵的计算来检测角色的左脚、右脚、脑袋、左手和右手（等等）是否与物体碰撞。

- 避免对象创建：你可以做的最重要的事情之一，就是避免在循环中创建新的对象。实际上，应该只是在绝对必要的时候使用 new 关键字！记住，更新和渲染方法都是在游戏循环中调用的，这意味着，如果要在更新方法的每一次迭代时都创建一个新的对象，那么每秒钟可能会得到 60 个新的对象。这真的会很快就塞满了屏幕。你会问，如果机器耗尽了内存会发生什么情况？垃圾收集。

6.9.3 认识垃圾收集器

看一下如下所示的循环。

```
for (int i = 0; i < 1000000; i++) {
        Random r = new Random();
        System.out.println(r.nextInt(5));
}
```

上面的循环展示了存在浪费的对象创建。在循环的每一次迭代中，我们创建了一个新的 Random 对象并且将其赋值给变量 r。随着循环的迭代，我们不再能够访问前一次迭代中的 Random r 对象。这些无法访问的对象仍然保留在 RAM 中，占用着宝贵的空间，并且，我们没有办法收回它们。它们完全是无用的。

当 JVM 意识到内存要耗尽的时候，它会调用垃圾收集器开始工作。不要把垃圾收集器当作人，可以将它看作一个自主的“实体”，它将决定内存中的哪个对象仍然有用（它是自主的，我们无法控制该过程）。不再有用的对象（例如，上面的循环中的 Random 对象）将会被抛弃，从而为新的对象创造新的内存空间。

6.9.4 担心垃圾收集器

垃圾收集器是一个很不错的工具。它自动为你完成内存管理的困难工作，然而，自主的垃圾收集也会有问题。每次垃圾收集器运行的时候，你的机器都将腾出其处理能力来执行垃圾收集任务（识别并删除那些不再需要的对象）。

如果玩家打算进行一次重要的跳跃，而这时垃圾收集打断了这个过程，会发生什么呢？FPS 下降，游戏过程不再流畅并且会变慢，玩家死掉了，但不是因为他自己的错误。通过避免对象创建来保护你的玩家不会受到垃圾收集器的干扰。

6.9.5　内存管理和 Ellio

让我们回到这个问题："当黄色砖块已经跑过了屏幕的左端的时候，我们该对其做些什么呢"？答案是：重用它们。将其送回到屏幕右端，并且让它们尝试去碰撞 Ellio。在 Ellio 游戏中，这意味着，我们可以创建 5 组砖块，并且不停地使用它们，而不是每过几帧就创建一组新的砖块。

6.10　Ellio：高级概览

我们已经讨论了要让 Ellio 尽可能平滑地奔跑所需要注意的一些问题。现在，让我们来应用这些原理创建游戏。

类

主类：游戏开发框架允许我们通过创建新的模型类和状态类，从而创建 Ellio。大多数时候，我们都在框架之外。我们只需要对 GameMain 进行一次简单的修改，以配置游戏的标题，并且加载 Resources 类中的新的资源。

状态类：我们将修改 **MenuState** 以显示图 6-8 所示的选项。我们创建的两个新的状态类是 **PlayState** 和 **GameOverState**。**PlayState** 将处理游戏过程。一旦玩家失败了（任何人在不停歇的状态中最终是要失败的），我们转换到 **GameOverState** 以显示分数。

模型类：我们将要创建的 3 个模型类是 Cloud、Block 和 Player。每个 Cloud 对象都将表示在天空中滚动的 Cloud 图像（如图 6-1 所示），正如 Block 对象表示可以通过跳跃和低头而躲避的一排排黄色砖块一样。单个的 Player 实例将表示 Ellio。

图 6-8　Ellio：MenuState 屏幕截图

6.11 准备 Ellio 对象

复制框架

打开 Eclipse，并且复制游戏开发框架项目（包括我们在本章中所做的所有修改）。给这个副本起一个名字 Ellio。Package Explorer 中的项目应该如图 6-9 所示。

图 6-9 Ellio: Package Explorer

> **注意**：如果你无法访问计算机上的框架，可以从 jamescho7.com/book/chapter6/checkpoint2 下载相应版本的.zip 格式文件。要将下载的框架导入到工作区中，请按照本书 5.2 节提供的说明进行。

我们将要做的第一件事情就是修改游戏的名称。打开 GameMain 并且通过修改 GAME_TITLE 的值，将 **JFrame** 窗口的名称修改为 Ellio (Chapter 6)，如程序清单 6.7 所示。

程序清单 6.7 GameMain 类

```
package com.jamescho.game.main;

import javax.swing.JFrame;

public class GameMain {
   public static final String GAME_TITLE = "Java Game Development Framework (Chapter 4)";
```

```
public static final String GAME_TITLE = "Ellio (Chapter 6)";
public static final int GAME_WIDTH = 800;
public static final int GAME_HEIGHT = 450;
public static Game sGame;



public static void main(String[] args) {
            JFrame frame = new JFrame(GAME_TITLE);
            frame.setDefaultCloseOperation(JFrame.EXIT_ON_CLOSE);
            frame.setResizable(false);
            sGame = new Game(GAME_WIDTH, GAME_HEIGHT);
            frame.add(sGame);
            frame.pack();
            frame.setVisible(true);
            frame.setIconImage(Resources.iconimage);
  }

}
```

运行该程序，并且检查 JFrame 窗口的标题是否是 Ellio (Chapter 6)。

6.12　添加和加载资源

作为 Ellio 的美工部分，我们将使用一些漂亮的、可以公开使用而没有任何许可限制的图像。除了我所创建或修改的少数图像，这些图像都是由 Kenney 创建的，他是一位十分厉害的程序员和美术师，创建了数以千计的资源（图像、声音和字体）供我们免费试用。请尽情地使用这些资源。给出贡献者的名字并不是必需的做法，但我还是想请你们在项目中提到 Kenney 的名字，并且将他的作品与其他人分享。

> **注意**：如果你想要看看 Kenney 的更多的免费资源，请访问他的站点 http://www.kenney.nl/assets。如果你想要支持 Kenney 的工作，请进行捐助。你还可以访问/更新他所有的作品。要了解更多的信息，请访问 http://kenney.itch.io/kenney-donation。

你可以从下载 jamescho7.com/book/chapter6 如下所示的资源。你也可以创建相应大小和类型的图像和声音文件供自己使用。

iconimage.png (32px × 32px)——用作 JFrame 的图标图像。

welcome.png (800px × 450px)——用作 Ellio 的新的欢迎界面。

selector.png (25px × 45px)——用作 MenuState 中的选择箭头。

cloud1.png (128px × 71px)——用作背景图案。

Cloud2.png (129px × 71px)——也用作背景图案。

runanim1.png (72px × 97px)——用作 Ellio 奔跑动画的一部分。

runanim2.png (72px × 97px)——用作 Ellio 奔跑动画的一部分。

runanim3.png (72px × 97px)——用作 Ellio 奔跑动画的一部分。

runanim4.png (72px × 97px)——用作 Ellio 奔跑动画的一部分。

runanim5.png (72px × 97px)——用作 Ellio 奔跑动画的一部分。

duck.png (72px × 97px)——用来表示低头穿行的 Ellio。

jump.png (72px × 97px)——用来表示跳跃的 Ellio。

grass.png (800px × 45px)——用于在 PlayState 中绘制草地。

block.png (20px × 50px)——用于在 PlayState 中绘制障碍。

onjump.wav (Duration: <1 sec)——当 Ellio 跳跃的时候播放。使用 bfxr 创建。

hit.wav (Duration: <1 sec)——当玩家撞到砖块的时候播放。使用 bfxr 创建。

下载（或创建）这 16 个文件并将其添加到你的项目的 resources 包中，覆盖任何已有的文件。resources 包应该如图 6-10 所示。

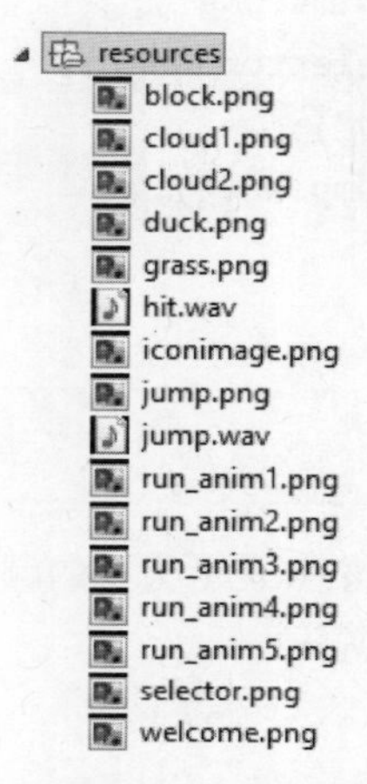

图 6-10 把资源文件添加到 Ellio 项目中

接下来，我们将把新的资源文件加载到 Resources 类中。这分两步完成。首先，声明如下所示的 static 变量（welcome 和 iconimage 可能已经声明好了）。

```
public static BufferedImage welcome, iconimage, block, cloud1, cloud2,
                duck, grass, jump, run1, run2, run3, run4, run5, selector;

public static AudioClip hit, onjump;
```

接下来，在 load()方法中初始化新创建的变量，如下所示。我们针对图像文件使用 loadImage()，针对声音文件使用 loadSound()。

```
...
public static void load() {
        welcome = loadImage("welcome.png");
        iconimage = loadImage("iconimage.png");
        block = loadImage("block.png");
        cloud1 = loadImage("cloud1.png");
        cloud2 = loadImage("cloud2.png");
        duck = loadImage("duck.png");
        grass = loadImage("grass.png");
        jump = loadImage("jump.png");
        run1 = loadImage("run_anim1.png");
        run2 = loadImage("run_anim2.png");
        run3 = loadImage("run_anim3.png");
```

```
        run4 = loadImage("run_anim4.png");
        run5 = loadImage("run_anim5.png");
        selector = loadImage("selector.png");
        hit = loadSound("hit.wav");
        onjump = loadSound("onjump.wav");
    }
    ...
```

注意：变量名并不总是与文件名对应。确保仔细检查二者，以避免错误。

我们还创建了一个静态的 Color 对象来表示天空的颜色（RGB: 25, 83, 105）。添加相应的静态变量，如下所示（导入 java.awt.Color）。

```
public static Color skyBlue;
```

在 load()方法中初始化 skyBlue，如下面的粗体代码所示。

```
...
public static void load() {
        welcome = loadImage("welcome.png");
        iconimage = loadImage("iconimage.png");
        block = loadImage("block.png");
        cloud1 = loadImage("cloud1.png");
        cloud2 = loadImage("cloud2.png");
        duck = loadImage("duck.png");
        grass = loadImage("grass.png");
        jump = loadImage("jump.png");
        run1 = loadImage("run_anim1.png");
        run2 = loadImage("run_anim2.png");
        run3 = loadImage("run_anim3.png");
        run4 = loadImage("run_anim4.png");
        run5 = loadImage("run_anim5.png");
        selector = loadImage("selector.png");
        hit = loadSound("hit.wav");
        onjump = loadSound("onjump.wav");
        skyBlue = new Color(208, 244, 247);
}
...
```

我们需要做的最后一件事情是创建奔跑动画。首先，声明如下所示的静态变量（导入com.jamescho.framework.animation）。

```
public static Animation runAnim;
```

我们将使用 Animation 类的构造方法来初始化 runAnim，它接受任意数量的 **Frame** 参数。要实现想要的奔跑效果，我们将依次添加 run1、run2、run3、run4、run5、run3（重复的）和 run2（也是重复的）作为 Frame 对象，并且设置每一帧的时长为 1 秒钟。

为了完成上述工作，首先导入 Frame 类（确保导入了 com.jamescho.framework.animation.rame，而不是 java.awt.Frame），并且在 load()方法的底部添加如下所示的代码。

```
Frame f1 = new Frame(run1, .1f);
Frame f2 = new Frame(run2, .1f);
Frame f3 = new Frame(run3, .1f);
Frame f4 = new Frame(run4, .1f);
Frame f5 = new Frame(run5, .1f);
runAnim = new Animation(f1, f2, f3, f4, f5, f3, f2);
```

完整的 **Resources** 类如程序清单 6.8 所示（仔细检查你的导入，确保你是从框架而不是 Java 的 AWT 包导入的 Frame 类）。

程序清单 6.8　Resources（完整版）

```
01 package com.jamescho.game.main;
02
03 import java.applet.Applet;
04 import java.applet.AudioClip;
05 import java.awt.Color;
06 import java.awt.image.BufferedImage;
07 import java.net.URL;
08
09 import javax.imageio.ImageIO;
10
11 import com.jamescho.framework.animation.Animation;
12 import com.jamescho.framework.animation.Frame;
13
14 public class Resources {
15     public static BufferedImage welcome, iconimage, block, cloud1, cloud2,
16                             duck, grass, jump, run1, run2, run3, run4, run5, selector;
17     public static AudioClip hit, onjump;
```

```
18      public static Color skyBlue;
19      public static Animation runAnim;
20
21      public static void load() {
22              welcome = loadImage("welcome.png");
23              iconimage = loadImage("iconimage.png");
24              block = loadImage("block.png");
25              cloud1 = loadImage("cloud1.png");
26              cloud2 = loadImage("cloud2.png");
27              duck = loadImage("duck.png");
28              grass = loadImage("grass.png");
29              jump = loadImage("jump.png");
30              run1 = loadImage("run_anim1.png");
31              run2 = loadImage("run_anim2.png");
32              run3 = loadImage("run_anim3.png");
33              run4 = loadImage("run_anim4.png");
34              run5 = loadImage("run_anim5.png");
35              selector = loadImage("selector.png");
36              hit = loadSound("hit.wav");
37              onjump = loadSound("onjump.wav");
38              skyBlue = new Color(208, 244, 247);
39
40              Frame f1 = new Frame(run1, .1f);
41              Frame f2 = new Frame(run2, .1f);
42              Frame f3 = new Frame(run3, .1f);
43              Frame f4 = new Frame(run4, .1f);
44              Frame f5 = new Frame(run5, .1f);
45              runAnim = new Animation(f1, f2, f3, f4, f5, f3, f2);
46      }
47
48      public static AudioClip loadSound(String filename){
49              URL fileURL = Resources.class.getResource("/resources/" + filename);
50              return Applet.newAudioClip(fileURL);
51      }
52
53      public static BufferedImage loadImage(String filename){
54          BufferedImage img = null;
55          try {
56              img = ImageIO.read(Resources.class.getResource("/resources/" + filename));
```

```
57          } catch (Exception e) {
58              System.out.println("Error while reading: " + filename);
59              e.printStackTrace();
60          }
61          return img;
62      }
63 }
```

既然资源已经加载了，我们再次运行游戏来看看所做的修改（注意新的欢迎界面和图标图像），如图 6-11 所示。

图 6-11　Elliot 欢迎界面

我们已经完成了框架的设置。现在应该开始添加游戏的 3 个模型类。我们将在很大程度上重复第 5 章的设计和实现过程。我假设你已经熟悉了创建模型类的整个过程，只是深入地介绍重要的和新颖的概念。

6.13　设计和实现 Player

我们首先来设计和实现 Ellio 中最重要的类——Player 类。在开始编写任何代码之前，如果能够理解想要让 Player 对象做什么，那是最好不过的了。在你阅读这些说明的时候，尝试预测我们将创建哪个变量和方法（有些已经编写好了）。

6.13.1　说明属性和行为

基本属性：我们希望玩家有一个位置（*x* 和 *y*）和大小（*width* 和 *height*）。

跳跃：当按下空格键的时候，我们想让 Player 对象跳跃。这需要有一个 *velY* 变量，当检测到按下空格键的时候，它将会修改为一个负值（以向上移动）。

低头躲避：当按下向下键的时候，我们希望 Player 对象能够低头躲避。在 Ellio 中，低头躲避限制在一定的时长内，以强调跳跃和低头躲避的精确计时。

碰撞：等到碰到砖块的时候，玩家应该会被撞得后退。一旦玩家被撞出了屏幕边缘，游戏结束。

为了像在第 5 章中一样检测碰撞，我们为屏幕上的每个物体都创建了一个边界矩形。这一次，我们将创建两个不同大小的边界矩形，如图 6-12 所示。

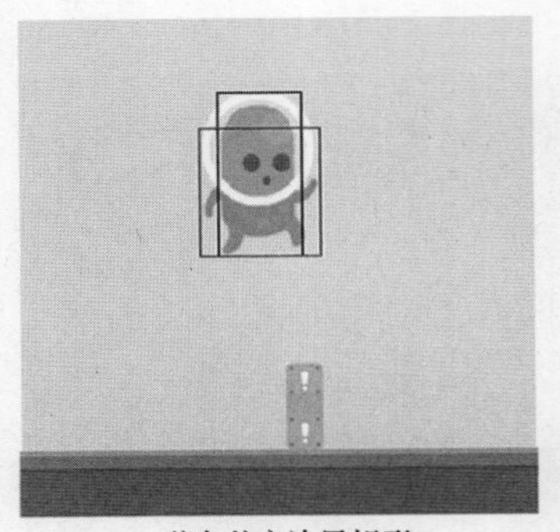

蓝色的主边界矩形

红色的低头躲避边界矩形

图 6-12　主边界矩形和低头躲避边界矩形

之所以要使用两个边界矩形，是考虑到角色在跳跃和低头躲避的时候，其大小会发生变化。我们将实现两个矩形，而不是创建一个矩形并不断地修改其 *width* 和 *height*。当玩家保持站立（奔跑）或者跳跃的时候，使用图 6-12 所示的蓝色的主边界矩形进行碰撞检测；当玩家低头躲避的时候，使用红色的矩形进行碰撞检测。

更新：Player 对象的 update()方法有很多职责。其中的两项可能会引起我们的兴趣。

- 正如前面所提到的，我们想要让 Ellio 低头躲避一个有限的时长，然后再次回到站立状态。这一行为在 update()方法中实现。
- 由于 Ellio 可以跳跃，我们需要有某种重力作用将其带回到地面。这也在 update()方法中实现。

6.13.2　创建 Player 类及其变量

在 com.jamescho.game.model 包中，创建 Player 类。声明我们将要使用的变量，并且在构造方法中初始化这些变量，如程序清单 6.9 所示（记住导入所要用到的任何类）。

程序清单 6.9 Player 类（变量和构造方法）

```
01     package com.jamescho.game.model;
02
03     import java.awt.Rectangle;
04
05     public class Player {
06             private float x, y;
07             private int width, height, velY;
08             private Rectangle rect, duckRect, ground;
09
10             private boolean isAlive;
11             private boolean isDucked;
12             private float duckDuration = .6f;
13
14             private static final int JUMP_VELOCITY = -600;
15             private static final int ACCEL_GRAVITY = 1800;
16
17             public Player(float x, float y, int width, int height) {
18                     this.x = x;
19                     this.y = y;
20                     this.width = width;
21                     this.height = height;
22
23                     ground = new Rectangle(0, 405, 800, 45);
24                     rect = new Rectangle();
25                     duckRect = new Rectangle();
26                     isAlive = true;
27                     isDucked = false;
28                     updateRects(); // This will give an error.
29             }
30
31             // More Methods
32
33     }
```

注意：一旦创建了所示的类，将会得到和 updateRects()相关的一个错误。现在先忽略这个错误。我们很快将创建这个方法来初始化 rect 和 duckRect 的位置。

Player 的大多数变量你已经遇到过了。变量 *x*、*y*、*width*、*height* 和 *velY* 处理玩家的位置和移动。这里，我们把 *x* 和 *y* 声明为浮点数，以允许玩家有一个小数值作为速率。这很重要，因为我们将很快使用增量值来改变速率值，以完成与帧不相关的移动。

Rectangle 对象 rect 和 duckRect 表示图 6-12 中的主边界矩形和低头躲避矩形。为了便于后面使用，我们还创建了名为 ground 的第三个矩形，它表示草的边界，位于（*x*= 0, *y* = 405），其宽度和高度分别为 800 和 45（如图 6-1 所示）。通过创建第三个 Rectangle，我们可以很容易地确定玩家是否站在草地上。这告诉我们玩家是否能够跳跃（或低头躲避）。

正如其名称所示，isAlive boolean 变量将记录玩家是否还活着。一旦这个变量变成了 false，PlayState 将会表现为游戏完成并且转换为 GameOverState。

isDucked boolean 变量和 duckDuration 变量一起使用。当玩家按下向下键的时候，isDucked 将会变为 true，并且 duckDuration（值为 6 秒）将会开始在每一帧递减 1 秒。一旦 6 秒时间到了（当 duckDuration 为 0 的时候），我们将 duckDuration 重新设置为 6，并且将 isDucked 设置为 false，让玩家站起来。

要处理跳跃，我们使用一种简单的技术。当玩家按下空格键的时候，我们将 *velY* 设置为一个负值，从而使得玩家向上移动。要应用重力效果，我们在每一帧都增加 *velY*（使得这个值向正值方向变化）。这将导致玩家快速向上移动，慢慢向下移动并且再次落回地面。

两个常量 JUMP_VELOCITY 和 ACCEL_GRAVITY 将用来确定玩家能够跳多高，以及玩家将回落的多快。ACCEL_GRAVITY 是 JUMP_VELOCITY 将会在每一秒中增加的量。值-600 和 1 800 都是通过试验来确定的。稍后请自行试验并确定这些值，直到你对游戏满意。

6.13.3　添加方法

Player 类需要方法来更新 Player 的位置，更新矩形的位置，执行跳跃，执行低头躲避以及处理碰撞。如下所示的方法将实现这些行为。将其添加到 Player 类中。

```
public void update(float delta) {

        if (duckDuration > 0 && isDucked) {
                duckDuration -= delta;
        } else {
                isDucked = false;
                duckDuration = .6f;

        }

        if (!isGrounded()) {
                velY += ACCEL_GRAVITY * delta;
```

```
        } else {
                y = 406 - height;
                velY = 0;
        }

        y += velY * delta;
        updateRects();
}

public void updateRects() {
        rect.setBounds(x + 10, y, width - 20, height); // Should have an error
        duckRect.setBounds(x, y + 20, width, height - 20); // Should have an error
}

public void jump() {
        if (isGrounded()) {
                Resources.onjump.play();
                isDucked = false;
                duckDuration = .6f;
                y -= 10;
                velY = JUMP_VELOCITY;
                updateRects();
        }
}

public void duck() {
        if (isGrounded()) {
                isDucked = true;
        }
}

public void pushBack(int dX) {
        Resources.hit.play();
        x -= dX;
        if (x < -width / 2) {
                isAlive = false;
        }
        rect.setBounds((int) x, (int) y, width, height);
}
```

```
    public boolean isGrounded() {
        return rect.intersects(ground);
    }
```

当添加了上面的 5 个方法之后，将会在 updateRects()方法中发现一个错误，如图 6-13 所示。忽略这个错误，我们将随后讨论它。

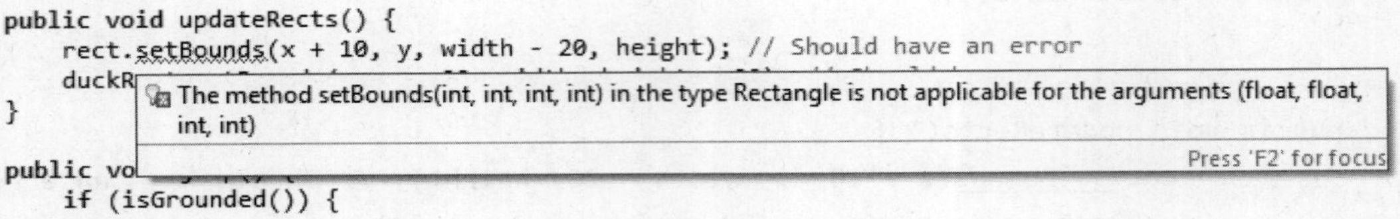

```
public void updateRects() {
    rect.setBounds(x + 10, y, width - 20, height); // Should have an error
    duckR
}

public vo
    if (isGrounded()) {
```

The method setBounds(int, int, int, int) in the type Rectangle is not applicable for the arguments (float, float, int, int)

Press 'F2' for focus

图 6-13　updateRects()中的错误

6.13.4　讨论 update()和 isGrounded()方法

你可能注意到了，update()方法和第 5 章中有所不同。这是因为，它已经接受了名为 delta 的参数，该参数接受自 PlayState 类。在 update()方法的第一条 if 语句中，我们检查了玩家是否低头躲避，并且如果必要的话递减 duckDuration。

接下来，我们通过检查 isGrounded()的值是否返回 false（如果主矩形 rect 和 ground 矩形碰撞，isGrounded()返回 ture），从而检查玩家是否正在跳跃之中。如果玩家在空中，例如，没有在地面上，我们就应用重力效果。

通过更新速率，我们更新了玩家的 *y* 位置。注意，要计算真正的速率，我们必须根据自 update()的上一次迭代后经过的时间，用 delta 来改变 *velY*。正因为如此，我们才能够为角色实现与帧速率无关的移动。

6.13.5　讨论 updateRects()方法

更为一般的情况，在 update()的最后，无论何时，当玩家的位置变量发生变化，我们必须调用 updateRects()方法来更新边界矩形的位置。

再回来看图 6-13 所示的错误。现在，由于 **Rectangle** 类的 setBounds()方法需要 4 个整数值，但是我们只提供了浮点数和整数的组合，编译器为此而报错。

6.13.6　强制转型一个值

正如我们在第 1 章中介绍的，将一个整数和一个浮点数相加，结果是一个浮点数。同样，*x* + 10 不是一个有效的整数输入。

还有几种方法将一个浮点数转换为整数，并且最简单的方法如下面示例中的粗体代码所示。

```
rect.setBounds((int) x + 10, (int) y, width - 20, height);
```

在一个浮点值或变量前面添加(int)，可以将其转换为一个整数。这个过程叫作强制类型转换（*casting*），并且具有将一个浮点值向上舍入（或向下舍入）到最近的整数值的效果。

作为规则，当我们有可能失去精度或信息的时候，需要进行强制类型转换。在转换一个浮点数的情况中，假设 3.14 转换为整数 3，我们将失去两个小数点的精度。我们必须明确地添加(int)来表明这一风险。当把一个整数值转换为一个浮点值的时候，强制转型是不必要的。将一个整数 3 转换为浮点数 3.00 并不会导致精度的丧失，因此，可以很安全地进行而不会丢失数据。没必要添加(float)。

既然知道了如何将一个浮点数强制转换为整数，就可以修改 updateRects()方法中的错误了。如果还是不明白，解决方案如下所示，其中修改的地方用粗体表示。

```
public void updateRects() {
        rect.setBounds((int) x + 10, (int) y, width - 20, height);
        duckRect.setBounds((int) x, (int) y + 20, width, height - 20);
}
```

注意：将一个变量强制类型转换，并不会改变变量最初的值；它直接创建了一个新的、修改后的副本。考虑如下所示的代码。

```
float pi = 3.14f;
int rottenPi = (int) pi;
```

如果执行这两行代码，值 pi 应该会保持为 3.14f。值 rottenPi 应该为 3（强制转型总是舍入到最近的整数值）。

6.13.7 讨论 duck()、jump()和 pushBack()方法

最后，我们讨论一下剩下的一些方法。

duck()方法很简单。它检查 Ellio 目前是否在地面上。如果不在地面上，意味着它在跳跃的状态，该方法什么也不做。如果它在地面上，将 boolean isDucked 设置为 true。整个游戏过程中 PlayState 将访问这个值，来确定为 Player 绘制哪一幅图像（低头躲避、奔跑或跳跃）。

当玩家按下空格键的时候，将会调用 jump()方法。要让 Ellio 跳跃起来，该方法首先检查 Ellio 是否 isGrounded()，然后再将其向上移动。当跳跃的时候，我们将 isDucked 修改为 false，并重置 duckDuration 以表明玩家没有在低头躲避。

当 Ellio 与砖块碰撞的时候，调用 pushBack()方法，它接受一个名为 *dX* 的参数。*dX* 的值是玩家被碰撞推后的像素的数目。在碰撞并被推回之后，如果判断出玩家超出一半的部分已经

在屏幕之外，我们将 isAlive 设置为 false，向 PlayState 表明游戏已经结束了。

6.13.8　添加 getter

要完成 Player 类，我们还必须提供公有的 getter 方法以便 PlayState 状态可以访问 Player 对象的变量，以进行渲染、碰撞检测和其他的任务。将如下的 getter 方法添加到 Player 类中。

```
public boolean isDucked() {
        return isDucked;
}

public float getX() {
        return x;
}

public float getY() {
        return y;
}

public int getWidth() {
        return width;
}

public int getHeight() {
        return height;
}

public int getVelY() {
        return velY;
}

public Rectangle getRect() {
        return rect;
}

public Rectangle getDuckRect() {
        return duckRect;
}
```

```
public Rectangle getGround() {
        return ground;
}

public boolean isAlive() {
        return isAlive;
}

public float getDuckDuration() {
        return duckDuration;
}
```

完整的 Player 类如程序清单 6.10 所示。

程序清单 6.10 Player 类(完整版)

```
001 package com.jamescho.game.model;
002
003 import java.awt.Rectangle;
004
005 public class Player {
006     private float x, y;
007     private int width, height, velY;
008     private Rectangle rect, duckRect, ground;
009
010     private boolean isAlive;
011     private boolean isDucked;
012     private float duckDuration = .6f;
013
014     private static final int JUMP_VELOCITY = -600;
015     private static final int ACCEL_GRAVITY = 1800;
016
017     public Player(float x, float y, int width, int height) {
018             this.x = x;
019             this.y = y;
020             this.width = width;
021             this.height = height;
022
```

```
023            ground = new Rectangle(0, 405, 800, 45);
024            rect = new Rectangle();
025            duckRect = new Rectangle();
026            isAlive = true;
027            isDucked = false;
028            updateRects();
029        }
030
031        public void update(float delta) {
032
033            if (duckDuration > 0 && isDucked) {
034                    duckDuration -= delta;
035            } else {
036                    isDucked = false;
037                    duckDuration = .6f;
038            }
039
040            if (!isGrounded()) {
041                    velY += ACCEL_GRAVITY * delta;
042            } else {
043                    y = 406 - height;
044                    velY = 0;
045            }
046
047            y += velY * delta;
048            updateRects();
049        }
050
051        public void updateRects() {
052            rect.setBounds((int)x + 10, (int)y, width - 20, height);
053            duckRect.setBounds((int)x, (int)y + 20, width, height - 20);
054        }
055
056        public void jump() {
057            if (isGrounded()) {
058                    Resources.onjump.play();
059                    isDucked = false;
```

```
060                 duckDuration = .6f;
061                 y -= 10;
062                 velY = JUMP_VELOCITY;
063                 updateRects();
064             }
065     }
066 
067     public void duck() {
068             if (isGrounded()) {
069                     isDucked = true;
070             }
071     }
072 
073     public void pushBack(int dX) {
074             Resources.hit.play();
075             x -= dX;
076             if (x < -width / 2) {
077                     isAlive = false;
078             }
079             rect.setBounds((int) x, (int) y, width, height);
080     }
081 
082     public boolean isGrounded() {
083             return rect.intersects(ground);
084     }
085 
086     public boolean isDucked() {
087             return isDucked;
088     }
089 
090     public float getX() {
091             return x;
092     }
093 
094     public float getY() {
095             return y;
096     }
```

```
097
098      public int getWidth() {
099              return width;
100      }
101
102      public int getHeight() {
103              return height;
104      }
105
106      public int getVelY() {
107              return velY;
108      }
109
110      public Rectangle getRect() {
111              return rect;
112      }
113
114      public Rectangle getDuckRect() {
115              return duckRect;
116      }
117
118      public Rectangle getGround() {
119              return ground;
120      }
121
122      public boolean isAlive() {
123              return isAlive;
124      }
125
126      public float getDuckDuration() {
127              return duckDuration;
128      }
129 }
```

6.14　设计和实现云

参见图 6-1，你应该注意到背景中有两片漂亮的云彩。它们帮助游戏创建了景深（也起到了美化的作用）。当和固定不动的太阳（如图 6-1 所示）配合使用，缓慢移动的云彩将会增添一层真实感。

> **注意**：这是视差滚动（parallax scrolling）的一个简单实现，它通过将物体以较快的速度（比起父物体要快）滚动到接近相机处，从而在 2D 游戏中创建深度的视觉假象。

云彩需要呈现在某个位置并且向左移动（你应该想到了我们将要创建变量）。当云彩滚出屏幕的时候，我们将其位置重置到右边，以便让其再次滚动回屏幕上。

按照这一说法，Cloud 类的实现很简单。在 com.jamescho.game.model 中创建 Cloud 类并实现它，如程序清单 6.11 所示（注意 import 语句）。

程序清单 6.11　Cloud 类（完整版）

```
package com.jamescho.game.model;

import com.jamescho.framework.util.RandomNumberGenerator;

public class Cloud {
	private float x, y;
	private static final int VEL_X = -15;

	public Cloud(float x, float y) {
		this.x = x;
		this.y = y;
	}

	public void update(float delta) {
		x += VEL_X * delta;
		if (x <= -200) {
			// Reset to the right
			x += 1000;
			y = RandomNumberGenerator.getRandIntBetween(20, 100);
		}
	}

	public float getX() {
		 return x;
	}
```

```
    public float getY() {
        return y;
    }

}
```

Cloud 类的 update()方法接受一个增量值，就像 Player 中的 update()方法一样。这允许我们为云彩加入与帧速率无关的移动。这似乎没有意义（如果云的速率依赖帧速率的话，游戏也不会出问题），但是，人们在玩游戏的时候确实会留意到这些细节，并且你应该总是要注意这些小的细节。

注意，当云彩不再可见的时候，我们通过将其向右随机地移动 1 000 像素并且给出一个随机的 y 位置，从而重置它。一旦重置，云彩将继续向左滚动，再次以“新”云彩的形式出现在屏幕上，向左移动直到消失并重复这个过程。这实际上就是对象重用。

6.15　设计和实现砖块类

Block 类背后的逻辑会比 Cloud 类背后的逻辑更复杂一些，但是，不会复杂太多。Block 将会共享 Cloud 的很多属性，例如，位置。每个 Block 对象都会和 Cloud 对象行为类似，从左向右滚动并且重置到右边。在重置的时候，我们使用 RandomNumberGenerator 类来确定 Block 应该是一块上方的砖块（通过低头穿行来躲避）还是一块下方的砖块（通过跳跃来躲避）。

然而，有一件事情是 Block 对象可以做的，而 Cloud 对象不能做的，这就是与玩家碰撞。我们将创建一个边界矩形（就像在 LoneBall 游戏中对 Ball 所做的事情一样），并且使用它来检测和玩家的边界矩形的碰撞。这一逻辑将在 PlayState 中处理。

在游戏中，让所有的 Block 对象一起工作，这非常重要。因此，update()方法中使用的速率值，将通过 PlayState 来传递，以确保每一个 Block 对象都具有相同的速度。

在 com.jamescho.game.model 中创建 Block 类，如程序清单 6.12 所示。

程序清单 6.12　Block 类（完整版）

```
01 package com.jamescho.game.model;
02
03 import java.awt.Rectangle;
04
05 import com.jamescho.framework.util.RandomNumberGenerator;
06
```

```
07 public class Block {
08      private float x, y;
09      private int width, height;
10      private Rectangle rect;
11      private boolean visible;
12
13      private static final int UPPER_Y = 275;
14      private static final int LOWER_Y = 355;
15
16      public Block(float x, float y, int width, int height) {
17              this.x = x;
18              this.y = y;
19              this.width = width;
20              this.height = height;
21              rect = new Rectangle((int) x, (int) y, width, height);
22              visible = false;
23      }
24
25      // Note: Velocity value will be passed in from PlayState!
26      public void update(float delta, float velX) {
27              x += velX * delta;
28              if (x <= -50) {
29                      reset();
30              }
31              updateRect();
32      }
33
34      public void updateRect() {
35              rect.setBounds((int) x, (int) y, width, height);
36      }
37
38      public void reset() {
39              visible = true;
40              // 1 in 3 chance of becoming an Upper Block
41              if (RandomNumberGenerator.getRandInt(3) == 0) {
42                      y = UPPER_Y;
43              } else {
44                      y = LOWER_Y;
```

```
45              }
46
47                      x += 1000;
48      }
49
50      public void onCollide(Player p) {
51              visible = false;
52              p.pushBack(30);
53      }
54
55      public float getX() {
56              return x;
57      }
58
59      public float getY() {
60              return y;
61      }
62
63      public boolean isVisible() {
64              return visible;
65      }
66
67      public Rectangle getRect() {
68              return rect;
69      }
70
71 }
```

程序清单 6.12 中的 Block 类表示具有一个标准的位置和大小的游戏对象。这里并没有太多令人惊讶的地方，但是这里要对实现的细节略做说明。

重置：正如我们对 Cloud 所做的，我们在 update()方法中加入增量，并且当砖块离开屏幕的时候，也就是我们认为 $x \leqslant -50$ 的时候，重置它。这个值确保了当玩家在屏幕的左端命悬一线的时候（如图 6-14 所示），砖块不会在离开屏幕之后重置的距离玩家太近，从而使得玩家更容易逃命。

每个砖块都通过向右移动 1 000 像素而重置。这个值不是随意的。在 Ellio 中，我们将创建 5 个平均隔开的 Block 对象（每个 Block 对象彼此之间将会有 200 像素的距离，如图 6-15 所示）。

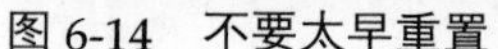

图 6-14　不要太早重置

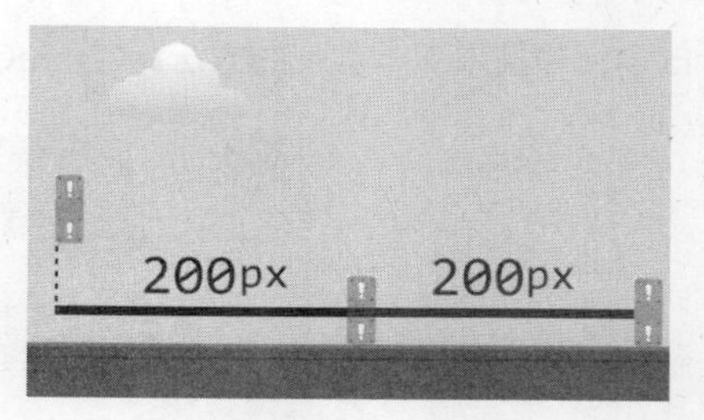

图 6-15　砖块对象的距离很平均（200 像素）

一旦砖块不再可见，将其送到屏幕的右边以进行循环，从而创建了有一个无穷无尽的砖块队列的假象。这意味着，要保持这个平均的距离，每个砖块在离开了屏幕的左端之后必须要重置到其当前位置右边的 1 000 像素的位置（如果砖块 1 位于–50，砖块 2 位于 150，砖块 3 位于 350，砖块 4 位于 550，而砖块 5 位于 750。这意味着，砖块 1 应该重置到 950（+1 000），以便和砖块 5 之间保留 200 像素的距离）。

碰撞：当玩家和砖块碰撞的时候，玩家应该向后退回 30 像素。我们调用 Player 对象的 pushBack()方法来做到这一点。一旦发生这种情况，和玩家发生碰撞的砖块，就不应该再次与玩家碰撞了。

有很多种方法来实现这种行为。一种方法可能是很多旧的平台游戏所采用的传统方式：让玩家在一个短时期内不断闪烁并且使伤害变得对其无效。Ellio 通过让砖块不可见来处理这种情况（这样砖块就不会多次伤害玩家了）。为此，我们创建了一个名为 visible 的 boolean 变量，碰撞的时候它变为 false；重置的时候它变为 true。

我们的 3 个模型类已经设计并实现好了。剩下的工作就是实现状态类。

> 注意：如果此时你对于任何的类有问题，可以从 jamescho7.com/book/chapter6/checkpoint3 下载源代码。

6.16　设计和实现支持性的状态类

6.16.1　GameOverState

我们先设计和实现最容易的状态。GameOverState 是一个简单的计分屏幕，如图 6-16 所示。

当玩家在游戏中失败的时候，将会在 PlayState 中创建 GameOverState。同样，我们可以为其创建一个定制的构造方法，并且在状态转换的过程中传入玩家的分数。我们就是这样来访问在从一个状态转换到另一个状态的时候所创建的一个值。

在 com.jamescho.game.state 包中创建 GameOverState 类。扩展 State（com.jamescho.game.

state.State)，并且添加未实现的方法。GameOverState 应该如图 6-16 所示。

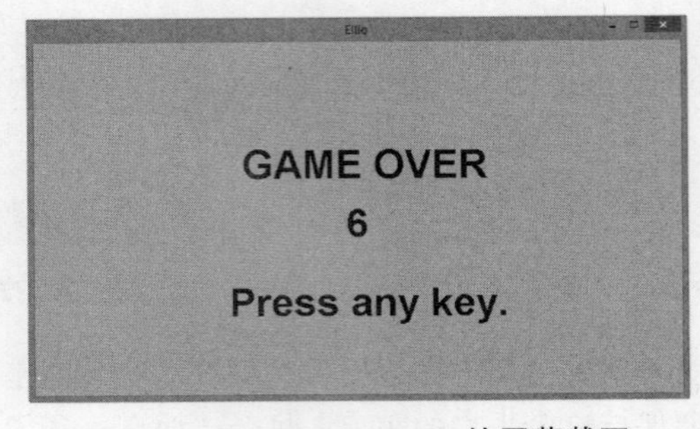

图 6-16　GameOverState 的屏幕截图

```java
package com.jamescho.game.state;

import java.awt.Graphics;
import java.awt.event.KeyEvent;
import java.awt.event.MouseEvent;

public class GameOverState extends State {

	@Override
	public void init() {
		// TODO Auto-generated method stub
	}

	@Override
	public void update(float delta) {
		// TODO Auto-generated method stub
	}

	@Override
	public void render(Graphics g) {
		// TODO Auto-generated method stub
	}

	@Override
	public void onClick(MouseEvent e) {
		// TODO Auto-generated method stub
	}
```

```
        @Override
        public void onKeyPress(KeyEvent e) {
                // TODO Auto-generated method stub
        }

        @Override
        public void onKeyRelease(KeyEvent e) {
                // TODO Auto-generated method stub
        }

}
```

我们需要创建两个新的变量：一个用于计分，一个用于字体。像下面那样声明它们，注意要导入 java.awt.Font。

```
private String playerScore;
private Font font;
```

在一个定制的构造方法中初始化它们，如下所示。注意，如下的构造方法接受一个 playerScore 整数。正如所提到的，这将会在构造 GameOverState 的时候从 PlayState 传入。

```
public GameOverState(int playerScore) {
        this.playerScore = playerScore + ""; // Convert int to String
        font = new Font("SansSerif", Font.BOLD, 50);
}
```

接下来，我们将看到这两个变量将分数显示到屏幕上，还有其他的一些额外信息也一并显示。将如下所示的代码添加到 render()方法中（导入 java.awt.Color 和 com.jamescho.game.main.GameMain）。

```
@Override
public void render(Graphics g) {
        g.setColor(Color.ORANGE);
        g.fillRect(0, 0, GameMain.GAME_WIDTH, GameMain.GAME_HEIGHT);
        g.setColor(Color.DARK_GRAY);
        g.setFont(font);
        g.drawString("GAME OVER", 257, 175);
        g.drawString(playerScore, 385, 250);
        g.drawString("Press any key.", 240, 350);
```

```
}
```

最后，更新 onKeyPress()方法，以便任何键按下都会让我们看到 MenuState:

```
@Override
public void onKeyPress(KeyEvent e) {
        setCurrentState(new MenuState());
}
```

完整的 GameOverState 类如程序清单 6.13 所示。

程序清单 6.13　GameOverState 类（完整版）

```
01 package com.jamescho.game.state;
02
03 import java.awt.Color;
04 import java.awt.Font;
05 import java.awt.Graphics;
06 import java.awt.event.KeyEvent;
07 import java.awt.event.MouseEvent;
08
09 import com.jamescho.game.main.GameMain;
10
11 public class GameOverState extends State {
12
13     private String playerScore;
14     private Font font;
15
16     public GameOverState(int playerScore) {
17             this.playerScore = playerScore + ""; // Convert int to String
18             font = new Font("SansSerif", Font.BOLD, 50);
19     }
20
21     @Override
22     public void init() {
23             // TODO Auto-generated method stub
24     }
25
26     @Override
27     public void update(float delta) {
```

```
28              // TODO Auto-generated method stub
29      }
30
31      @Override
32      public void render(Graphics g) {
33              g.setColor(Color.ORANGE);
34              g.fillRect(0, 0, GameMain.GAME_WIDTH, GameMain.GAME_HEIGHT);
35              g.setColor(Color.DARK_GRAY);
36              g.setFont(font);
37              g.drawString("GAME OVER", 257, 175);
38              g.drawString(playerScore, 385, 250);
39              g.drawString("Press any key.", 240, 350);
40      }
41
42      @Override
43      public void onClick(MouseEvent e) {
44              // TODO Auto-generated method stub
45      }
46
47      @Override
48      public void onKeyPress(KeyEvent e) {
49              setCurrentState(new MenuState());
50      }
51
52      @Override
53      public void onKeyRelease(KeyEvent e) {
54              // TODO Auto-generated method stub
55      }
56
57 }
```

6.16.2 MenuState

如图 6-8 所示，我们将在菜单界面中实现一个选择箭头，以允许玩家开始玩游戏或者退出。这会创建一种有趣的效果，但其背后的代码很简单。

要表示当前选中的选项（PLAY 或 EXIT），我们将创建一个名为 currentSelection 的整数并用值 0 来初始化它。当玩家按下向上或向下箭头键的时候，currentSelection 的值将会在 0 和 1 之间切换（0 表示向上，1 表示向下）。

currentSelection 的值用来确定在每一帧中箭头图像绘制于何处。如果 currentSelection 的值为 0，我们把箭头绘制于 PLAY 按钮的前面。如果 currentSelection 的值为 1，我们把箭头绘制于 EXIT 按钮的前面。

当玩家按下空格键或回车键的时候，我们将查看 currentSelection 以执行选定的操作。如果选定了 PLAY 的话，将要转换到即将创建的 PlayState。如果是 EXIT 的话，我们将调用游戏的 exit()方法以终止游戏循环和 JFrame。

打开 com.jamescho.game.state 中的 MenuState 类，并将其修改为如程序清单 6.14 所示，以完全实现上面所提及的行为。修改涉及导入语句、init()方法、render()方法和 onKeyPress()方法。

程序清单 6.14　MenuState 类（完整版）

```
01 package com.jamescho.game.state;
02 
03 import java.awt.Graphics;
04 import java.awt.event.KeyEvent;
05 import java.awt.event.MouseEvent;
06 
07 import com.jamescho.game.main.GameMain;
08 import com.jamescho.game.main.Resources;
09 
10 public class MenuState extends State{
11 
12     private int currentSelection = 0;
13 
14     @Override
15     public void init() {
16             // Do Nothing
17     }
18 
19     @Override
20     public void update(float delta){
21             // Do Nothing
22     }
23 
24     @Override
25     public void render(Graphics g) {
26             g.drawImage(Resources.welcome, 0, 0, null);
27             if (currentSelection == 0) {
28                     g.drawImage(Resources.selector, 335, 241, null);
```

```
29              } else {
30                      g.drawImage(Resources.selector, 335, 291, null);
31              }
32      }
33
34      @Override
35      public void onClick(MouseEvent e) {
36              // Do Nothing
37      }
38
39      @Override
40      public void onKeyPress(KeyEvent e) {
41              int key = e.getKeyCode();
42
43              if (key == KeyEvent.VK_SPACE || key == KeyEvent.VK_ENTER) {
44                      if (currentSelection == 0) {
45                              setCurrentState(new PlayState());
46                      } else if (currentSelection == 1) {
47                              GameMain.sGame.exit();
48                      }
49              } else if (key == KeyEvent.VK_UP) {
50                      currentSelection = 0;
51              } else if (key == KeyEvent.VK_DOWN) {
52                      currentSelection = 1;
53              }
54
55      }
56
57      @Override
58      public void onKeyRelease(KeyEvent e) {
59              // Do Nothing
60      }
61
62 }
```

6.17　设计和实现 PlayState

在 MenuState 的 onKeyPress()方法中有一个错误，因为 PlayState 类还没有创建。在 com.jamescho.game.state 包中创建这个类。扩展 State (com.jamescho.game.state.State)，并

且添加未实现的方法。PlayState 应该如下所示。

```
package com.jamescho.game.state;

import java.awt.Graphics;
import java.awt.event.KeyEvent;
import java.awt.event.MouseEvent;

public class PlayState extends State{

        @Override
        public void init() {
                // TODO Auto-generated method stub
        }

        @Override
        public void update(float delta) {
                // TODO Auto-generated method stub
        }


        @Override
        public void render(Graphics g) {
                // TODO Auto-generated method stub
        }

        @Override
        public void onClick(MouseEvent e) {
                // TODO Auto-generated method stub
        }

        @Override
        public void onKeyPress(KeyEvent e) {
                // TODO Auto-generated method stub
        }

        @Override
        public void onKeyRelease(KeyEvent e) {
                // TODO Auto-generated method stub
        }
```

```
}
```

6.17.1 PlayState 的变量

作为游戏的核心状态，PlayState 需要有很多的变量。将其声明如下（在整个本节中，我没有明确告诉你导入了哪个类，请自行尝试）。

```
private Player player;
private ArrayList<Block> blocks;
private Cloud cloud, cloud2;

private Font scoreFont;
private int playerScore = 0;

private static final int BLOCK_HEIGHT = 50;
private static final int BLOCK_WIDTH = 20;
private int blockSpeed = -200;

private static final int PLAYER_WIDTH = 66;
private static final int PLAYER_HEIGHT = 92;
```

这些变量的作用通过其名称来表明。请仔细研究。注意，我们使用了一个 Block 的 ArrayList，而没有使用 5 个 Block 变量。如果需要回顾 ArrayList 的知识，请参阅本书第 2 章的 2.22.2 小节。

> 注意：游戏的难度不应该是一成不变的。通过让 blockSpeed 更快（使其成为更小的负值），我们可以使游戏随着时间而变得更难。我们直接在每一帧将 playerScore 变量增加 1，并且使用这个值来确定游戏难度，而不是使用某种定时器。每 500 帧之后（也就是说，当 playerScore 除以 500 的时候），我们将让砖块更快地移动。

6.17.2 初始化变量

对 init()方法做出如下所示的修改，以初始化新创建的变量。

```
@Override
public void init() {
        player = new Player(160, GameMain.GAME_HEIGHT - 45 - PLAYER_HEIGHT,
```

```
                                        PLAYER_WIDTH, PLAYER_HEIGHT);
        blocks = new ArrayList<Block>();
        cloud = new Cloud(100, 100);
        cloud2 = new Cloud(500, 50);
        scoreFont = new Font("SansSerif", Font.BOLD, 25);

        for (int i = 0; i < 5; i++) {
                Block b = new Block(i * 200, GameMain.GAME_HEIGHT - 95,
                                        BLOCK_WIDTH, BLOCK_HEIGHT);
                blocks.add(b);
        }
}
```

这些变量的初始化很简单，因此，我们将留给你自学。注意，(*x, y*)坐标是通过试验来确定的。如果你对于 for 循环不理解，尝试搞清楚这个 for 循环将会运行多少次，并且确定每个新的 Block 对象的(x, y)坐标是什么。应该会看到 *x* 值的规律（相关提示参见图 6-15）。

6.17.3　添加用户输入

别忘了，Ellio 具有两个按钮的控制方案。这很容易添加！修改 onKeyPress()方法，使其如下所示。

```
@Override
public void onKeyPress(KeyEvent e) {
        if (e.getKeyCode() == KeyEvent.VK_SPACE) {
                player.jump();
        } else if (e.getKeyCode() == KeyEvent.VK_DOWN) {
                player.duck();
        }
}
```

6.17.4　更新 PlayState

既然已经初始化了变量，我们必须在每一帧更新它们。看一下下面的代码，并且对 update()方法做出如下所示的修改。

```
@Override
public void update(float delta) {
```

```
        if (!player.isAlive()) {
                setCurrentState(new GameOverState(playerScore / 100));
        }
        playerScore += 1;
        if (playerScore % 500 == 0 && blockSpeed > -280) {
                blockSpeed -= 10;
        }

        cloud.update(delta);
        cloud2.update(delta);
        Resources.runAnim.update(delta);
        player.update(delta);
        updateBlocks(delta); // Should give an error
}
```

现在先忽略关于 updateBlocks()方法的错误。你将会发现 update()方法很简单。我们检查玩家是否死了，增加其分数，让 blockSpeed 更快（假设满足了某些条件）并且更新游戏对象。

之前我们没有见到过的是，Animation (Resources.runAnim)更新了。通过将增量传入到动画的 update()方法，它开始遍历其帧。如果我们在每一帧调用该方法，请求 Resources.runAnim 渲染，将会随后绘制正确的帧。

我们将创建一个单独的 updateBlocks()方法，因为它需要多个步骤。将该方法添加到代码中。

```
private void updateBlocks(float delta) {
   for (Block b : blocks) {
        b.update(delta, blockSpeed);

        if (b.isVisible()) {
            if (player.isDucked() && b.getRect().intersects(player.getDuckRect())) {
                    b.onCollide(player);
            } else if (!player.isDucked() && b.getRect().intersects(player.getRect())) {
                    b.onCollide(player);
            }
        }
   }
}
```

注意：上面的示例中展示的语法叫作 foreach 循环。

```
for (Blocks b: blocks) {
    ...
}
```

它每次在语句块中遍历一个元素。这等同于：

```
for (int i = 0; i < blocks.size(); i++) {
    Block b = blocks.get(i);
    ...
}
```

在 updateBlocks()方法中，我们使用 foreach 循环来遍历 ArrayList blocks 中的每个 Block 对象。每个 Block 由此更新。注意，我们为每个 Block 对象传入了相同的 blockSpeed，原因在前面讨论过。

在更新了砖块之后，我们检查是否有任何砖块与玩家碰撞。假设砖块是可见的，碰撞只是两个条件中的一种可能情况（从这个一般性的情况开始。如果砖块不可见的话，没有必要检测碰撞。正如我们前面关于优化的讨论所提到的，这么做可以使 CPU 的负载最小化）。

如果玩家低头躲避并且其 Rectangle duckRect 和砖块相交。

如果玩家没有低头躲避并且其 Rectangle rect 和砖块相交。

如果检测到碰撞，直接调用 b.onCollide(player)。

6.17.5　渲染 PlayState

在更新了每一个游戏对象之后，我们必须将其渲染到屏幕上的合适的位置。将如下代码添加到 render()中。

```
@Override
public void render(Graphics g) {
        g.setColor(Resources.skyBlue);
        g.fillRect(0, 0, GameMain.GAME_WIDTH, GameMain.GAME_HEIGHT);
        renderPlayer(g);
        renderBlocks(g);
        renderSun(g);
        renderClouds(g);
        g.drawImage(Resources.grass, 0, 405, null);
        renderScore(g);
}
```

我们将任务分成若干的小代码块来完成，而不是在一个方法中调用所有的渲染和绘制。在渲染方法中，添加如下所示的新方法。

```
private void renderScore(Graphics g) {
    g.setFont(scoreFont);
    g.setColor(Color.GRAY);
    g.drawString("" + playerScore / 100, 20, 30);
}

private void renderPlayer(Graphics g) {
    if (player.isGrounded()) {
      if (player.isDucked()) {
           g.drawImage(Resources.duck, (int) player.getX(),(int) player.getY(), null);
      } else {
          Resources.runAnim.render(g, (int) player.getX(),(int) player.getY(),
                  player.getWidth(),player.getHeight());
      }
    } else {
        g.drawImage(Resources.jump, (int) player.getX(),
                (int) player.getY(), player.getWidth(), player.getHeight(),null);
    }
}

private void renderBlocks(Graphics g) {
    for (Block b : blocks) {
        if (b.isVisible()) {
                g.drawImage(Resources.block, (int) b.getX(), (int) b.getY(),BLOCK_WIDTH,
                        BLOCK_HEIGHT, null);
        }
    }
}

private void renderSun(Graphics g) {
    g.setColor(Color.orange);
    g.fillOval(715, -85, 170, 170);
    g.setColor(Color.yellow);
    g.fillOval(725, -75, 150, 150);
}
```

```
    private void renderClouds(Graphics g) {
        g.drawImage(Resources.cloud1, (int) cloud.getX(), (int) cloud.getY(),100, 60, null);
        g.drawImage(Resources.cloud2, (int) cloud2.getX(), (int) cloud2.getY(),100, 60, null);
    }
```

PlayState 的完整源代码如程序清单 6.15 所示。请自行研究前面的 render()以及 render()所调用的其他方法。你之前有过大量的相同的绘制调用，因此，应该很容易理解它们。如果有不理解的地方，图 6-1 可以帮助你消除疑惑。记住，大多数的(x, y)坐标位置都是通过试验或数学计算来确定的。

程序清单 6.15　PlayState 类（完整版）

```
001 package com.jamescho.game.state;
002
003 import java.awt.Color;
004 import java.awt.Font;
005 import java.awt.Graphics;
006 import java.awt.event.KeyEvent;
007 import java.awt.event.MouseEvent;
008 import java.util.ArrayList;
009
010 import com.jamescho.game.main.GameMain;
011 import com.jamescho.game.main.Resources;
012 import com.jamescho.game.model.Block;
013 import com.jamescho.game.model.Cloud;
014 import com.jamescho.game.model.Player;
015
016 public class PlayState extends State {
017
018     private Player player;
019     private ArrayList<Block> blocks;
020     private Cloud cloud, cloud2;
021     private Font scoreFont;
022     private int playerScore = 0;
023     private static final int BLOCK_HEIGHT = 50;
024     private static final int BLOCK_WIDTH = 20;
025     private int blockSpeed = -200;
026     private static final int PLAYER_WIDTH = 66;
```

```
027     private static final int PLAYER_HEIGHT = 92;
028
029     @Override
030     public void init() {
031             player = new Player(160, GameMain.GAME_HEIGHT - 45 - PLAYER_HEIGHT,
                                PLAYER_WIDTH, PLAYER_HEIGHT);
032             blocks = new ArrayList<Block>();
033             cloud = new Cloud(100, 100);
034             cloud2 = new Cloud(500, 50);
035             scoreFont = new Font("SansSerif", Font.BOLD, 25);
036             for (int i = 0; i < 5; i++) {
037                     Block b = new Block(i * 200, GameMain.GAME_HEIGHT - 95,
                                BLOCK_WIDTH, BLOCK_HEIGHT);
038                     blocks.add(b);
039             }
040     }
041
042     @Override
043     public void update(float delta) {
044             if (!player.isAlive()) {
045                     setCurrentState(new GameOverState(playerScore / 100));
046             }
047             playerScore += 1;
048             if (playerScore % 500 == 0 && blockSpeed > -280) {
049                     blockSpeed -= 10;
050             }
051             cloud.update(delta);
052             cloud2.update(delta);
053             Resources.runAnim.update(delta);
054             player.update(delta);
055             updateBlocks(delta);
056     }
057
058     private void updateBlocks(float delta) {
059             for (Block b : blocks) {
060                     b.update(delta, blockSpeed);
061                     if (b.isVisible()) {
062                             if (player.isDucked() &&
```

```
                                        b.getRect().intersects(player.getDuckRect())) {
063                                 b.onCollide(player);
064                             } else if (!player.isDucked() &&
                                        b.getRect().intersects(player.getRect())) {
065                                 b.onCollide(player);
066                             }
067                     }
068             }
069     }
070
071     @Override
072     public void render(Graphics g) {
073             g.setColor(Resources.skyBlue);
074             g.fillRect(0, 0, GameMain.GAME_WIDTH, GameMain.GAME_HEIGHT);
075             renderPlayer(g);
076             renderBlocks(g);
077             renderSun(g);
078             renderClouds(g);
079             g.drawImage(Resources.grass, 0, 405, null);
080             renderScore(g);
081     }
082
083     private void renderScore(Graphics g) {
084             g.setFont(scoreFont);
085             g.setColor(Color.GRAY);
086             g.drawString("" + playerScore / 100, 20, 30);
087     }
088
089     private void renderPlayer(Graphics g) {
090             if (player.isGrounded()) {
091                     if (player.isDucked()) {
092                             g.drawImage(Resources.duck, (int) player.getX(), (int)
                                        player.getY(), null);
093                     } else {
094                             Resources.runAnim.render(g, (int) player.getX(), (int)
                                player.getY(), player.getWidth(), player.getHeight());
095                             }
096             } else {
```

```
097                     g.drawImage(Resources.jump, (int) player.getX(), (int)
                        player.getY(), player.getWidth(), player.getHeight(), null);
098             }
099     }
100
101     private void renderBlocks(Graphics g) {
102             for (Block b : blocks) {
103                     if (b.isVisible()) {
104                             g.drawImage(Resources.block, (int) b.getX(), (int)
                                        b.getY(), BLOCK_WIDTH, BLOCK_HEIGHT, null);
105                     }
106             }
107     }
108
109     private void renderSun(Graphics g) {
110             g.setColor(Color.orange);
111             g.fillOval(715, -85, 170, 170);
112             g.setColor(Color.yellow);
113             g.fillOval(725, -75, 150, 150);
114     }
115
116     private void renderClouds(Graphics g) {
117             g.drawImage(Resources.cloud1, (int) cloud.getX(), (int) cloud.getY(), 100,
                        60, null);
118             g.drawImage(Resources.cloud2, (int) cloud2.getX(), (int) cloud2.getY(),
                        100, 60, null);
119     }
120
121     @Override
122     public void onClick(MouseEvent e) {
123
124     }
125
126     @Override
127     public void onKeyPress(KeyEvent e) {
128             if (e.getKeyCode() == KeyEvent.VK_SPACE) {
129                     player.jump();
130             } else if (e.getKeyCode() == KeyEvent.VK_DOWN) {
131                     player.duck();
```

```
132        }
133    }
134
135    @Override
136    public void onKeyRelease(KeyEvent e) {
137
138    }
139
140 }
```

6.17.6　运行游戏

搞定了最后的一个状态，游戏现在就完成了。尝试运行该项目！如果遇到错误，尝试阅读错误消息以搞清楚问题所在。错误消息应该会告诉你，在什么类的哪一行出错了。如果需要帮助来解决错误，请在本书的配套站点的论坛上发帖。

> 注意：如果此时你对于任何的类有问题，可以从 jamescho7.com/book/chapter6/complete 下载源代码。

6.18　开始另一段旅程

恭喜你！你已经学习完了本书的第 2 部分。此时，你应该对 Java 和面向对象编程很适应了。在开发了两款游戏和一个游戏框架之后，我希望你的一些问题得到了解答，并且开始看看前路在何方。

现在，你已经准备好开始 Android 开发了。进入这个全新的世界吧，你将会有点像 Ellio 初次登上地球之旅一样；我们将向你介绍一系列全新的主题、有些令人混淆的 Android 术语，以及很多乍一看没有感觉的代码。然而，在跟随本书进行一些练习之后，你可以很容易地通过这些障碍，并且成为一名成功的 Android 游戏开发者。那就抓起手边的 Android 设备（如果有的话），翻开新的一页吧！让我们和那个绿色的机器人玩个痛快。

第 3 部分

Android 游戏开发

第 7 章　开始 Android 开发

在本书前面两个部分中，我们学习了 Java 及其应用程序。现在，我们应该进入到移动应用开发的世界。本章将介绍 Android 这一当前世界上最为流行的移动操作系统（这可能也是你阅读本书的原因）。我们将暂时停下游戏的开发，而开始构建 Android 应用程序，学习其结构以及基本的部件。这将为我们学习第 8 章和第 9 章进行准备，在那两章中，我们将利用目前学到的知识来构建一款在 Android 平台上的游戏。

7.1　Android：全新世界的共同语言

Android 的 API（应用程序编程接口）中提供了数以百计的类，允许开发者使用 Java 编程语言，快速地构建强大的、功能丰富并且用户友好的应用程序。这意味着，你会在这个新的世界里感到很自在，因为不需要学习一门新的语言或了解一种不熟悉的 IDE；然而，你会发现，Android 开发和 Java 开发也颇为不同。

7.1.1　Android 开发面临的挑战

成为一名 Android 开发者，意味着有一些额外的事情需要考虑，并且大多数这些思考都围绕着兼容性的问题。

要构建 Android 应用程序和游戏，你必须要考虑到这一事实，即 Android 运行在从汽车、智能手表、平板电脑到冰箱等一切设备之上。令情况更为复杂的是，这些种类的每一种设备，都具有不同的形状和大小；实际上，它们涵盖了每一个科技领域。

兼容性问题并没有到处结束。尽管 Google 及时地更新其 OS，Android 的开源特性和可定制化意味着设备制造商和移动网络供应商在将操作系统交给消费者使用之前，能够对其进行很大程度的修改（往往加入很多笨拙而臃肿的软件，而淡化了 Android 本来的体验）。作为开发者，这些调整意味着你必须编写在 Android 的旧版本和新版本下都能很好运行的代码。

最近，Google 已经做了很大的努力同分裂做斗争，主要是让 Android 最新的版本对旧设备更加友好，以使得 Android 开发的未来更加光明。可是事实上，设备制造商将资源花在构建最新设备上，而不是保持旧设备更新上，这意味着，在可预见的未来，在构建一款 Android 应用程序的时候，你需要考虑目标设备的版本限制。

注意：要了解由于版本、屏幕大小和显示精度而导致的 Android 分裂和设备的分散，请访问如下的链接：https://developer.android.com/about/dashboards/index.html。

7.1.2　Android 开发的乐趣

我希望没有吓得你远离 Android 开发，因为你很快将会体验到，Android 开发的乐趣远大于挑战（真的很有趣）。

Android 平台灵活而且功能多样，其应用的交互性很好，该操作系统的每一次重要的发布都是以冰激凌、三明治这样的甜点来命名的，其交互性可想而知了。Android 开发者开始构建事件驱动的应用程序，以便为用户提供和改进使用体验，当用户使用一款应用程序做一些有益的事情的时候，他们是面带着微笑去点击或拖动应用的。

此外，Android 开发的进入门槛很低。在编写本书的时候，注册一个 Google Play 的开发账户并和全世界分享你的作品，只需要花 25 美元。这意味着，那些想要真正构建和分享有用的 App 的人，用口袋里的零钱就能够做到这一点。当一个陌生人握紧手机玩着你所开发的游戏的时候，恐怕很少有什么事情比看到这个情景更好了。有了 Android，这些真的都有可能实现。

7.2　Hello, Android：第一个 Android App

既然已经认识了 Android，现在来构建第一款应用程序。

创建新的 Android 应用程序

在第 2 章中，我们下载了 ADT 包，这包括 Eclipse 和 Android SDK。到目前为止，我们一直完全忽略了包中的 Android 部件，不过后面不会这样做了。在 Package Explorer 上点击鼠标右键（在 Mac 上是 Ctrl+单击），选择 New > Other。将会打开图 7-1 所示的对话框。

> **注意：** 当 Android 的新版本发布并可供使用的时候，如下的步骤可能会有所变化。如果你发现这些步骤有显著的不同，请访问本书的配套网站点 http://jamescho7.com /book/chapter7/，那里有最新的信息。

在填写 New Android Application 对话框之前，我们先来介绍一下。

- **Application Name** 指的是当你把项目上传到 Google Play Store 的时候所显示的名称。
- **Project Name** 是该应用在 Package Explorer 中所显示的名称。
- **Package Name** 这是一个唯一的标识符（具有相同的 Package Name 的两个应用，是无法上传到 Play Store 的）。惯例是使用域名表示法的相反的方式。如果有一个站点位于 example.com，包的名称应该是 com.example.firstapp。如果没有一个站点，只要使用你的名称或者一个别名就行了。

- **Minimum Required SDK** 指定了用户要安装你的应用所必须的 Android 的最小版本。在 Play Store 中，它用作一个过滤器（例如，Minimum Required SDK 为 2.3 的一个 App，无法在运行 2.2 或更低版本的设备上使用）。
- **Target SDK** 应该指定 App 所支持的最新的 Android 版本。这应该是最近的版本。
- **Compile With** 选项允许我们选定在编写代码的时候将要在 Eclipse 中使用的 Android 的版本。每个 Android 版本都会添加或删除一些方法和类，因此，建议使用最新的版本。

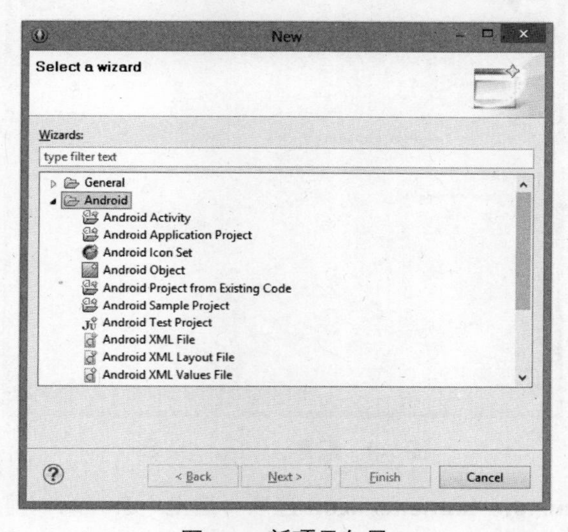

图 7-1 新项目向导

既然我们知道了每个字段的含义，就填充上相关的信息，如图 7-2 所示。

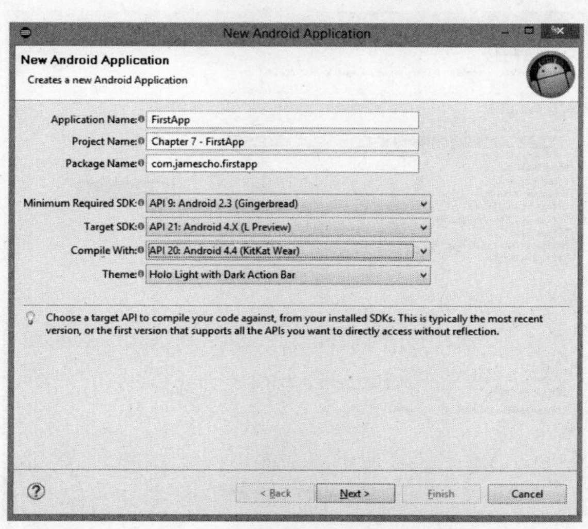

图 7-2 新的 Android 应用程序

注意：为 Target SDK 和 Compile With 选择 API 的最新版本。在编写本书的时候，该版本是 4.4。你可能会有更新的版本。

点击 Next 按钮，应该会出现项目配置界面（如图 7-3 所示）。

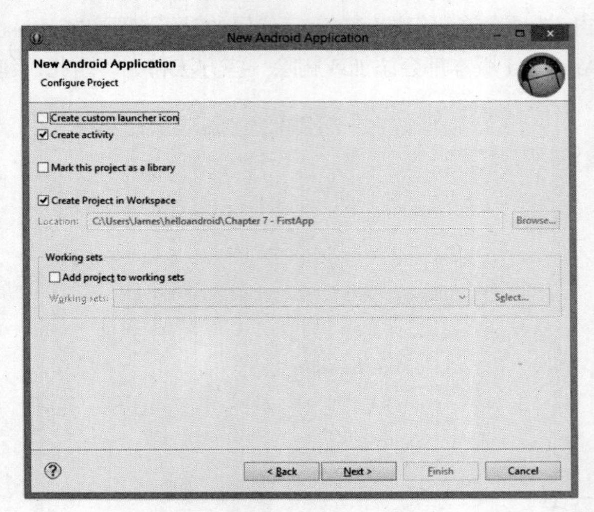

图 7-3　配置 Android 项目

不要选中 **Create custom launcher icon** 选项（这里不会介绍如何用这个向导来制作一个图标，但是如果你觉得有趣，可以自己试验）。其他的选项保留不动，如图 7-3 所示。再次点击 Next，并且选择 **Blank Activity** 选项（如图 7-4 所示）。

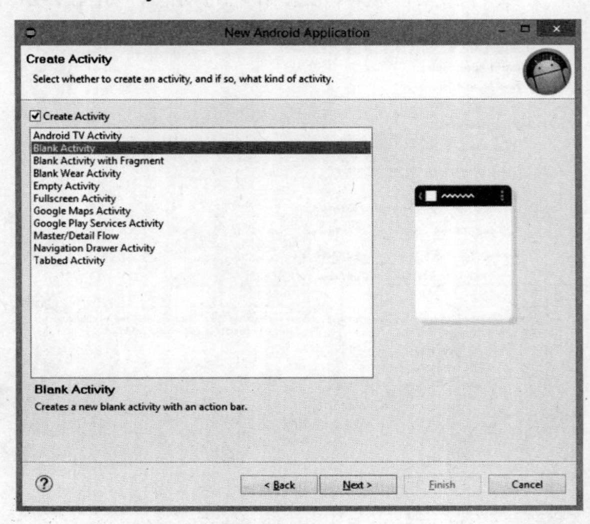

图 7-4　创建一个 Blank Activity

再次点击 Next 按钮。应该会看到图 7-5 所示的对话框。

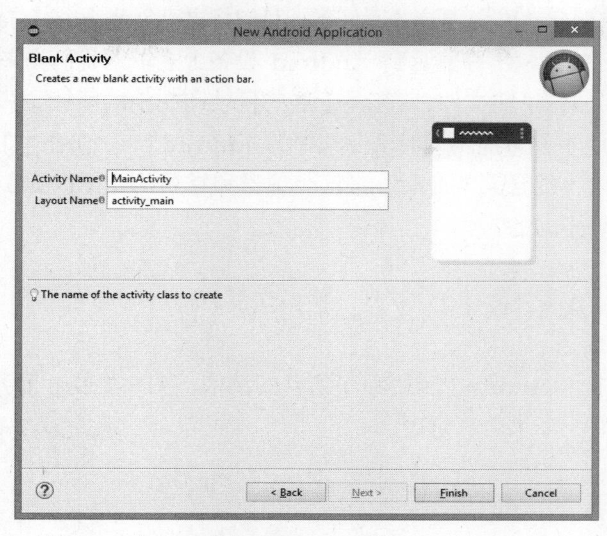

图 7-5　命名 Activity 和 Layout

确保对于 **Activity Name** 和 **Layout Name** 两个对话框使用相同的值，如图 7-5 所示。我们稍后将介绍每一项的含义。

点击 Finish 按钮，应该会在 **Package Explorer** 中看到新创建的 Android 项目，其项目名称为 **appcompat**。编辑器还会显示一个“Hello World!”应用程序，如图 7-6 所示。

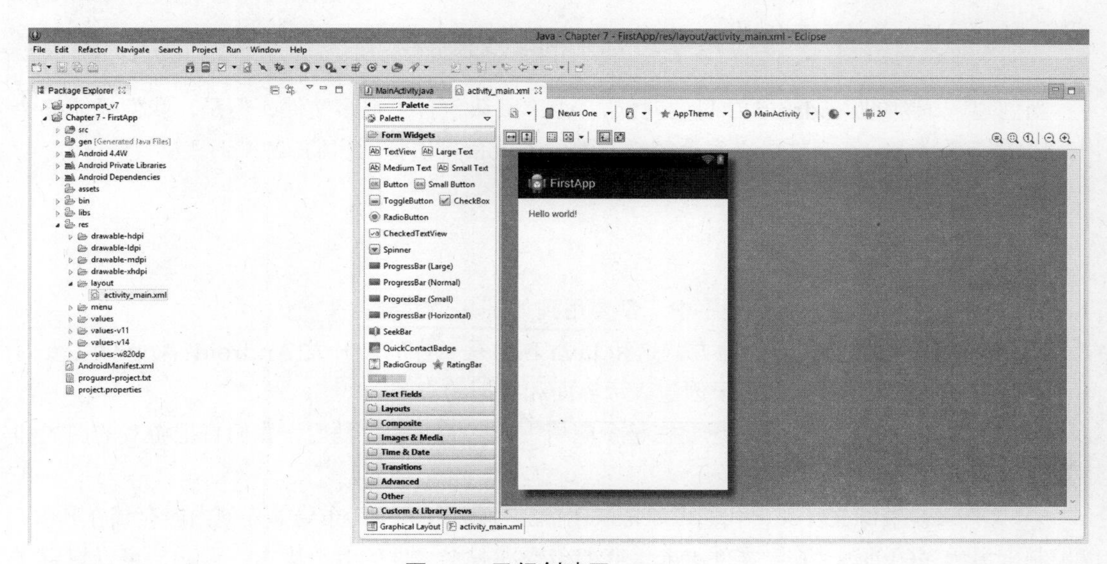

图 7-6　已经创建了 FirstApp

退出诸如 **MainActivity.java** 和 **activity_main.xml** 这样的任何编辑器窗口。正如你所看到了，已经自动创建了“Hello world!”，但这并不好玩。我们将自己创建一个“Hello, Android”App。

在教你如何把自己的话输出并显示到 Android 设备上之前，我们先来看一下你刚才所创建的项目。它包含了很多的目录和文件。研究一下这些目录和文件的图标，并且尝试打开 **Android 4.4.2** 文件夹（后面的版本号可能不同）以及其中的 **android.jar**。查看一下 **res/values** 文件夹，看看是否理解其中的内容的含义。最后，将这个项目和常规的 Java 项目进行比较，看看有哪些是相同的？有哪些是不同的？

7.3　导航一个 Android 应用程序项目

让我们快速介绍一个 Android 应用程序项目的结构。图 7-7 展示了我们的新的 App 的主目录的所有内容，还有一些支持文件。

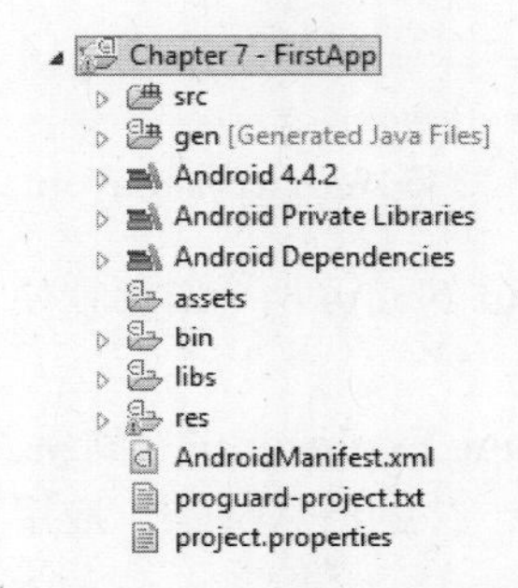

图 7-7　FirstApp 的文件结构

当创建一个新的 Android 项目的时候，ADT 默认包含了很多文件，但是，我们只能够使用其中的一部分。一些文件可以完全忽略，因为系统会自动管理它们。

7.3.1　重要的内容

在几乎每个 Android 应用程序中，都要用到如下几个部分。

src 文件夹是放置源代码的地方，这和 Java 项目是一样的。开发 Android App 的主要时间，都花在了 src 文件夹中，用于创建表示界面和数据的类。

assets 文件夹主要用于存储想要在整个应用中访问的文件。稍后，我们将把游戏的图像和声音存储在该文件夹中。

res 文件夹是资源文件夹，我们可以把从图像到预定义的 GUI 布局等任何内容存储在其中，以控制应用程序的外观。res 文件夹允许我们包含同一个文件的多个版本。例如，可以提供文本文件的多种语言的版本，并且 Android 将会根据用户设备的语言设置来使用正确的版本。

AndroidManifest.xml 是一个基本的配置文件，它允许 Android 系统获知有关应用程序的关键细节。在这里，可以选择用哪个图像作为 App 的图标，在安装过程中允许哪些请求（例如，可以发送文本消息或访问网络），等等。

7.3.2 其他重要内容

应用程序项目中的很多文件和文件夹，我们不需要接触。大多数时候，可以忽略它们。即便如此，最好对这些文件的作用有一个基本的了解（如果你只知道不要搞乱它们的话）。

首先是 gen 文件夹，其中包含了自动生成的 Java 类，它们都发出相同的警告。

```
/* AUTO-GENERATED FILE.  DO NOT MODIFY.
...
*/
```

这些Java文件是当你向res文件夹添加资源的时候自动生成的。如果你在com.jamescho.firstapp（当然，没有修改它）下查看 R.java 文件，你将会看到它有数百个常量。例如，当你编写代码并且想要访问 **res** 文件夹下一个名为 image.png 的文件的时候，这个文件就会起作用。当把 image.png 文件添加到 **res** 文件夹中的时候，R.java 会自动创建一个变量，你可以使用它来引用这个新的图像。

在本书第 2 部分中，我们广泛地使用了 Java API，导入各种预先编写好的类并且调用它们的方法。要在应用程序中使用 Android 的 API，需要让 Android 的类可供 App 使用。方便之处在于，这通常以包含的库的形式自动完成，如图 7-7 中的 **Android 4.4.2** 所示（你的机器上所安装的 Android 可能版本有所不同）。在其中，可以找到 **android.jar** 文件（如图 7-8 所示），其中包含了很多包，包中是各种和 Android 相关的 Java 类及丰富的文档。

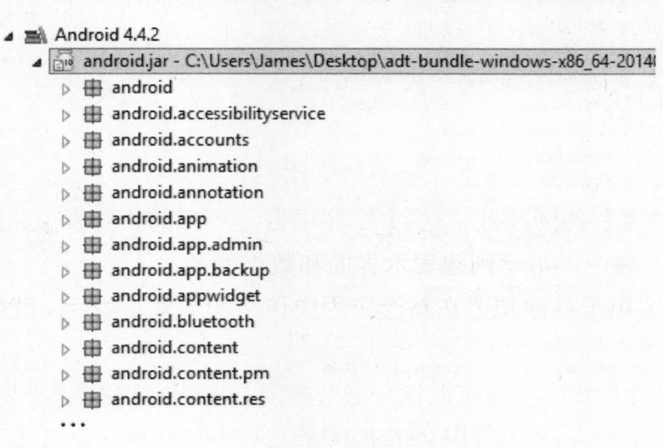

图 7-8 Android 库

要了解关于 Android API 的更多内容，请访问如下所示的站点：http://developer.android.com/reference/packages.html。

Android Dependencies 列出了项目工作所需要的 JAR 文件。如图 7-9 所示，项目依赖于 JAR 文件 appcompat_v7.jar。可以在 appcompat_v7 项目中找到该文件，这是一个补充项目，其中包含了允许我们编写向后兼容代码的一些类。将这个 JAR 导入，意味着你的 App 可以在较早版本的 Android 上利用新添加的功能。

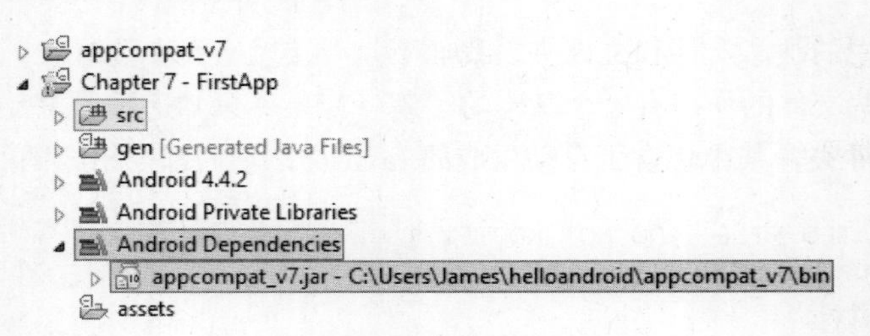

图 7-9　Android 依赖性

> 注意：appcompat_v7 中的版本号可能会有所不同。

当你将 JAR 文件添加到 lib 文件夹中的时候，**Android Private Libraries** 将自动更新并且允许你在整个应用程序中使用 JAR 的内容。

如图 7-10 所示，展开这些 JAR 文件中的每一个，可以看看你可能导入的 Java 类的包（名称 android.support 表示，位于 Private Libraries 文件夹下的包用于提供对旧的设备的支持）。

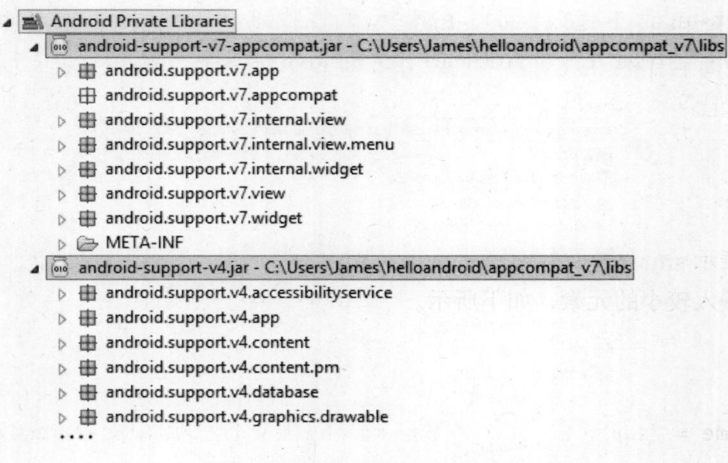

图 7-10　Android Private Libraries

Android 使用一个叫作 ProGuard 的工具来优化代码。它还会混淆代码，使得代码更难以进行逆向工程。**proguard-project.txt** 文件提供了关于启动和配置 ProGuard 的信息。要启动 ProGuard，必须打开 **project.properties** 文件并且按照所给出的指令进行。

Bin 文件夹的内容是由编译器生成的，并且当你构建 App 的.apk（Android 应用程序包文件，该文件安装在 Android 设备上）的时候，会使用这些文件。Bin 文件夹中的一切内容都是自动生成的。

7.4 Android 概念基础

你一定摩拳擦掌要编写代码了。差不多是时候了。让我们来介绍一些重要的 Android 概念，然后开始编写代码。

7.4.1 Activity

Android 应用程序每次构建一个 Activity。一个 Activity 就是一个屏幕界面，是应用程序中的单个页面。每个 Activity 的背后都有一个 Java 类，这允许我们编写代码来响应在该 Activity 的生命周期中发生的事件。

7.4.2 XML

当你开发 Android 应用程序和游戏的时候，将会遇到各种 XML 文件。XML 表示可扩展标记语言（**extensible markup language**），它用于存储信息。尽管编写 Android app 并不需要 XML 的专业知识，但知道如何读取和编写 XML 还是会有帮助的（并且这很容易学会）。这里我们不会太深入地介绍 XML 语法，但是，有些事情应该知道以帮助你应对。

XML 文件包含用<和>符号表示的元素（**element**）。例如，如果要编写一个 XML 文件来表示在电子设备商店销售的智能手机商品的细节，我会创建如下所示的<smartphone></smartphone>标记。

```
<smartphone>
</smartphone>
```

第一个标记表示 smartphone 元素的开始，第二个标记表示该元素的结束。在这两个标记之间，我们可以嵌入较小的元素，如下所示。

```
<smartphone>


  <screen name = "super screen HD powered by A.W.E.S.O.M.E. technology"/>
  <processor
    name = "quad-core beast: even-more-extreme edition"
```

```
    speed = "3.5 ghz" />

</smartphone>
```

注意，一个 XML 元素可以拥有属性（**attribute**）。例如，processor 元素拥有 name 和 speed 属性。还要注意，如果元素不包含其他的元素的话，我们可以使用如下所示的语法来结束元素。

```
<element ... />
```

7.4.3　布局

为了创建一个 GUI 来表示 Activity，我们创建了所谓的布局。这些布局文件是使用 XML 文件来创建的，它们明确地声明了在 Activity 中应该显示什么 GUI 元素，以及它们的行为应该是什么。布局 XML 文件如下所示。

```
<?xml version="1.0" encoding="utf-8"?>
<LinearLayout xmlns:android="http://schemas.android.com/apk/res/android"
    android:layout_width="match_parent"
    android:layout_height="match_parent"
    android:background="@android:color/black"
    android:orientation="vertical" >

    <TextView
        android:id="@+id/textView1"
        android:layout_width="wrap_content"
        android:layout_height="wrap_content"
        android:background="@android:color/white"
        android:text="This is TextView1 inside a LinearLayout" />

    <TextView
        android:id="@+id/textView2"
        android:layout_width="match_parent"
        android:layout_height="wrap_content"
        android:background="@android:color/darker_gray"
        android:text="This is TextView2 inside a LinearLayout" />

</LinearLayout>
```

在上面的布局示例中，我们有一个 LinearLayout，这是垂直地、线性地排列元素的一种布局。在 LinearLayout 中，有两个 TextView 元素，这是显示文本的 GUI 组件。

使用这样的一个 XML 布局文件，Android 操作系统将为每个 Activity 创建一个特定的布局，以创建屏幕上的每个元素。看一下上面的<和>符号的位置，尝试猜出每个属性对元素做出什么样的修改，再尝试想象一下整个布局在 Android 屏幕上的外观。特别注意每个元素的宽度。正确的答案如图 7-11 所示。

让我们解释下这一个解决方案。每个 GUI 元素都需要一个宽度和高度(用 android:layout_width 和 android:layout_height 属性指定)，并且有两个允许的值：match_paren 和 wrap_content。前者正如其名称所示，使得元素的宽度等于其容器的宽度。后者将使得元素只是达到内容折行所需的宽度。

注意：宽度和高度只是描述了元素应该在布局中占据多少空间，而不会改变内容的大小。

主容器 LinearLayout 与其父容器的宽度和高度是一致的，父容器就是整个屏幕（除去一些诸如标题和消息栏的 UI 元素）。在图 7-11 中，这是以黑色显示的所有区域。第一个 TextView 的宽度和高度都是 wrap_content，意味着它只是占据显示其内容所需的区域，不会多占，如图 7-11 中的白色区域所示。另一方面，第二个 TextView 的宽度是 match_parent，因此它占据了其父容器（LinearLayout）的整个宽度，如图 7-11 中的暗灰色所示。

注意：在 Android 较早的版本中，使用了 fill_parent 而不是 match_parent。当你阅读其他人的代码示例的时候，偶尔可能会遇到这个值。

图 7-11　布局解决方案示例

7.4.4　Fragments

Fragment 是在 Honeycomb（Android 3.0）中引入的，它们使得 Android 可以更灵活地构建应用程序 GUI。在 Fragment 之前，Android 只能对每个 Activity 有一个单个的 XML 布局。有了 Fragment，可以有多个、可交换的布局，或者甚至可以显示多个栏。图 7-12 给出了一些示例。

构建 Fragment 是一个略微高级的话题。由于我们的游戏中还不需要 Fragment，因此，这里先不讨论它。如果你想要了解有关 Fragment 的更多内容，我推荐阅读 Bill Phillips 和 Brian Hardy 的《*Android Programming: The Big Nerd Ranch Guide*》一书。

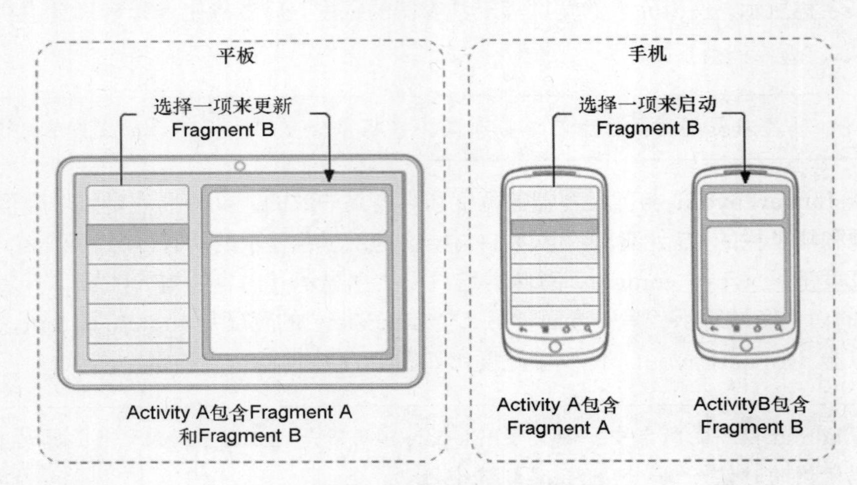

图 7-12　Fragment 示例

7.4.5　AndroidManifest.xml

还记得吧，AndroidManifest.xml 文件是包含了从应用程序到系统的相关基本信息的一个配置文件。FirstApp 的 Manifest 如下面的程序清单 7.1 所示。

程序清单 7.1　FirstApp: AndroidManifest.xml

```
<?xml version="1.0" encoding="utf-8"?>
<manifest xmlns:android="http://schemas.android.com/apk/res/android"
    package="com.jamescho.firstapp"
    android:versionCode="1"
    android:versionName="1.0" >

    <uses-sdk
        android:minSdkVersion="9"
        android:targetSdkVersion="21" />
```

```
    <application
        android:allowBackup="true"
        android:icon="@drawable/ic_launcher"
        android:label="@string/app_name"
        android:theme="@style/AppTheme" >
        <activity
            android:name="com.jamescho.firstapp.MainActivity"
            android:label="@string/app_name" >
            <intent-filter>
                <action android:name="android.intent.action.MAIN" />
                <category android:name="android.intent.category.LAUNCHER" />
            </intent-filter>
        </activity>
    </application>
</manifest>
```

我们来介绍 AndroidManifest 中的一些标记。最大的元素是 Manifest 元素，它拥有 xmlns:android…属性，指明了文档的 XML 命名空间。把这个当作一条导入语句，它允许你在整个 XML 文档中使用 Android 相关的术语。Manifest 元素允许你设置 3 个重要的属性。

- Package 属性用于指定主包的名称（在 src 中）。
- 当你对 App 做任何的更新并且想要将其上传到 Play Store 的时候，android:versionCode 应该增加 1（不管更新的幅度有多大）。初始版本应该是 versionCode 1，第 2 个发布版应该是 versionCode 2，依此类推。系统使用这个值来管理更新。
- android:versionName 可以采用你想要的任何规则。这个值只是显示给用户，系统不会将其用于任何其他用途。

Manifest 元素包含了一个 uses-sdk 元素，它允许你修改最小的 SDK 版本和目标 SDK 版本（参见图 7-2 以及前面的讨论来回顾这些术语）。

AndroidManifest 的核心是 application 元素，它允许我们配置应用程序的图标、主题、标签（显示的名称），以及其他的属性。注意，在我们的示例中（如下所示），使用@符号来指定某些属性值。

```
android:icon="@drawable/ic_launcher"
android:label="@string/app_name"
android:theme="@style/AppTheme"
```

@表示，这些属性的每一个都引用 res 文件夹中已有的文件或文件夹中的一个值。文件

ic_launcher 是 drawable 文件夹中的一个图像文件（现在先忽略有多个 drawable 文件夹的问题），而 app_name 和 AppTheme 分别是 XML 文件 string.xml 和 styles.xml 中的两个条目。相关的文件如图 7-13 所示。

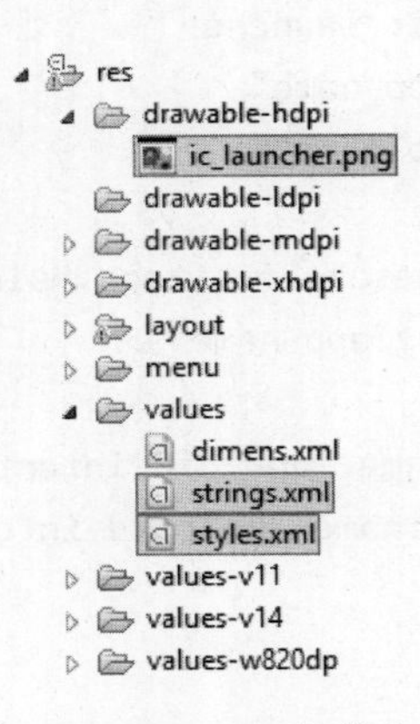

图 7-13　res 文件夹

application 元素包含了组成应用程序的所有 Activity。任何时候，当我们创建一个要在应用程序中使用的新的 Activity 的时候，都必须在 application 元素中声明它。由于现在应用程序中只有一个 Activity，我们有一个 activity 元素。

```
...
    <activity
        android:name="com.jamescho.firstapp.MainActivity"
        android:label="@string/app_name" >
       <intent-filter>
          <action android:name="android.intent.action.MAIN" />
          <category android:name="android.intent.category.LAUNCHER" />
       </intent-filter>
    </activity>
...
```

android:name 属性要求我们指定在哪里可以找到该 Activity（在这个例子中，可以在 com.jamescho.firstapp 的 MainActivity 类中找到它）。android:label 允许我们选择一个名称，以便在标题栏中显示它。可以保持其在整个 App 中一致，或者根据每个 Activity 而变化。

intent-filter 元素及其内容元素 action 和 category 用于表明当用户从 App Drawer 点击 App 的图标时，应该启动哪一个 Activity。即便只有一个单个的 Activity，这也是一个必需的元素，并且在拥有多个 Activity 的一个应用程序中，它用来指定起始的 Activity。

> **注意**：要了解 Manifest 中各种标签的详细情况，请参见位于 http://developer.android.com/guide/topics/manifest/manifest-intro.html 的官方 Android API Guides。

7.5　重新编写 Hello World

我们已经介绍了基础知识，现在来编写一些代码。还记得吧，在创建 FirstApp 的时候，我们创建了一个 Blank Activity（如图 7-3 和图 7-4 所示）。在图 7-5 所示的对话框中，我们将这个 Activity 及其布局分别命名为 MainActivity 和 activity_main。

我们将删除这些文件，并手动地重新创建 Activity 及其布局，如图 7-14 所示。

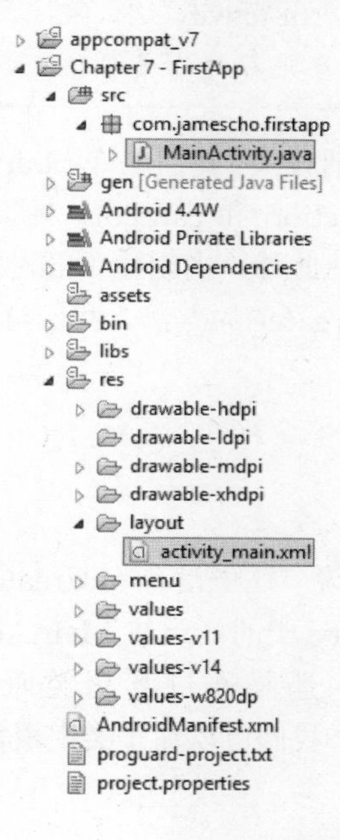

图 7-14　要删除的文件

7.5.1　创建 MainActivity

找到 **src** 文件夹，打开 App 的包（com.jamescho.firstapp），在 **MainActivity.java** 上点击鼠标右键（在 Mac 上是 Ctrl+点击）并选择 Delete，从而删除它。再打开 **res/layout** 文件夹并删除 activity_main.xml。

现在，我们有了一个空白的模板，我们来重新创建“Hello, World”应用程序。首先创建一个名为 MainActivity 的新的 Java 类（在 om.jamescho.firstapp 中）。要让这个类成为一个

Activity，我们必须扩展 Activity 类，如下所示，导入 android.app.Activity。

```
package com.jamescho.firstapp;

import android.app.Activity;

public class MainActivity extends Activity {

}
```

注意：尽管无论何时当我们创建一个新的 Activity 的时候，通常都需要给 Manifest 添加一个新的 activity 元素，我们不一定必须为 MainActivity 这么做，因为我们并没有从 Manifest 中删除已有的对 MainActivity 的引用，参见程序清单 7.1。

通过扩展 Activity 并且在 Manifest 中注册该类，我们允许 MainActivity 与 Android 系统以有趣的方式交互。例如，由于前面提到的 action 和 category 标签，当用户启动应用程序的时候，MainActivity 将会是首先启动的界面。此外，当创建 MainActivity 的时候，Android 系统将会自动调用 Activity 中一个名为 onCreate()的方法，我们可以将其当作 MainActivity 的 main 方法。

7.5.2　添加 onCreate()

看到 MainActivity 类的时候，你可能会说"这里没有 onCreate()方法啊"。恰恰相反，这里有该方法。onCreate()方法是继承自 Activity 类的（记住 MainActivity 继承自 Activity）。即便我们没有看到该方法，MainActivity 还是通过其超类而拥有它（超类则实现了 onCreate()）。要为这个方法添加定制的功能，我们可以在子类中覆盖它，如下所示。

```
package com.jamescho.firstapp;

import android.app.Activity;
import android.os.Bundle;

public class MainActivity extends Activity{
        @Override
        protected void onCreate(Bundle savedInstanceState) {
                super.onCreate(savedInstanceState);
                // Your own code here.
        }
```

```
}
```

正如前面所提到的，当初次创建 MainActivity 的时候，Android 系统会自动调用该方法；我们覆盖这个方法，以便可以为自己的 Activity 提供某种初始化。onCreate()方法接受一个 Bundle 类型（由此我们需要导入 android.os.Bundle）的参数，当重新创建 Activity 的时候（例如，当我们旋转屏幕的时候），这个参数可以用来保留存储的变量值。你不必理解 Bundle 做些什么。

注意，我在该方法中调用了 super.onCreate(...)，这会回到超类并调用其 onCreate()方法实现。这一强制调用负责后台的一些和系统相关的任务。

7.5.3　创建布局

在 onCreate()方法中，我们必须调用一个名为 setContentView(int layoutResId)的方法，来为 Activity 添加一个 XML 布局。为了做到这点，我们必须先创建一个布局。

在 **res/layout** 文件夹上点击鼠标右键（在 Mac 上是 Ctrl+点击），并且选择 New > Other。在 Android 分类下，选择 **Android XML Layout File**，并且点击 Next 按钮，如图 7-15 所示。

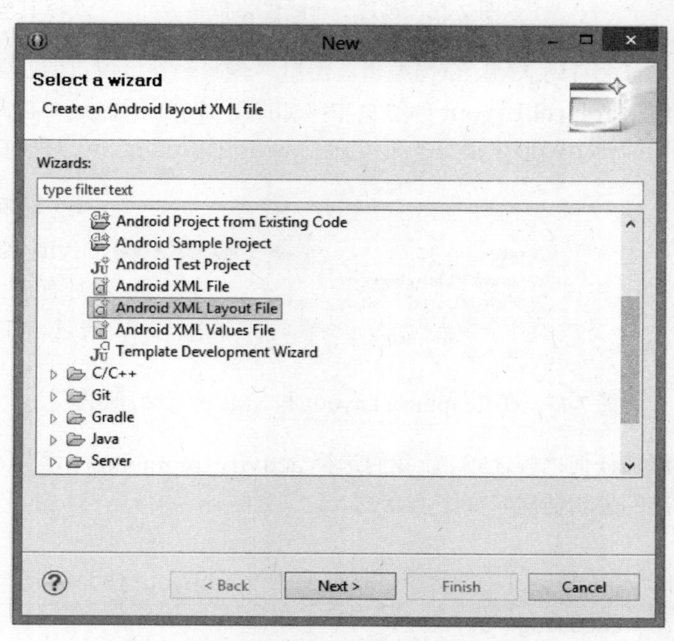

图 7-15　创建一个 Android XML 布局文件

在下一个对话框中，输入文件名 activity_main，选择 LinearLayout 作为根元素（如图 7-16 所示），并点击 Finish 按钮。

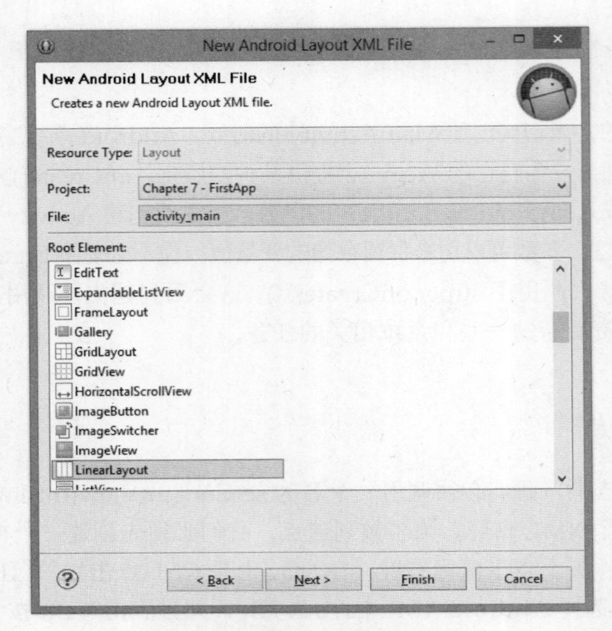

图 7-16　创建一个线性化布局

一旦完成这些，将会看到 XML 布局编辑器窗口。查看一下该窗口的左下角，应该会看到当前 XML 布局位于 Graphical Layout 标签页中（如图 7-17 所示）。这个模式向你展示了当前所编辑的 XML 布局的一个图形化预览，可以通过 activity_main.xml 标签访问该布局（如图 7-17 所示）。

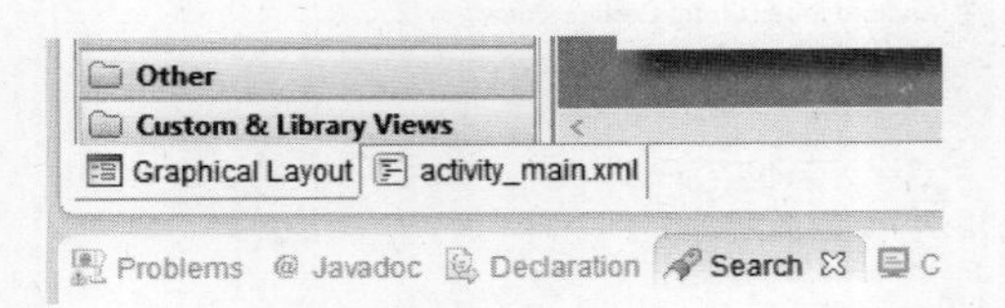

图 7-17　在 Graphical Layout 和 XML 视图之间切换

在向空白布局添加任何内容之前，让我们选择 activity_main.xml 标签页看一下其 XML 内容。应该会看到标准的编辑器显示如下所示的 XML 文档。

程序清单 7.2　activity_main.xml（带有一个垂直的 LinearLayout 作为根元素）

```
<?xml version="1.0" encoding="utf-8"?>
<LinearLayout xmlns:android="http://schemas.android.com/apk/res/android"
    android:layout_width="match_parent"
    android:layout_height="match_parent"
    android:orientation="vertical" >
```

```
</LinearLayout>
```

注意，activity_main.xml 包含了一个 LinearLayout 元素，之前我们将其选为新的 XML 的根元素。

7.5.4　添加 Widget

回到 Graphical Layout 标签页。在屏幕的左边，将会看到 Palette。其中，可以看到能够在屏幕上使用的 10 个 widget。要添加 1 个 widget 到布局中（并由此添加到 Activity 中），直接将其拖放到布局的预览中。

我们感兴趣的是一个名为 TextView 的 widget。选择它，将其拖放到布局预览界面中，并且将其放置到屏幕的左上角。应该会看到图 7-18 所示的预览界面。

> 注意：如果在这些步骤中有错误，请直接点击有问题的 widget 并且按下 Delete 或空格键，然后重新尝试。

图 7-18　LinearLayout + TextView

拖动 TextView 以自动修改 XML 布局。要看到所做的修改，回到 activity_main.xml 标签页，如图 7-17 所示。你的 XML 列表应该如程序清单 7.3 所示。

程序清单 7.3　activity_main.xml（添加了 TextView）

```
<?xml version="1.0" encoding="utf-8"?>
<LinearLayout xmlns:android="http://schemas.android.com/apk/res/android"
    android:layout_width="match_parent"
    android:layout_height="match_parent"
    android:orientation="vertical" >
    <TextView
        android:id="@+id/textView1"
        android:layout_width="wrap_content"
        android:layout_height="wrap_content"
        android:text="TextView" />

</LinearLayout>
```

比较程序清单 7.2 和程序清单 7.3 中的 XML 内容。将会看到，在已有的 LinearLayout 根元素中，已经添加了一个 TextView 元素。现在，提出一个问题让你解答。尝试修改 activity_main.xml 中的一行，让我们的 XML 布局显示“Hello, Android!”。解决方案如程序清单 7.4 所示。

程序清单 7.4　Hello Android!

```
<?xml version="1.0" encoding="utf-8"?>
<LinearLayout xmlns:android="http://schemas.android.com/apk/res/android"
    android:layout_width="match_parent"
    android:layout_height="match_parent"
    android:orientation="vertical" >
    <TextView
        android:id="@+id/textView1"
        android:layout_width="wrap_content"
        android:layout_height="wrap_content"
        android:text="Hello, Android!"
        android:text="TextView" />

</LinearLayout>
```

我们已经创建了 MainActivity 类和一个简单的 XML 布局。你能否预测一下，如果我们现在回到应用程序，将会发生什么情况？实际上，我们将会得到表示 MainActivity 类的一个空白屏幕，如图 7-19 所示。

图 7-19　屏幕为何是空白?

之所以得到这个结果，是因为我们还没有用 activity_main.xml 的内容填充 MainActivity。正如前面所提到的，在我们调用 setContentView(...)之前，MainActivity 只是一个空的 Java 类。

7.5.5　setContentView(...)方法

setContentView(...)方法允许我们向视图添加内容。它接受一个单个的参数，这是对 XML 布局的一个引用。麻烦在于，XML 布局不是一个 Java 文件。我们不能像对一个 Java 类那样实例化它并将它的一个引用传递给 setContentView()。相反，我们必须使用其 ID 来获取布局。

还记得 gen 文件夹中的 R.java 文件吧，它自动为添加到 res 文件夹中的资源创建了一个 Java 变量。在我们的例子中，R 已经自动创建了一个名为 R.layout.activity_main 的 ID。可以使用它来获取 XML 布局。

> 注意：当初次启动 Eclipse 的时候，需要花些时间来完全加载 Android Application Project。当 Eclipse 试图构建应用程序并找到所必需的库的时候，这可能会有错误。有些人变得没有耐心，并且试图导入 android.R 以消除某些错误，但是，这将会引发编译器错误，除非去掉 import 语句。

总是等待所有的内容都完全加载，并且不要在类声明中添加 import android.R 语句。

在 onCreate()方法中调用 setContentView()，如程序清单 7.5 所示。

程序清单 7.5　MainActivity + R.layout.activity_main

```
package com.jamescho.firstapp;

import android.app.Activity;
```

```
import android.os.Bundle;

public class MainActivity extends Activity{
        @Override
        protected void onCreate(Bundle savedInstanceState) {
                super.onCreate(savedInstanceState);
                setContentView(R.layout.activity_main);
        }

}
```

"Hello, Android!"应用程序现在完成了。让我们运行它。

7.6　运行 Android 应用程序

7.6.1　使用模拟器

ADT 带有一个内建的模拟器，这对于在大小不同的屏幕、RAM 上测试 App 很有帮助。要在模拟器上测试应用程序，在 Package Explorer 中的 FirstApp Android Project 上点击鼠标右键（在 Mac 上是 Ctrl+点击），并且选择 **Run As > 1 Android Application**。

如果你的计算机上没有安装任何开发设备，将会出现一个对话框，显示"No compatible targets were found. Do you wish to add a new Android Virtual Device?"。选择 Yes，会出现图 7-20 所示的一个新的对话框。

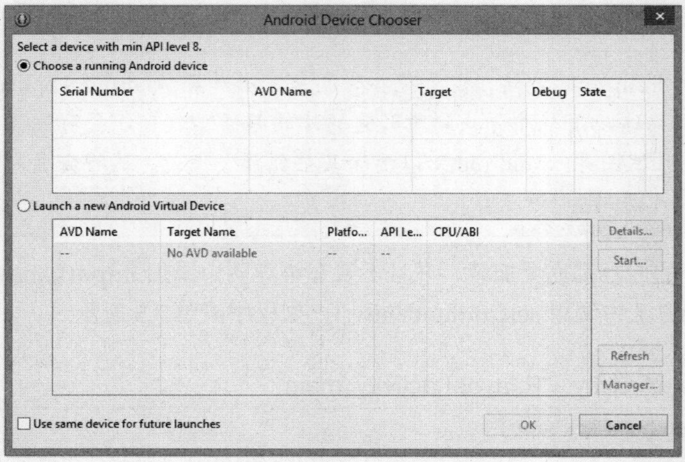

图 7-20　Android Device Chooser 窗口（一）

选中 **Launch a new Android Virtual Device** 单选按钮，并且点击 **Manager...**按钮，如图 7-21 所示。

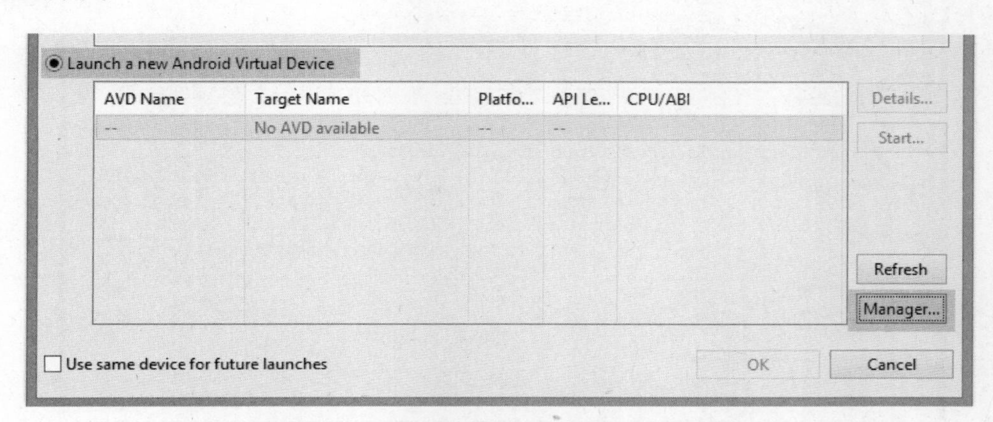

图 7-21　启动一个新的 Android 虚拟设备

当 Android Virtual Device Manager 对话框出现的后，切换到 Device Definitions 标签页，选中 **Galaxy Nexus** 并点击 **Create AVD...**按钮，如图 7-22 所示。这将允许我们创建一个虚拟设备来模拟 Google 的老式旗舰设备。

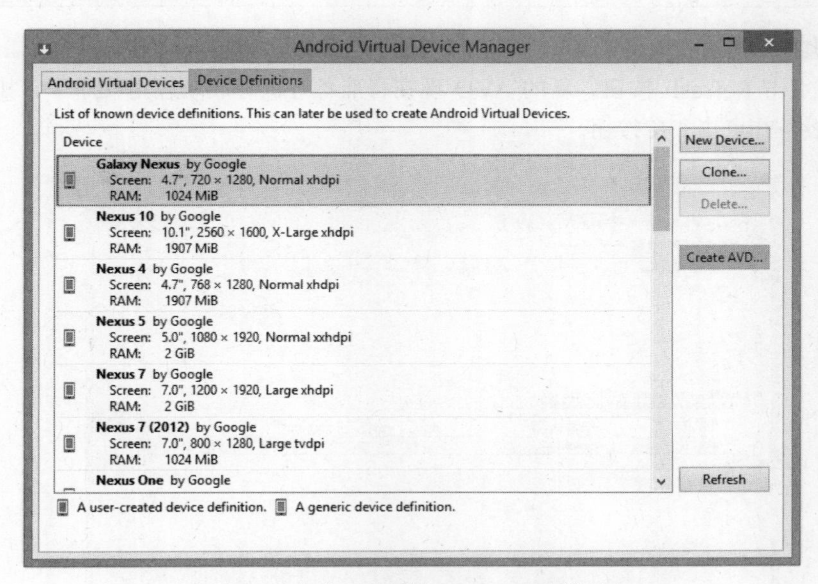

图 7-22　启动一个新的 Android 虚拟设备

一旦出现了 Create new AVD 对话框，Skin 选项应该变成了 HVGA（如图 7-23 所示）。保持其他的选项不动，并且点击 OK 按钮。

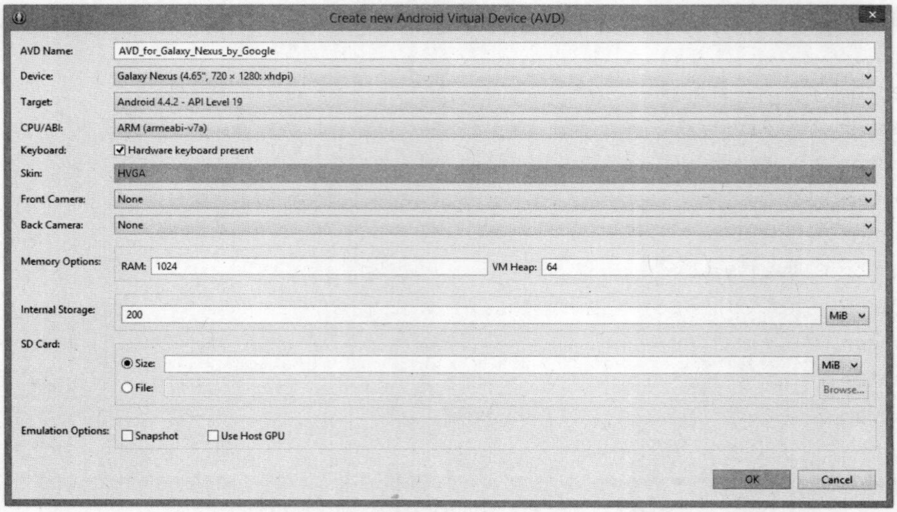

图 7-23　创建一个新的 AWD

注意：如果你得到一条错误消息，显示“No system images installed...”，请查看位于 http://jamescho7.com/book/chapter7 的“Known Issues”部分。

现在，虚拟的 Galaxy Nexus 准备好了。回到 Android Device Chooser 窗口（如图 7-20 所示），并且点击 Refresh 按钮。新的 AVD 现在将准备好供你启动应用程序了，如图 7-24 所示。选择该设备并点击 OK 按钮。

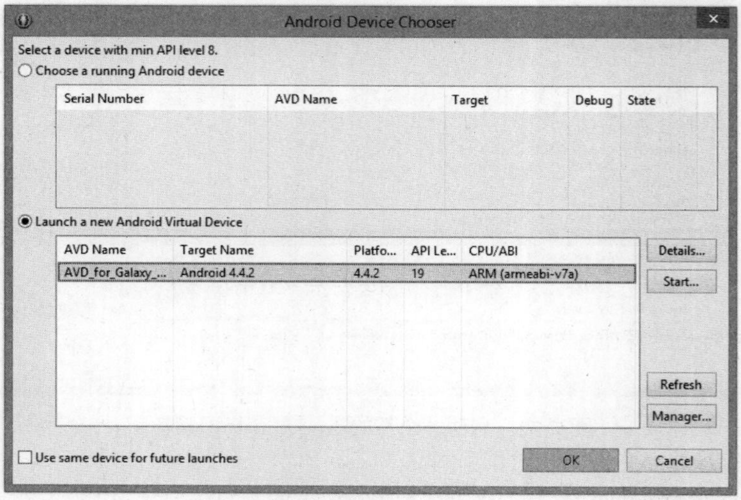

图 7-24　启动应用程序

将会在控制台中看到类似下面的一系列的消息。

```
[Chapter 7 - FirstApp] ------------------------------
[Chapter 7 - FirstApp] Android Launch!
[Chapter 7 - FirstApp] adb is running normally.
[Chapter 7 - FirstApp] Performing com.jamescho.firstapp.MainActivity activity launch
[Chapter 7 - FirstApp] Automatic Target Mode: launching new emulator with compatible AVD
'AVD_for_Galaxy_Nexus_by_Google'
[Chapter 7 - FirstApp] Launching a new emulator with Virtual Device 'AVD_for_Galaxy_Nexus_by_Google'
[Chapter 7 - FirstApp] New emulator found: emulator-5554
[Chapter 7 - FirstApp] Waiting for HOME ('android.process.acore') to be launched...
[Chapter 7 - FirstApp] HOME is up on device 'emulator-5554'
[Chapter 7 - FirstApp] Uploading Chapter 7 - FirstApp.apk onto device 'emulator-5554'
[Chapter 7 - FirstApp] Installing Chapter 7 - FirstApp.apk...
```

模拟器也会启动了，并且显示了启动动画，如图 7-25 所示。

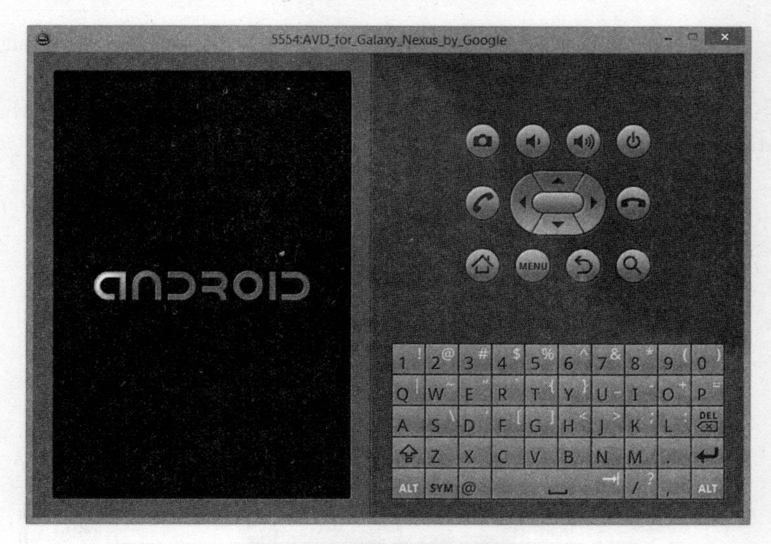

图 7-25 可怕的启动动画

现在，暂时离开计算机，冲一杯咖啡，并且十分钟后再回来查看。启动过程可能要花相当长的时间。

注意：如果你确实有一个物理的 Android 设备，并且想要减少启动时间，我建议你学习位于 http://tools.android.com/recent/emulatorsnapshots 的模拟器截屏功能。

一旦启动完成，应该会在 App Drawer 中看到 FirstApp，如图 7-26 所示。

图 7-26　打开 FirstApp

打开 FirstApp，如果你看到图 7-27 所示的界面，恭喜你！在 Android Development Tools 的帮助下，你已经创建了自己的“Hello, Android”应用程序。

图 7-27　Hello, Android!

> 注意：如果此时你对于任何的类或.xml 文件有问题，可以从 jamescho7.com/book/chapter7/checkpoint1 下载源代码。

7.6.2 调试 FirstApp

如果你遇到问题，按照下面列出的步骤来诊断。

- 检查确保在 com.jamescho.firstapp 中有 MainActivity 类，并且仔细地将其与程序清单 7.5 进行比较。要确保代码中没有错误。
- 确保 activity_main.xml 位于 **res/layout** 中，并且其内容与程序清单 7.4 一致。
- 仔细检查 AndroidManifest.xml，与程序清单 7.1 进行比较。
- 如果有任何迟迟不能解决的错误，查找任何红色的错误消息，并且在常用的搜索引擎中寻找解决方案。
- 将你的问题贴在本书的配套站点的论坛上。
- 如果所有这些办法都无效，通过上面所提供的链接下载源代码，然后再继续阅读。

7.6.3 使用物理设备

如果有一个 Android 设备可用，那么测试应用程序会变得容易很多。按照下面列出的步骤来安装设备以进行测试。

1. 将设备从计算机断开。
2. 下载设备最新的 USB 驱动。要做到这一点，请咨询位于 xda-developers.com 的论坛，或者访问你的硬件厂商的站点。
3. 检查设备上所安装的 Android 的版本。在大多数设备上，这一信息可以在 About phone 下面找到，如图 7-28 所示。

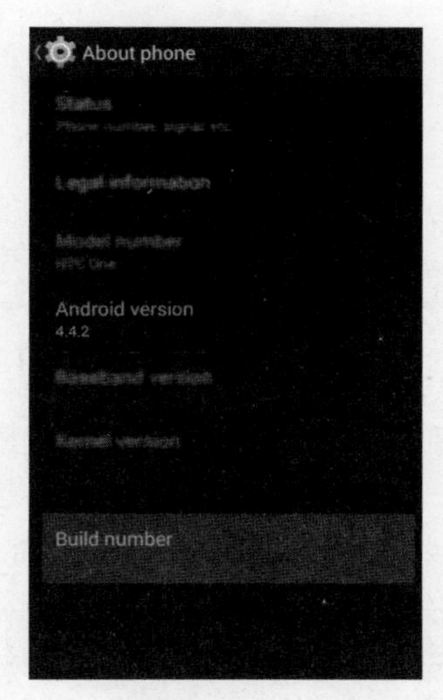

图 7-28 查看你的 Android 版本

4. 根据你的设备上的 Android 版本所给出的说明，在设备上打开 USB 调试功能。
   i. 如果你的版本是 Android 4.2 或更新的版本，在 Build number 上点击（在图 7-28 中突出显示）7 次。设备上的 Developer 选项现在将变得可用。返回主设置，选择 Developer 选项并且打开 USB debugging。
   ii. 如果你的版本是 Android 4.0.x 到 4.1.x，按照和上面相同的步骤，但是跳过点击 Build number 的步骤。
   iii. 在 Android 的旧版本上，打开 Settings，选择 Applications 并检查 Development 设置，以打开 USB Debugging。
5. 将设备连接上计算机。如果设备上有一个对话框要求你 Allow USB debugging，选择“Always allow from this computer”并点击 OK 按钮。

设备已经准备好了。返回到 Eclipse 并将项目作为一个 Android Application 运行。这时将会出现 Android Device Chooser 窗口，如图 7-29 所示。选择连接的设备，并且点击 OK 按钮。你的 App 应该开始在设备上运行了（如果设备上出现了任何的安全性对话框，阅读它并且确保给出必要的许可）。

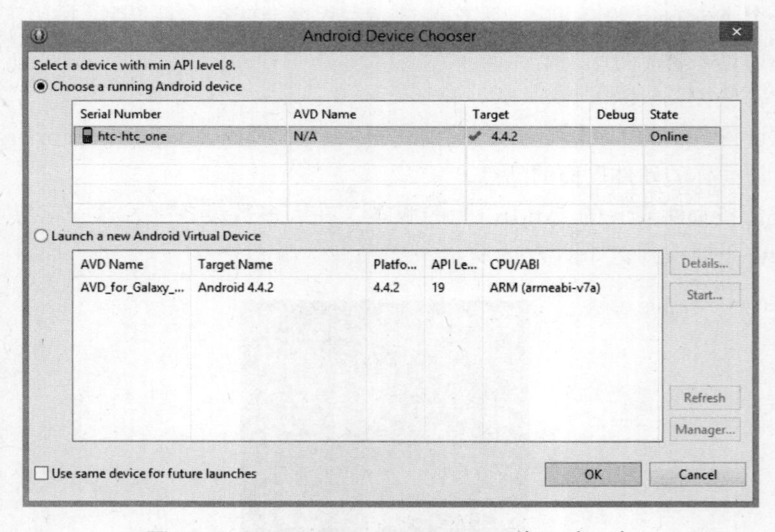

图 7-29　Android Device Chooser 窗口（二）

从现在开始，计算机将会识别你的设备。当你对应用程序做出修改或者创建一个新的应用程序的时候，直接将该项目作为一个 Android Application 运行，并使用你的设备进行测试。Android Device Chooser 窗口将会出现，并且允许你在设备上启动该 App。

> 注意：可以在 Android Device Chooser 中选中“Use same device for future launches”选项，以加快这个过程。

7.7 Activity 生命周期

Activity 是 Android 应用程序的构建单元。当用户与 Activity 交互的时候，从一个屏幕切换到另一个屏幕，相应地要创建、隐藏、暂停或销毁 Activity。我们可以通过学习 Activity 生命周期，来理解从一个状态到另一个状态的转换，如图 7-30 所示。

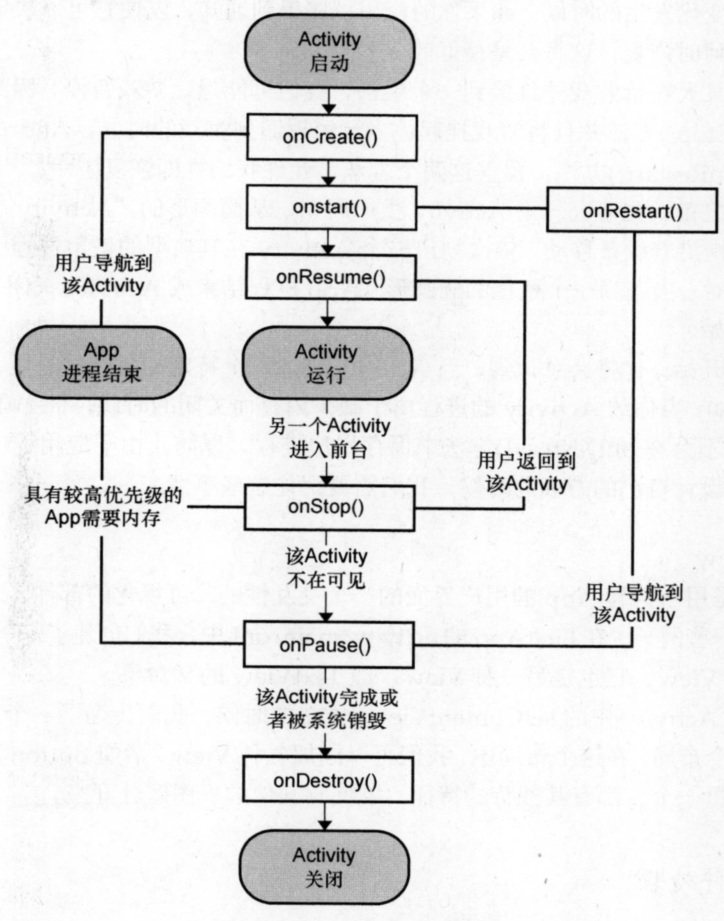

图 7-30 Activity 生命周期

不必记住 Activity 生命周期。只需要知道一个 Activity 会经历各个不同的阶段，并且你可以选择当它进入一个具体的状态的时候得到其通知。例如，如果你想要在 Activity 将要暂停的时候得到通知，就覆盖 onPause()方法。如果当一个 Activity 从暂停状态恢复的时候，你想要获知，可以覆盖 onResume()方法。

> 注意：记住，当从超类继承一个方法并且修改其行为的时候，使用覆盖（override）这个术语。

7.7.1　为什么 Activity 生命周期重要

当我们的 Activity 进入某个状态的时候，我们之所以想要获知，其原因和 Android 的多任务能力有关。由于各种各样的原因，Android 用户随时都在从一种应用程序切换到另一种应用程序。当这些变化发生的时候，如果你的应用程序得到通知，以便它可以决定何时退出、何时保存数据以及何时恢复，这将会是最好的。

例如，如果某人在玩游戏并且接到一个电话，我们可能想让游戏暂停。因此，我们要覆盖 onPause()和 onStop()方法并且将游戏挂起。当玩家返回到游戏的时候，Android 系统会调用 onResume()或 onRestart()方法。覆盖这两个方法，允许我们立即恢复游戏。

在继续进行之前，先研究一下 Activity 生命周期，从椭圆形的“Activity 启动”处的箭头开始。尝试用手指沿着线条移动，依次划出一个 Activity 在其典型的使用过程中可能经过的一些状态。无论何时，当遇到一个橙色的椭圆形（App 进程结束或 Activity 关闭）的时候，必须回到顶部重新开始。

从这个练习开始，你将会意识到，当 Activity 进入一个特定的状态的时候，并不一定会调用某些方法。例如，当你的 Activity 的进程由于缺少内存而关闭的时候，不会调用 onDestroy()方法。随之，也不会在 onDestroy()方法中保存用户进程，以防止由于应用程序强制终止而导致数据丢失。在设计自己的游戏的时候，我们需要记住这些事情。

7.7.2　View

View 对象是用于构建 App 的用户界面的一个交互性的、可视化的部件。之前，你已经看过 View 对象的一些例子。在 FirstApp 的 activity_main.xml 中，我们创建了一个 LinearLayout，这是一种类型的 View。它也是另一种 View，即 TextView 的父对象。

当调用一个 Activity 中的 setContentView()方法的时候，我们传递了一个 View 对象的引用，这通常是一个布局。在这个布局中，我们可以添加各种 View，诸如 Button 和 ImageView。这些 View 中的每一个，都有其独特的特征，以便和其他的视图区分开来。

7.7.3　事件处理

视图可以以各种方式来响应事件。例如，一个 Button 可能会对触碰事件做出响应，并促使一些事情发生。当用户修改一个 TextView 的内容的时候，它可能会执行操作。

7.7.4　绘制视图

视图需要变为可见的（毕竟，我们称之为视图，而不是“藏图”）。我们所处理的每个视图，都有一个名为 onDraw()的方法，将由 Android 系统调用该方法来显示特定的视图。

7.8 响应事件并启动另一个 Activity

既然你了解了 Activity 和 View，让我们来给 FirstApp 添加另一个 Activity。为了做到这一点，我们将按照以下步骤进行。

1. 创建一个新的 Activity 类并将其注册到 AndroidManifest。
2. 为新创建的 Activity 提供一个内容视图。
3. 在 MainActivity 中创建一个 Button，它将把我们带到新的 Activity。

> 注意：我们要向上一节中所创建的 FirstApp 项目添加内容。如果没有一个可用的版本的话，可以从 jamescho7.com/book/ chapter7/checkpoint1 下载一个副本，然后再继续。

7.8.1 创建 SecondActivity 类

第一项任务是创建另一个简单的 Activity，它将显示一个蓝色的背景和一个黏人的洋红色的方块。这个 Activity 的屏幕截图如图 7-31 所示。

图 7-31 SecondActivity 在蓝色的背景上显示了一个方块

首先，在 FirstApp 的 com.jamescho.firstapp 包中，创建一个名为 SecondActivity 的类。接下来，扩展 Activity（导入 android.app.Activity）并且覆盖 onCreate()方法（导入 android.os.Bundle），如程序清单 7.6 所示。

程序清单 7.6　SecondActivity

```
package com.jamescho.firstapp;

import android.app.Activity;
import android.os.Bundle;

public class SecondActivity extends Activity {

        @Override
        protected void onCreate(Bundle savedInstanceState) {
                super.onCreate(savedInstanceState);
        }
}
```

无论何时，当我们在 Android 应用程序中创建一个新的 Activity，必须在 AndroidManifest 中注册它。打开 AndroidManifest.xml，并且在 application 元素中添加如下所示的元素。

```
<activity
        android:name="com.jamescho.firstapp.SecondActivity"
        android:label="SecondActivity"
        android:screenOrientation="landscape" >
</activity>
```

一旦完成了这一步，Manifest 应该如程序清单 7.7 所示（注意，你的 API 编号可能有所不同）。

程序清单 7.7　在 Manifest 中注册 SecondActivity

```
<?xml version="1.0" encoding="utf-8"?>
<manifest xmlns:android="http://schemas.android.com/apk/res/android"
    package="com.jamescho.firstapp"
    android:versionCode="1"
    android:versionName="1.0" >

    <uses-sdk
        android:minSdkVersion="9"
        android:targetSdkVersion="21" />

    <application
```

```
        android:allowBackup="true"
        android:icon="@drawable/ic_launcher"
        android:label="@string/app_name"
        android:theme="@style/AppTheme" >
        <activity
            android:name="com.jamescho.firstapp.MainActivity"
            android:label="@string/app_name" >
            <intent-filter>
                <action android:name="android.intent.action.MAIN" />

                <category android:name="android.intent.category.LAUNCHER" />
            </intent-filter>
        </activity>
        <activity
                android:name="com.jamescho.firstapp.SecondActivity"
                android:label="SecondActivity"
                android:screenOrientation="landscape" >
                </activity>

    </application>

</manifest>
```

注意，我们要求新创建的 Activity 以横向模式显示（与智能手机上默认的纵向模式相反）。我们还通过 android:label 属性，为这个独立于应用程序的 Activity 提供了一个名称。

7.8.2 创建内容视图

既然已经创建了 SecondActivity 并进行了注册，让我们为其提供一个内容视图。为了做到这点，我们创建了一个定制的 View 对象，它将填充整个屏幕并使得方块跟随你的指尖移动。

在 com.jamescho.firstapp 包中，创建一个名为 CustomView 的类，扩展了 View（导入 android.view.View）。一旦完成了这些，将会看到图 7-32 所示的错误。

一个问题在于，要实例化 CustomView，我们必须实例化其父类，也就是 View 类（根据继承关系，CustomView 是一个 View）。更为复杂的是，View 类只能够使用 3 个允许的定制构造方法之一来实例化，因此，我们必须在 CustomView 中提供一个显式的构造方法来构造 View 超类。我们将调用的构造方法的签名为 View(Context)。

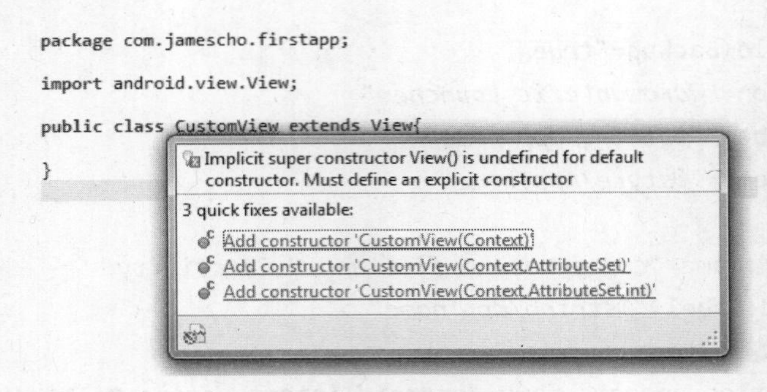

图 7-32　所需的构造方法

将 CustomView 的如下构造方法添加到类中，注意要导入 android.content.Context。

```
public CustomView(Context context) {
        super(context); // Calls View(Context)
}
```

注意，该构造方法调用 super(context)，这是调用超类的构造方法所使用的语法。这意味着，当使用上面的构造方法来实例化 CustomView 的时候，它将通过调用 View 的构造方法之一，自动地把自己实例化为 View 的一个子类。

这个构造方法的唯一的参数是一个 Context 对象，它存储了和应用程序相关的信息。当传递给 View 类的构造方法的时候，这个新创建的 View 实例将会知道和该应用程序相关的重要信息（例如，目标 SDK 版本）。

7.8.3　给 CustomView 添加变量

CustomView 将绘制一个黏人的小方块，它将跟随用户的手指。为了表示这个方块，我们将创建一个 Rect 对象（一个内建的矩形对象，它将 x、y、width 和 height 值存储为 left、top、right 和 bottom）。为了给 Rect 对象绘制颜色，我们创建了 Paint 对象，它用来对绘制到屏幕上的元素进行样式化。

向你的类添加如下所示的 import 语句。

```
import android.graphics.Color;
import android.graphics.Paint;
import android.graphics.Rect;
```

接下来，声明如下所示的变量。

```
private Rect myRect;
private Paint myPaint;
```

```
private static final int SQUARE_SIDE_LENGTH = 200;
```

现在，我们在构造方法中初始化 Rect 和 Paint 对象，如下所示。

```
myRect = new Rect(30, 30, SQUARE_SIDE_LENGTH, SQUARE_SIDE_LENGTH);
myPaint = new Paint();
myPaint.setColor(Color.MAGENTA);
```

此时，CustomView 应该如程序清单 7.8 所示。

程序清单 7.8　Game 类（完整版）

```
package com.jamescho.firstapp;

import android.content.Context;
import android.view.View;

import android.graphics.Color;
import android.graphics.Paint;
import android.graphics.Rect;

public class CustomView extends View{

    private Rect myRect;
    private Paint myPaint;
    private static final int SQUARE_SIDE_LENGTH = 200;

    public CustomView(Context context) {
        super(context);
        myRect = new Rect(30, 30, SQUARE_SIDE_LENGTH, SQUARE_SIDE_LENGTH);
        myPaint = new Paint();
        myPaint.setColor(Color.MAGENTA);
    }

}
```

7.8.4　绘制 CustomView

要定义 CustomView 如何绘制自己，我们必须覆盖 Activity 的 onDraw(Canvas)方法。将如下所示的方法添加到 CustomView 类中（导入 android.graphics.Canvas）。

```
@Override
protected void onDraw(Canvas canvas) {
        canvas.drawRGB(39, 111, 184);
        canvas.drawRect(myRect, myPaint);
}
```

覆盖的 onDraw()方法直接使用（R = 39，G = 111，B = 184）颜色（纯蓝色）填充了画布(应用程序可以绘制于其上的一个区域)。然后，它调用了 canvas.drawRect(...)，该函数将引用 myRect 的坐标和大小来将其绘制到画布上的正确位置（使用 myPaint 中指定的样式）。

7.8.5　处理触摸事件

要指定当检测到一个触摸事件的时候应该发生什么事情，我们必须覆盖 onTouchEvent (MotionEvent)方法。给 CustomView 类添加如下所示的方法（导入 android.view.MotionEvent）。

```
@Override
public boolean onTouchEvent(MotionEvent event) {
        myRect.left = (int) event.getX() - (SQUARE_SIDE_LENGTH / 2);
        myRect.top = (int) event.getY() - (SQUARE_SIDE_LENGTH / 2);
        myRect.right = myRect.left + SQUARE_SIDE_LENGTH;
        myRect.bottom = myRect.top + SQUARE_SIDE_LENGTH;
        invalidate();
        return true; // Indicates that a touch event was handled.
}
```

onTouchEvent()方法接受一个 MotionEvent 对象，它揭示了与触发该方法的触摸事件相关的信息。同样，我们可以使用 event.getX()和 event.getY()方法来定义玩家的触摸的 x 和 y 位置。使用这两个值，我们更新了 myRect 的位置，以使其位于玩家触摸位置的中心。

invalidate()方法调用的目的是让 Android 系统知道，CustomView 中已经有了一个变化，由此，应该再次调用其 onDraw()方法。这样做的效果是，在 myRect 更新到一个新的位置之后刷新屏幕。

添加了 onDraw()和 onTouchEvent()方法之后，CustomView 就完成了。完整的类代码如程序清单 7.9 所示。

程序清单 7.9　CustomView（完整版）

```
package com.jamescho.firstapp;

import android.content.Context;
```

```
import android.view.MotionEvent;
import android.view.View;

import android.graphics.Canvas;
import android.graphics.Color;
import android.graphics.Paint;
import android.graphics.Rect;

public class CustomView extends View{

        private Rect myRect;
        private Paint myPaint;
        private static final int SQUARE_SIDE_LENGTH = 200;

        public CustomView(Context context) {
                super(context);
                myRect = new Rect(30, 30, SQUARE_SIDE_LENGTH, SQUARE_SIDE_LENGTH);
                myPaint = new Paint();
                myPaint.setColor(Color.MAGENTA);
        }

        @Override
        protected void onDraw(Canvas canvas) {
                canvas.drawRGB(39, 111, 184);
                canvas.drawRect(myRect, myPaint);
        }

        @Override
        public boolean onTouchEvent(MotionEvent event) {
                myRect.left = (int) event.getX() - (SQUARE_SIDE_LENGTH / 2);
                myRect.top = (int) event.getY() - (SQUARE_SIDE_LENGTH / 2);
                myRect.right = myRect.left + SQUARE_SIDE_LENGTH;
                myRect.bottom = myRect.top + SQUARE_SIDE_LENGTH;
                invalidate();
                return true;
        }

}
```

7.8.6　设置新的 CustomView

现在，我们必须回到 SecondActivity 并将 CustomView 设置为其内容视图。要做到这一点，我们直接调用 setContentView()，传入 CustomView 的一个实例而不是一个布局 ID。完整的 SecondActivity 类如程序清单 7.10 所示。

程序清单 7.10　SecondActivity（完整版）

```
package com.jamescho.firstapp;

import android.app.Activity;
import android.os.Bundle;

public class SecondActivity extends Activity {

        @Override
        protected void onCreate(Bundle savedInstanceState) {
                super.onCreate(savedInstanceState);
                setContentView(new CustomView(this));
        }
}
```

注意，我们传递了 this（SecondActivity 的当前实例）作为 CustomView(Context)构造方法的参数。这是允许的，因为 Activity 是 Context 的一个子类，因此，通过新实例化的 CustomView 来存储应用程序所需的相关信息。

7.8.7　创建按钮

正如我们已经告诉 Manifest 的，应用程序有两个 Activity：MainActivity 和 SecondActivity。当时，当用户启动应用程序的时候，我们已经要求启动 MainActivity（参见 Manifest 中的 action 和 category 元素）。然而，一旦运行 MainActivity，就没有办法启动 SecondActivity，并且让其接管。为了解决这个问题，我们将在 MainActivity 中创建一个新的 Button（这是个 View）。

在编辑器界面中打开 activity_main.xml，并且在已有的 TextView 元素的下面添加如下所示的 Button 元素。

```
<Button
        android:id="@+id/button1"
        android:layout_width="wrap_content"
```

```
        android:layout_height="wrap_content"
        android:text="Take me away!" />
```

程序清单 7.11 给出了更新后的 activity_main.xml 文件。

程序清单 7.11 activity_main.xml（更新后的版本）

```
<?xml version="1.0" encoding="utf-8"?>
<LinearLayout xmlns:android="http://schemas.android.com/apk/res/android"
    android:layout_width="match_parent"
    android:layout_height="match_parent"
    android:orientation="vertical" >
    <TextView
        android:id="@+id/textView1"
        android:layout_width="wrap_content"
        android:layout_height="wrap_content"
        android:text="Hello, Android" />
    <Button
        android:id="@+id/button1"
        android:layout_width="wrap_content"
        android:layout_height="wrap_content"
        android:text="Take me away!" />
</LinearLayout>
```

现在，我们已经创建了 id 为 button1 的一个新按钮。我们切换到 Graphical Layout 标签来预览一下所做的修改（如图 7-33 所示）。

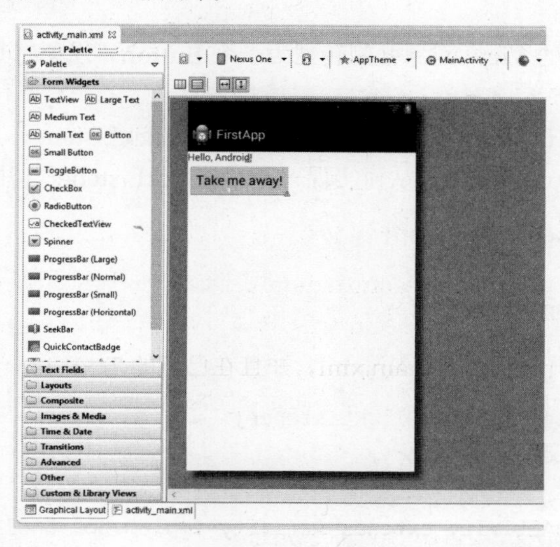

图 7-33 activity_main.xml 在 Graphical Layout 中显示了按钮

现在，按钮出现在屏幕上了，但是它什么也不能做。要提供某种行为，必须在 MainActivity 类中引用该按钮，并且附加一个所谓的 OnClickListener。

7.8.8　设置按钮的 OnClickListener

一个 Activity 有一个名为 findViewById(int id)的方法，它将会返回一个 View 对象，其 ID 与传递给该方法的 int 参数匹配。当创建 Button 的时候，已经分配了 button1 的 ID，因此，我们可以在 MainActivity 中引用它，如下面的粗体代码所示（不要忘了 import 语句）。

```
package com.jamescho.firstapp;

import android.app.Activity;
import android.os.Bundle;
import android.widget.Button;

public class MainActivity extends Activity{
        @Override
        protected void onCreate(Bundle savedInstanceState) {
                super.onCreate(savedInstanceState);
                setContentView(R.layout.activity_main);
                Button button1 = (Button) findViewById(R.id.button1);
        }
}
```

注意，必须将返回的 View 对象强制转型为一个 Button，以便将其存储为一个 Button 对象，而不是一个泛型的 View 对象。

一旦我们能够访问 Button，必须提供给它一个 OnClickListener。通过将如下所示的粗体修改代码添加到 MainActivity 中，从而实现一个 OnClickListener（注意新的 import 语句）。

```
package com.jamescho.firstapp;

import android.app.Activity;
import android.os.Bundle;
import android.view.View;
import android.view.View.OnClickListener;
import android.widget.Button;

public class MainActivity extends Activity implements OnClickListener{
        @Override
```

```
        protected void onCreate(Bundle savedInstanceState) {
                super.onCreate(savedInstanceState);
                setContentView(R.layout.activity_main);
                Button button1 = (Button) findViewById(R.id.button1);
                button1.setOnClickListener(this);
        }

        @Override
        public void onClick(View v) {

        }

}
```

正如你所见，OnClickListener 是带有一个 onClick()方法的接口。当你将 onClick()的一个实例注册为一个按钮的 OnClickListener，无论何时，点击该按钮的时候，该实例的 onClick()方法都会调用。

7.8.9　可选项：匿名的内联类

不要修改自己的代码，看一下如下的示例，它展示了实现一个 OnClickListener 的一种替代的解决方案。

程序清单 7.12　OnClickListener 的替代语法（只是示例）

```
package com.jamescho.firstapp;

import android.app.Activity;
import android.os.Bundle;
import android.view.View;
import android.view.View.OnClickListener;
import android.widget.Button;

public class ExampleActivity extends Activity {
        @Override
        protected void onCreate(Bundle savedInstanceState) {
                super.onCreate(savedInstanceState);
                setContentView(R.layout.activity_main);
                Button button1 = (Button) findViewById(R.id.button1);
                button1.setOnClickListener(new OnClickListener() {
```

```
                @Override
                public void onClick(View v) {

                }
            });
    }
}
```

在开发 Android App 的时候，你可能会遇到程序清单 7.12 所示的语法。如图 7-34 所示，你可以看看 onCreate()中奇特的多行语句的单独的一部分。

```
button1.setOnClickListener(new OnClickListener() {

    @Override
    public void onClick(View v) {

    }
});
```

图 7-34　匿名内联类

看一下图 7-34 并且注意多行语句块中的白色字体部分。你会注意到，只是看到了一条简单的语句：

```
button1.setOnClickListener().
```

圆括号之间的所有内容（非亮白的部分）构成了前面所提到的单个的参数。换句话说，button1.setOnClickListener()所需的参数是一个单个的 OnClickListener 对象。

程序清单 7.12 和图 7-34 展示了创建一个匿名内联类的语法：一个接口的一个内联声明。我们可以直接将一个接口实例化为一个匿名内联类（图 7-34 中非亮白的部分），而不是声明一个完整的类并实现一个接口。

7.8.10　开始一个新的 Activity

当按下 Button 的时候，将会调用新创建的 onClick()方法。我们将使用它来转换到一个新的界面。实现 onClick()，如程序清单 7.13 所示，注意导入 android.content.Intent。

程序清单 7.13　MainActivity（完整版）

```
package com.jamescho.firstapp;

import android.app.Activity;
```

```
import android.content.Intent;
import android.os.Bundle;
import android.view.View;
import android.view.View.OnClickListener;
import android.widget.Button;

public class MainActivity extends Activity implements OnClickListener{
        @Override
        protected void onCreate(Bundle savedInstanceState) {
                super.onCreate(savedInstanceState);
                setContentView(R.layout.activity_main);
                Button button1 = (Button) findViewById(R.id.button1);
                button1.setOnClickListener(this);
        }

        @Override
        public void onClick(View v) {
                Intent intent = new Intent(MainActivity.this, SecondActivity.class);
                startActivity(intent);
        }
}
```

在 Android 中，一个 Intent 对象用来从一个 Activity 切换到另一个 Activity。在我们的示例中，我们实例化了一个新的 Intent 对象，把 MainActivity 的当前实例（来源）和想要的目标 SecondActivity 传入到构造方法中。一旦我们将该 Intent 传入到 startActivity()，就会实例化 SecondActivity，并且将其设置为当前 Activity。运行应用程序，其行为应该如图 7-35 所示。

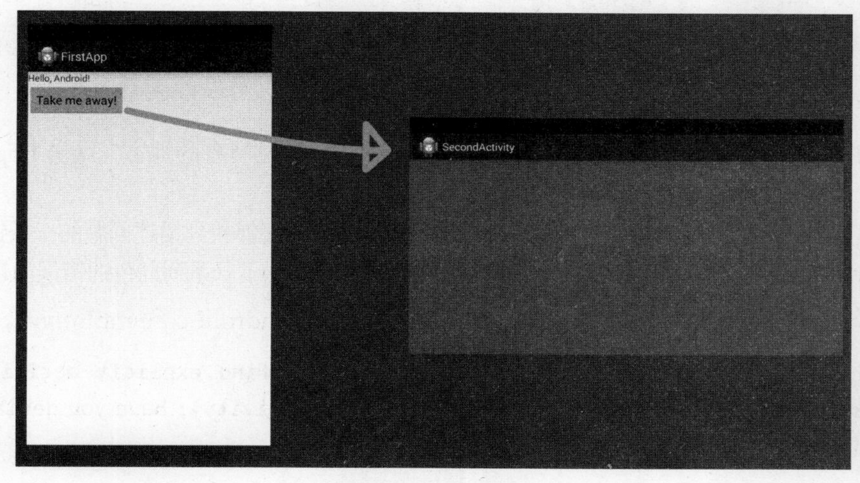

图 7-35　调用 startActivity()

> **注意**：如果你此时对于任何类或.xml 文件中有问题，可以从 jamescho7.com/book/chapter7/complete 下载源代码。

7.9 LogCat：调试基础

在开发 Android 应用程序和游戏的时候，毫无疑问会很多次遇到图 7-36 所示的对话框。图 7-36 所示的错误消息，表示应用程序中出现了某些错误。为了看看和这个严重错误相关的日志消息，我们使用一种叫作 LogCat 的工具。

要在 Eclipse 中使用 LogCat，点击 Window > Show View > Other。当 **Show View** 对话框打开的时候，查找 LogCat 并选择没有 deprecated 标记的版本（如图 7-37 所示）。

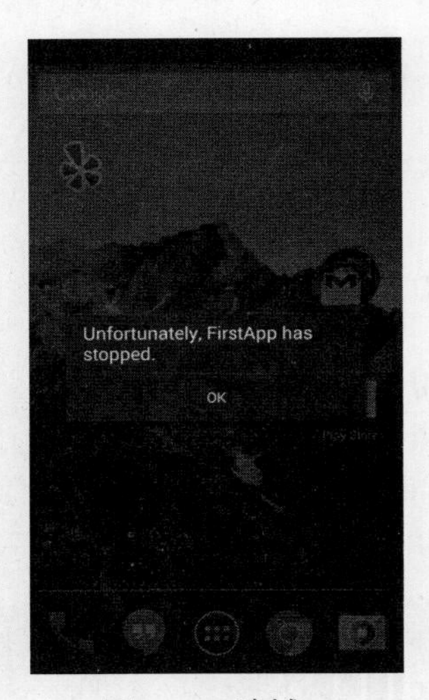

图 7-36　遗憾……

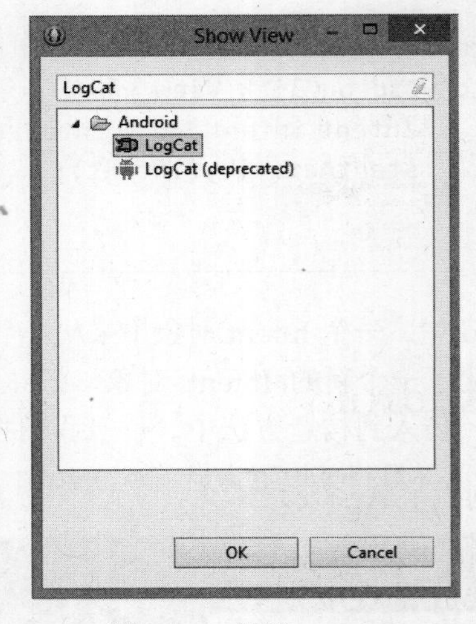

图 7-37　显示 LogCat

应该注意到，现在 LogCat 位于 Eclipse 界面的底部靠近控制台的地方。点击 LogCat 标签页，打开 LogCat，使其最大化以便于浏览，如图 7-38 所示。

下一次应用程序崩溃的时候，切换到 LogCat 行，看看是否能够找到描述问题的一条错误消息。在图 7-38 中，可以看到我的 App 已经崩溃了，而 LogCat 打印出了一系列红色的错误消息。

从图 7-38 所示的一些错误消息中，可以看到如下内容。

```
android.content.ActivityNotFoundException: Unable to find explicit activity class
{com.jamescho.firstapp/com.jamescho.firstapp.SecondActivity}; have you declared this
activity in your AndroidManifest.xml?
```

这条错误消息之所以会出现，是因为我们还没有在 Manifest 中注册 SecondActivity。修正了这一错误之后，应用程序就可以顺利运行了。像这样的错误消息，可以帮助我们调试代码并修改错误代码。稍后，我们将更详细地介绍 LogCat。

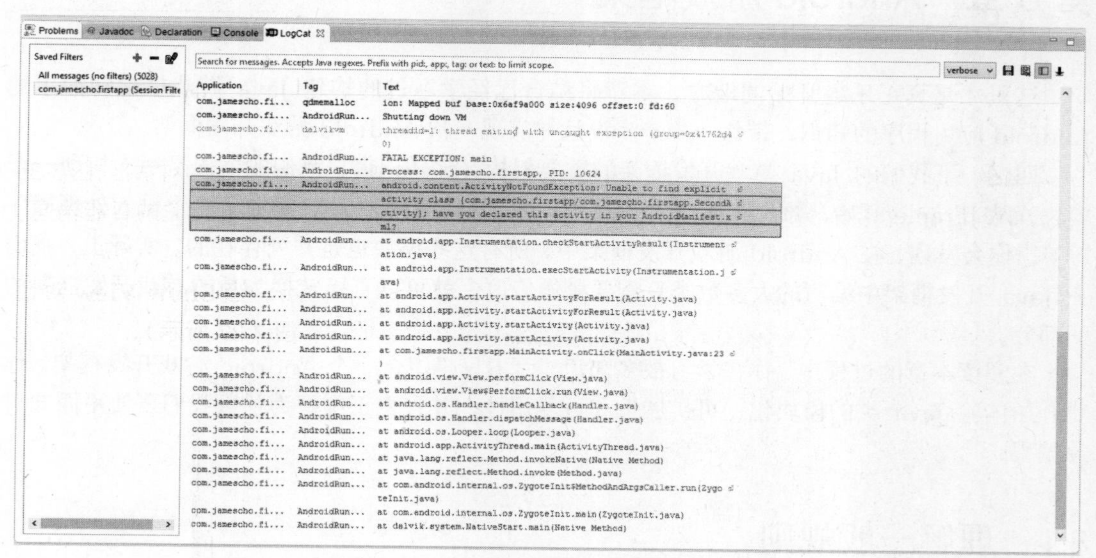

图 7-38　LogCat 标签页（最大化）

7.10　在 Android 游戏开发之路上继续前进

我们已经剖析了 Android 应用程序的结构，了解了其构造块并且创建了自己的、带有完整用户交互的应用。接下来，我们将关注 Android 游戏开发。正如对 Java 所做的一样，我们将开发一个 Android 游戏开发框架，以充当未来的游戏的基础。不久之后，你就可以在智能手机上玩自己开发的 Android 游戏，并且与全世界分享你的创造了。

第 8 章　Android 游戏框架

这里才是真正乐趣开始的地方。本章将结合已经学习过的构建 Java 游戏框架和简单的 Android 应用程序的知识，带你一步一步设计并实现一款 Android 游戏开发框架。

回忆一下我们的 Java 游戏开发框架的重要架构。你还记得，我们的框架是每次构建一个模块，从 JFrame 开始，添加了一个 JPanel，实现了一个游戏循环，添加了一个输入处理程序等等。你会发现，在 Android 游戏开发框架中，所有这些模块也是并列存在的。实际上，我们在 Java 开发框架中编写的大多数类只需要稍做修改，就可以直接转换为新的游戏开发框架的一部分。

在阅读本章的过程中，你将学习很多知识，而不只是组合一个 Android 游戏开发框架。你将开始体验 Java 类的模块化、可扩展性和可复用性，并且真正理解为什么我们要使用面向对象编程。

8.1　理解一般规则

在创建自己的 Android 游戏开发框架的过程中，有很多规则需要遵循。

1. 本章的目标是创建一个 Android 游戏开发框架，以提供在本书第二部分的 Java 游戏开发框架中所实现的所有功能。我们将关注简单性和易用性。
2. 和 Java 游戏开发框架相比，Android 游戏开发框架的核心架构不会变化，但是，具体实现可能会改变，因为很多基于 Java 的类在 Android 中不可用。
3. 由于针对移动平台开发，我们将会把内存使用最小化，以突出强调性能。我们将只是实例化那些绝对必要的新对象，尽可能地复用已有的对象。

8.2　构建 Android 游戏框架

8.2.1　设计框架

正如前面所提到的，我们将维持 Java 游戏开发框架的核心架构不变。Android 框架的概要如图 8-1 所示。请将其与图 4-3 进行比较，看看有哪些并列部分。

- 主类
  - GameMainActivity：游戏的起始点，替代 GameMain 类。将充当包含 GameView 的 Activity。
  - GameView：游戏的中心类，替代 Game 类。GameView 将包含游戏循环，并且拥有启动和退出游戏的方法。
  - Assets：一个方便类，允许我们快速加载图像和声音文件，替代 Resource 类。
- 状态类
  - State：和本书第 2 部分中相比，很少修改。
  - LoadState：和本书第 2 部分中相比，很少修改。
  - MenuState：和本书第 2 部分中相比，很少修改。
- 工具类
  - InputHandler：监听用户触摸事件并且分派游戏的状态类以处理这些事件。
  - RandomNumberGenerator：未改变。
  - Painter：一个方便类，它允许我们绘制和在 Java 中一样多的图形。
- 动画类
  - Animation：和本书第 2 部分中相比，很少修改。
  - Frame：和本书第 2 部分中相比，很少修改。

图 8-1 Android 框架概要

8.2.2 说明修改

尽管我们还是要使用 Java 编程语言来构建这个框架，但很多 Java 类在 Android 中不可用。例如，java.awt 包和 javax.swing 包，之前用来处理图形和输入，但并没有作为 Android 库的一部分而包含其中。因此，我们必须依赖特定于 Android 的代码来实现这些事情。这就要求我们将此前依赖这样的包的类进行修改。

> **注意**：本章所构建的框架的完整代码，可以通过如下链接下载：jamescho7.com/book/ chapter8/complete。如果你遇到任何困难，可以下载完整的源代码并看看一个具体的部分是如何融合到整个框架中的，你可能会发现这么做有所帮助。这个框架的架构和本书第二部分的框架的架构非常类似，因此，你将会发现它很容易理解。

8.2.3 创建项目

首先，我们创建一个名为 SimpleAndroidGDF 的 Android 应用程序。在 Eclipse 中，在

Package Explorer 上点击鼠标右键（在 Mac 上是 Ctrl+点击），并且选择 New>Android Application Project。

在 New Android Application 对话框中，输入图 8-2 所示的名称。将 Minimum Required SDK 设置为 API 9，并且选择 SDK 可用的最新版本作为 Target SDK 和 Compile With 选项。在编写本书的时候，SDK 的最新版本是 API 21。你的版本可能会更新。保持 Theme 选项为 None，并且点击 Next 按钮。

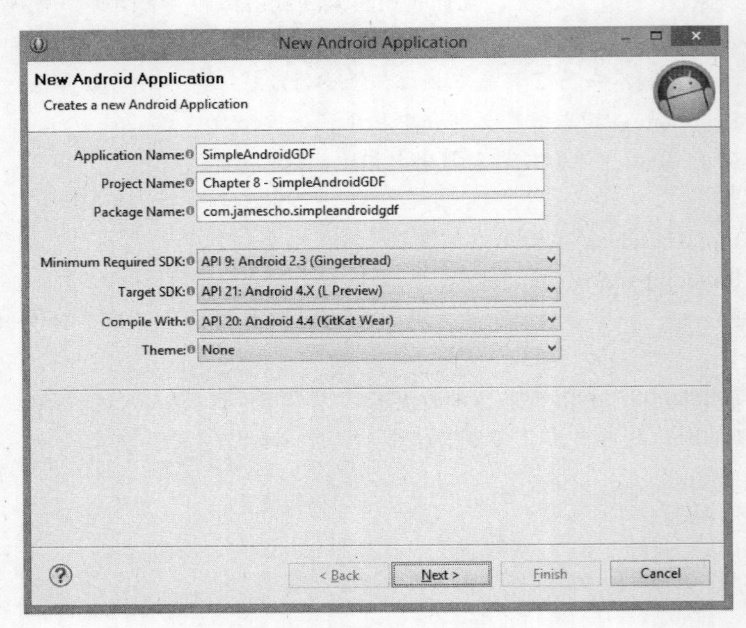

图 8-2　New Android Application 窗口

不要选中“Create custom launcher icon”和“Create activity”，如图 8-3 所示。我们将提供自己的图标和 Activity。保持其他的设置不变（如图 8-3 所示）。你的工作空间的位置可能根据安装位置的不同而不同。

8.2.4　创建 GameMainActivity

既然项目已经创建好了，我们必须创建自己的 GameMainActivity，这是我们的 Android 应用程序的起点。GameMainActivity 将会作为屏幕，其上游戏绘制，并且它还容纳了我们在第 7 章中见过的一个定制的 SurfaceView。

创建一个名为 com.jamescho.simpleandroidgdf 的新的包（这和图 8-2 中所示的包名一致），并且添加一个名为 GameMainActivity 的新类，如图 8-4 所示。

在 GameMainActivity 中，扩展 Activity 并且覆盖 onCreate()方法，如程序清单 8.1 所示。

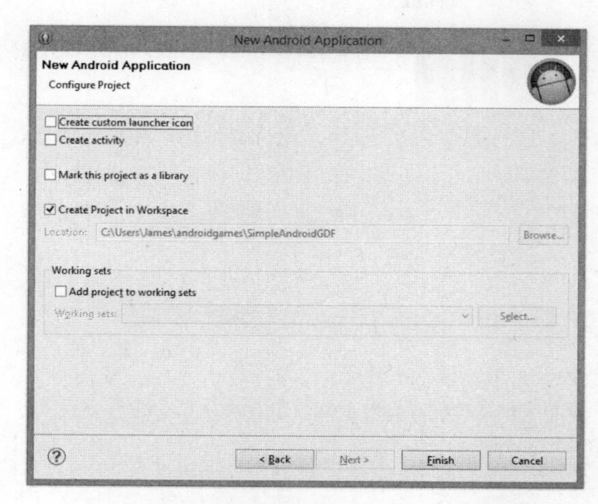

图 8-3　继续创建新的 Android 应用程序

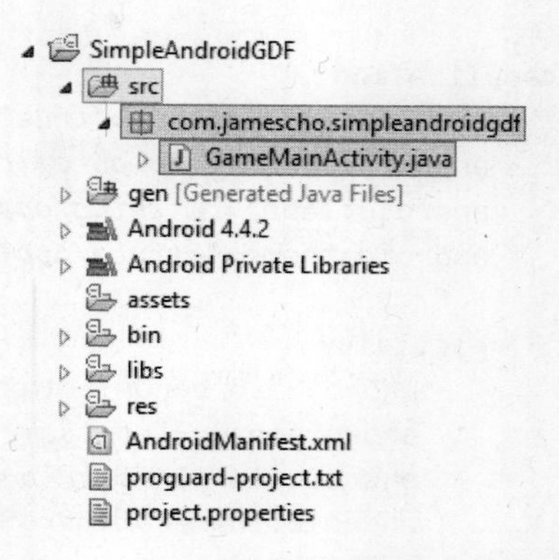

图 8-4　创建 **GameMainActivity**

程序清单 8.1　GameMainActivity

```
package com.jamescho.simpleandroidgdf;

import android.app.Activity;
import android.os.Bundle;

public class GameMainActivity extends Activity {
	@Override
	protected void onCreate(Bundle savedInstanceState) {
		super.onCreate(savedInstanceState);
	}

}
```

8.2.5　注册 Activity

现在，我们已经创建了 Activity，还必须在 AndroidManifest 中声明它。打开 Android Manifest.xml，切换到名为 AndroidManifest.xml 的编辑器标签页，并且声明新的 Activity，如下面突出显示的代码所示（注意：你的 SDK 版本可能会有所不同）。

```
<manifest xmlns:android="http://schemas.android.com/apk/res/android"
    package="com.example.simpleandroidgdf"
    android:versionCode="1"
    android:versionName="1.0" >

    <uses-sdk
```

```
        android:minSdkVersion="9"
        android:targetSdkVersion="21" />

    <application
        android:allowBackup="true"
        android:icon="@drawable/ic_launcher"
        android:label="@string/app_name"
        android:theme="@style/AppTheme" >

        <activity
            android:screenOrientation="sensorLandscape"
            android:name="com.jamescho.simpleandroidgdf.GameMainActivity"
            android:label="@string/app_name"
            android:theme="@android:style/Theme.NoTitleBar.Fullscreen" >
            <intent-filter>
                <action android:name="android.intent.action.MAIN" />
                <category android:name="android.intent.category.LAUNCHER" />
            </intent-filter>
        </activity>

    </application>

</manifest>
```

在 Manifest 中，我们将新的 GameMainActivity 设置为启动 Activity，以使其成为应用程序的起始点。注意，我们将 android:screenOrientation 设置为“sensorLandscape”，这允许玩家保持手机为竖向显示方式，并且可以让手机左边或是右边朝上的方式使用它。还要注意，我们使用 android:theme 属性删除了标题栏，使用内建的@android:style/Theme.NoTitleBar.Fullscreen 样式将应用程序设置为全屏。其效果是，删除了图 8-5 所示的深色的两栏区域，提供了宝贵的屏幕资源来更多地显示游戏。

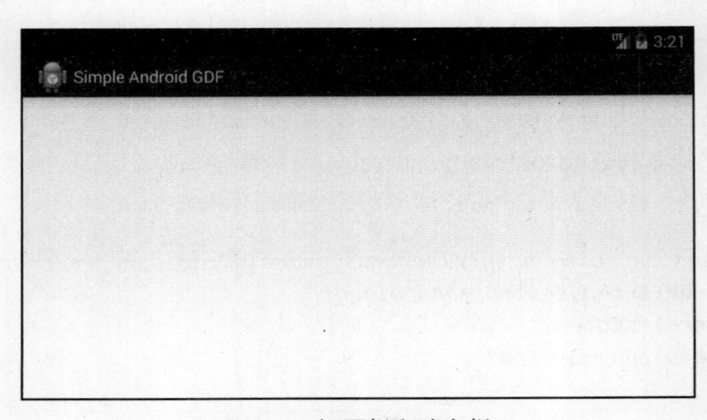

图 8-5　标题栏和消息栏

8.2.6 运行应用程序

现在，通过在 SimpleAndroidGDF 项目上点击鼠标右键（在 Mac 上是 Ctrl+点击），并且选择 Run As > 1 Android Application，尝试运行应用程序。可以在一个模拟器上或一个物理设备上运行（如果对于如何选择需要帮助的话，参阅本书第 7 章）。一旦应用程序运行了，应该会看到一个完全空白的屏幕。不要惊慌。这是正确的行为，你就是会看到空的 GameMainActivity。

8.2.7 单 Activity 的游戏

正如你所知道的，Android 应用程序通常使用多个 Activity，通过使用 Intent 从一个界面转换到下一个界面。然而，在我们的游戏开发框架中，我们只有一个单个的 Activity（GameMainActivity），并且依赖一个动态的 SurfaceView，它将显示当前选择的状态（LoadState、PlayState 等）。这和我们在 Java 游戏开发框架中采用的方式相同。

使用单个的 Activity，可以保持游戏的足迹很小，并且在 Android 生态系统中提供了对游戏行为的最大化的控制，而这个生态系统是由多个同时运行的 Activity 组成的。使用一个 SurfaceView，确保了绘制图形时候的灵活性，允许我们绘制像素精确的图像，就像我们在 JPanel 中所做的一样。

8.2.8 创建 GameView

现在，我们创建了一个定制的 SurfaceView，并且将其添加到 Activity 中。在 com.jamescho.simpleandroid.gdf 中创建一个名为 GameView 的新的类，如程序清单 8.2 所示。

程序清单 8.2 GameView（非完整版）

```
package com.jamescho.simpleandroidgdf;

import android.content.Context;
import android.view.SurfaceView;

public class GameView extends SurfaceView {
	public GameView(Context context, int gameWidth, int gameHeight) {
		super(context);
	}

}
```

我们稍后将使用 gameWidth 和 gameHeight 值，因此，现在先保留它们。

一旦已经创建了 **GameView**，你可能会（也可能不会）看到图 8-6 所示的错误。

```
GameView.java
Custom view com/jamescho/simpleandroidgdf/GameView is missing constructor used by tools: (Context) or
(Context,AttributeSet) or (Context,AttributeSet,int)
import android.content.Context;
import android.view.SurfaceView;

public class GameView extends SurfaceView {

    public GameView(Context context, int gameWidth, int gameHeight) {
        super(context);
    }
}
```

图 8-6　遗漏了构造方法

图 8-6 中的警告是说，Android 开发者工具对于每个定制的视图使用如下的构造方法之一：(Context)、(Context, AttributeSet)或(Context, AttributeSet, int)。由于我们的 **GameView** 只有一个 (Context, int, int) 构造方法，我们需要提供如下的构造方法（如下面的粗体代码所示），以消除这条警告消息。

```
package com.jamescho.simpleandroidgdf;

import android.content.Context;
import android.view.SurfaceView;

public class GameView extends SurfaceView {
        public GameView(Context context, int gameWidth, int gameHeight) {
                super(context);
        }

        public GameView(Context context) {       // The new Constructor!
                super(context);
        }

}
```

新添加的构造方法完全是为了我们的工具，而不会影响我们的代码。

8.2.9　将 GameView 设置为内容视图

既然有了一个定制的 SurfaceView，我们将其设置为 Activity 的内容。首先导航到

GameMainActivity 并声明如下的类变量，记得导入 android.content.res.AssetManager。

```
public static final int GAME_WIDTH = 800;
public static final int GAME_HEIGHT = 450;
public static GameView sGame;
public static AssetManager assets;
```

GAME_WIDTH、GAME_HEIGHT 和 sGame 变量将起到与它们在 Java 游戏框架中相同的作用。新添加的 AssetManager 将用来从 Android 项目的资源文件夹加载文件。当加载图像和声音的时候，将会从其他的类访问该对象。

在 Activity 的 onCreate()方法中，我们现在初始化了变量 sGame 和 assets，然后调用 setContentView(sGame)将新的 GameView 设置为 Activity 的内容视图。如程序清单 8.3 所示，它包含了完整的 GameMainActivity 类。

程序清单 8.3　GameMainActivity 类

```
package com.jamescho.simpleandroidgdf;

import android.app.Activity;
import android.content.res.AssetManager;
import android.os.Bundle;

public class GameMainActivity extends Activity {

	public static final int GAME_WIDTH = 800;
	public static final int GAME_HEIGHT = 450;
	public static GameView sGame;
	public static AssetManager assets;

	@Override
	protected void onCreate(Bundle savedInstanceState) {
		super.onCreate(savedInstanceState);
		assets = getAssets();
		sGame = new GameView(this, GAME_WIDTH, GAME_HEIGHT);
		setContentView(sGame);
	}

}
```

注意：如果你在此时对于任何类遇到了问题，可以从 jamescho7.com/book/chapter8/ checkpoint1 下载源代码。

8.3　讨论 GameView 的部件

此时，我们的 GameView 还只不过是一张空白的画布。在我们开始构建 GameView 之前，先来讨论一下它在我们的游戏开发框架中应该起到的作用。

GameView 就像本书第 2 部分中对应的 Game 一样，将包含游戏循环。在这个游戏循环中，GameView 将做如下的事情：接受玩家的输入，更新当前状态并渲染当前状态。要完成这些任务，GameView 需要一些辅助类。

8.3.1　当前状态

正如前面所提到的，GameView 将管理一系列的状态类。这些状态保持和 Game 类的实现相同。

8.3.2　处理输入

当我们使用 Android 设备的时候，GameView 需要对触摸事件做出响应。为了做到这点，必须为其提供一个 OnTouchListener（而不是一个按键或鼠标监听器）。这将包括如下所示的步骤。

1. 创建一个 InputHandler 类。
2. 实现 OnTouchListener 接口。
3. 将一个 InputHandler 实例，设置为该 GameView 的 OnTouchListener。

随后，无论何时，当玩家触摸了 GameView，InputHandler 将会得到通知。

8.3.3　处理绘制

还记得吧，在 Java 中，绘制是由 Graphics 类来处理的。如果想要把图像绘制到一个 Image 对象上，必须访问 Image 对象的 Graphics 对象并调用其绘制方法。

在本书第 2 部分中，在 Java 游戏开发框架中，为了让图像显示到屏幕上，我们创建了一个空的、离屏的 Image，名为 gameImage。在每一帧中，我们将这个 gameImage 的 Graphics 对象传递给当前状态，它要求该 Graphics 对象绘制相应的图像。最后，我们接受准备好的 gameImage 并将其绘制到屏幕上。

在 Android 中，我们遵循相同的模式，只有很小的差异。我们使用 Bitmap 类，而不是 Image 类，并且用 Canvas 类替代 Graphics 类。

为了执行绘制，我们创建一个空的、离屏的 Bitmap，名为 gameImage。在每一帧上，我们将提供 gameImage 的 Canvas 对象给当前状态,后者将告诉接受的 Canvas 绘制相应的图形。一旦 gameImage 准备好了，我们将其绘制到屏幕上（或者更准确地说，绘制到 GameView 的 Canvas 对象上，稍后再将 Canvas 绘制到屏幕上）。

8.3.4 画布和内存管理

Canvas 类提供了很多绘制方法，它们和 Graphics 类中的那些方法并列。例如，Canvas 类有一个绘制图像的 drawBitmap()方法（Graphics 有一个类似的 drawImage()方法）。

尽管和 Graphics 类相似,Canvas 还有一个局限性:其很多绘制调用,都需要一个 Rectangle 对象作为参数，而不是一个整数的位置和大小值。这意味着，如果想要根据一个游戏对象的 x 和 y 位置以及宽度和高度来绘制它，则必须将这些值包装到一个 Rectangle 对象中并将其传递给 Canvas。

由于这一局限性，我们有两种方法来直接为游戏实现图形。

1. 可以在每个游戏对象的渲染调用中，使用游戏对象的 x、y、宽度和高度值来创建一个新的 Rectangle 对象，并将其传递给 Canvas 的绘制方法。
2. 可以为每个游戏对象创建一个单个的 Rectangle 对象，并且通过更新其 x、y、宽度和高度值并将其传递给 Canvas 的绘制方法，从而在每一帧上复用它。

如果你对玩游戏时的延迟感觉无所谓的话，第一种方法很好。过多的对象分配是最糟糕的敌人。如果我们要在每个渲染的游戏对象的每次渲染调用中（如每一帧）创建一个新的 Rectangle 对象,那么每个游戏对象每一秒将会有 60 个新的 Rectangle 对象(假设 60FPS 的话)。当使用内存有限的 Android 设备的时候，这很快会填满内存堆（内存中存储新对象的地方），导致垃圾收集器频繁地调用并且清理任何不再使用的 Rectangle 以释放内存。每次发生这种情况，游戏都会卡住。这会导致糟糕的性能和玩游戏体验。

第二种方法更好，我们限制了所要创建的 Rectangle 的数目。假设有 10～50 个游戏对象，这意味着，我们只需要十几个 Rectangle 对象，它们自身可能并不值得进行垃圾收集。在很多游戏中，这将会工作得很好，特别是，如果你的游戏对象的边界矩形与用来绘制其图像的 x、y、宽度和高度值一致，在这种情况下，我们可以使用边界矩形来检测碰撞并且绘制图像。然而，在边界矩形和游戏对象的图形并不完全对齐的游戏中（例如，Ellio 这样的游戏），我们必须手动地进入到每一个类中创建一个新的 Rectangle，并且当游戏对象的位置或宽度发生变化的时候更新它。这降低了程序员的效率，因为他需要做很多的工作。

最好的方法是一种间接方法：在状态和 gameImage 的 Canvas 对象之间，创建一个中间类。这个类名为 Painter，它代表状态及其游戏对象，做了很多创建和更新 Rectangle 的工作，从而使得 Canvas 的行为更像是一个 Graphics 对象。当你看到这种方法的实际应用时，会更加理解其意义所在。

8.3.5 屏幕分辨率 vs.游戏分辨率

区分屏幕分辨率和游戏分辨率两个术语，这是很重要的。屏幕分辨率（screen resolution）表示一个物理设备的像素宽度和高度。另一方面，游戏分辨率（game resolution）表示游戏的宽度和高度。

在 Java 游戏开发框架中，我们的屏幕分辨率和游戏分辨率是相同的。我们创建了大小为 800×450 的一幅游戏图像，并且填充了相同大小的一个窗口。然而，当针对 Android 开发的时候，这两个分辨率可能是不同的，因为不同的设备具有不同的屏幕大小和屏幕分辨率。

在第 8 章和第 9 章中，我们设置一个固定的 800×450 的游戏分辨率（这在 GameMainActivity 中实现），而不是让游戏分辨率匹配屏幕分辨率。当执行渲染的时候，我们将创建一个大小为 800×450 的游戏图像，并且进行相应的缩放（针对较高的屏幕分辨率放大，针对较底的屏幕分辨率则缩小）。

这种方法有优点也有缺点。优点是，我们可以假设所有的 Android 设备都具有相同的分辨率，即 800×450。我们可以使用这一假设来构建自己的游戏，并且游戏会在每一台设备上都有相同的表现。

明显的缺点是，并非所有的 Android 设备都真的有 800×450 的屏幕分辨率。这意味着，尽管游戏会在每个屏幕分辨率上都有相同的行为，但它们可能看上去有所不同。这款游戏在 800×450 的屏幕上看上去像素很完美，但是在 1600×900 的屏幕上会有细节损失，依此类推。如果设备的屏幕有一个和游戏完全不同的宽高比（宽度和高度的比例，我们的游戏的宽高比是 16∶9），游戏将会不均匀地拉伸。

大多数情况下，我们会发现优点比缺点更重要。用上述方法构建的游戏，在很多设备上看上去都很好。在本书的附录 C 中，你可以找到一个示例项目的链接，该项目展示了一种更灵活的解决方案。

8.4 构建 State、InputHandler 和 Painter 类

既然已经详细地讨论了 GameView，让我们来构建其各个独立的部分。

8.4.1 Painter

在 com.jamescho.framework.util 包中创建一个新的 Painter 类，如程序清单 8.4 所示。

程序清单 8.4 Painter 类（完整版）

```
01 package com.jamescho.framework.util;
02
03 import android.graphics.Bitmap;
```

```
04 import android.graphics.Canvas;
05 import android.graphics.Paint;
06 import android.graphics.Rect;
07 import android.graphics.RectF;
08 import android.graphics.Typeface;
09
10 public class Painter {
11
12      private Canvas canvas;
13      private Paint paint;
14      private Rect srcRect;
15      private Rect dstRect;
16      private RectF dstRectF;
17
18      public Painter(Canvas canvas) {
19              this.canvas = canvas;
20              paint = new Paint();
21              srcRect = new Rect();
22              dstRect = new Rect();
23              dstRectF = new RectF();
24      }
25
26      public void setColor(int color) {
27              paint.setColor(color);
28      }
29
30      public void setFont(Typeface typeface, float textSize) {
31              paint.setTypeface(typeface);
32              paint.setTextSize(textSize);
33      }
34
35      public void drawString(String str, int x, int y) {
36              canvas.drawText(str, x, y, paint);
37      }
38
39      public void fillRect(int x, int y, int width, int height) {
40              dstRect.set(x, y, x + width, y + height);
41              paint.setStyle(Paint.Style.FILL);
42              canvas.drawRect(dstRect, paint);
```

```
43     }
44
45     public void drawImage(Bitmap bitmap, int x, int y) {
46             canvas.drawBitmap(bitmap, x, y, paint);
47     }
48
49     public void drawImage(Bitmap bitmap, int x, int y, int width, int height) {
50             srcRect.set(0, 0, bitmap.getWidth(), bitmap.getHeight());
51             dstRect.set(x, y, x + width, y + height);
52             canvas.drawBitmap(bitmap, srcRect, dstRect, paint);
53     }
54
55     public void fillOval(int x, int y, int width, int height) {
56             paint.setStyle(Paint.Style.FILL);
57             dstRectF.set(x, y, x + width, y + height);
58             canvas.drawOval(dstRectF, paint);
59     }
60 }
```

这个类的目的是使得 Android 框架中的渲染过程与 Java 框架中的渲染过程相似。注意，Painter 类的方法，与我们所熟悉的 Java Graphics 类中的方法类似。这意味着，可以像使用 Java Graphics 对象那样来使用 Painter 对象，并且它将完成把你的绘制调用转换为 Canvas 绘制调用的工作。

Painter 类中的 Canvas 对象将属于 gameImage。要将图像渲染到 gameImage，直接要求 Painter 来绘制。在 GameView 中，该 gameImage 将被绘制到屏幕上。

Paint 对象用于各种样式化选项。我们使用它来设置 TypeFace（字体）、字体大小、绘制多边形的颜色等。要了解关于 Paint 类的更多信息，请参阅 Paint 类的 Android API Reference，网址是 http://developer.android.com/reference/android/graphics/Paint.html。

注意，Java AWT（java.awt.Rectangle）中 Rectangle 类，已经被 Android 对等的 Rect（android.graphics.Rect）和 RectF（android.graphics.RectF，它用于存储基于浮点数的位置，而不是基于整数的位置）替换了。

> **注意**：android.graphics.Rect 和 android.graphics.RectF 的构造方法，由于 java.awt. Rectangle 而有所区别。
>
> java.awt.Rectangle 使用如下的参数来创建：(int x, int y, int width, int height)。
>
> Android Rect 对象使用如下的参数来创建：(int left, int top, int right, int bottom)。
>
> Rect.set(...)和 RectF.set(...)使用相同的惯例来修改一个已有的 Rect 对象的位置。

这里，我不打算介绍单个的 Canvas 绘制调用，因为它们大多数都是显而易见的。关于所使用的所有这些方法的详细介绍，请访问关于 Canvas 类的 Android API Reference，网址是 http://developer.android.com/reference/android/graphics/Canvas.html。

8.4.2 状态

创建一个名为 com.jamescho.game.state 的新的包，并且创建一个名为 State 的新的类，如程序清单 8.5 所示。

程序清单 8.5 State（完整版）

```
package com.jamescho.game.state;

import android.view.MotionEvent;

import com.jamescho.framework.util.Painter;
import com.jamescho.simpleandroidgdf.GameMainActivity;

public abstract class State {

        public void setCurrentState(State newState) {
                GameMainActivity.sGame.setCurrentState(newState);
        }

        public abstract void init();

        public abstract void update(float delta);

        public abstract void render(Painter g);

        public abstract boolean onTouch(MotionEvent e, int scaledX, int scaledY);

}
```

在做完这些之后，将会遇到图 8-7 所示的错误。选择“Create method ‘setCurrentState(State)’ in type ‘**GameView**’.”选项。这将会在 GameView 中自动创建图 8-8 所示的方法。

导入 State，确保选择了正确的一个来导入：(com.jamescho.game.state)。此时，GameView 类看上去如程序清单 8.6 所示。现在先保留该类不动，我们稍后将回到这里。

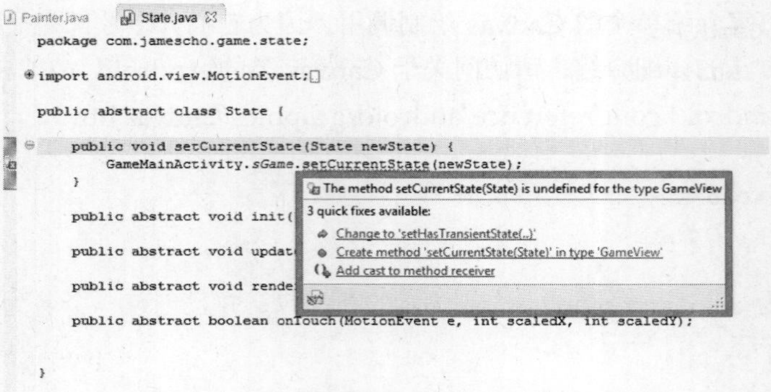

```
Painter.java    State.java
package com.jamescho.game.state;

import android.view.MotionEvent;

public abstract class State {

    public void setCurrentState(State newState) {
        GameMainActivity.sGame.setCurrentState(newState);
    }

    public abstract void init(

    public abstract void updat

    public abstract void rende

    public abstract boolean onTouch(MotionEvent e, int scaledX, int scaledY);

}
```

The method setCurrentState(State) is undefined for the type GameView
3 quick fixes available:
Change to 'setHasTransientState(..)'
Create method 'setCurrentState(State)' in type 'GameView'
Add cast to method receiver

图 8-7　未定义的方法

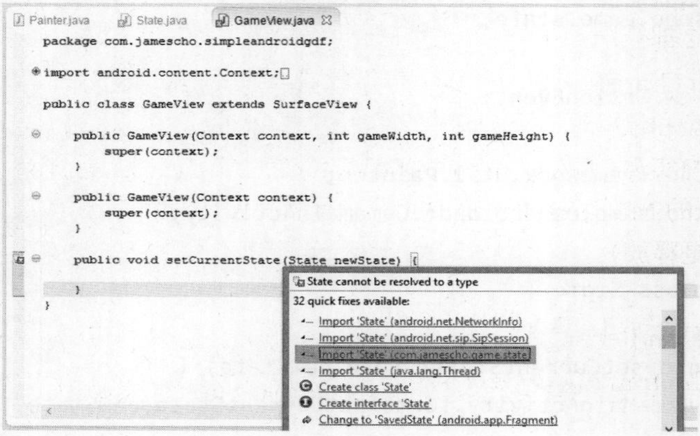

```
Painter.java    State.java    GameView.java
package com.jamescho.simpleandroidgdf;

import android.content.Context;

public class GameView extends SurfaceView {

    public GameView(Context context, int gameWidth, int gameHeight) {
        super(context);
    }

    public GameView(Context context) {
        super(context);
    }

    public void setCurrentState(State newState) {

    }
}
```

State cannot be resolved to a type
32 quick fixes available:
Import 'State' (android.net.NetworkInfo)
Import 'State' (android.net.sip.SipSession)
Import 'State' (com.jamescho.game.state)
Import 'State' (java.lang.Thread)
Create class 'State'
Create interface 'State'
Change to 'SavedState' (android.app.Fragment)

图 8-8　setCurrentState()方法

程序清单 8.6　GameView(更新后的版本)

```
package com.jamescho.simpleandroidgdf;

import com.jamescho.game.state.State;

import android.content.Context;
import android.view.SurfaceView;

public class GameView extends SurfaceView {
        public GameView(Context context, int gameWidth, int gameHeight) {
                super(context);
        }
```

```
    public GameView(Context context) {
        super(context);
    }

    public void setCurrentState(State newState) {
        // TODO Auto-generated method stub

    }

}
```

让我们回过头来看看程序清单 8.5 中的 State 类。所有的错误现在都没有了。注意，State 类看上去与其在第 2 部分中是相同的，只有如下几处修改。

- render()的 Graphics 参数已经修改为 Painter。
- 所有的键盘和鼠标输入方法都已经删除了，替换为 onTouch()。该方法将在每个独立的状态类中实现，并且当玩家触摸屏幕的时候，将由 InputHandler 调用它。

onTouch()方法的 MotionEvent 参数提供了触发该方法的触摸动作的相关信息（例如，触摸是拖动、点击还是释放）。*scaledX* 和 *scaledY* 参数将在 InputHandler 类中详细说明。

8.4.3 InputHandler

在 com.jamescho.framework.util 包中，创建 InputHandler 类，如程序清单 8.7 所示。

程序清单 8.7 InputHandler

```
package com.jamescho.framework.util;

import android.view.MotionEvent;
import android.view.View;
import android.view.View.OnTouchListener;

import com.jamescho.game.state.State;
import com.jamescho.simpleandroidgdf.GameMainActivity;

public class InputHandler implements OnTouchListener {

    private State currentState;

    public void setCurrentState(State currentState) {
        this.currentState = currentState;
```

```
	}

	@Override
	public boolean onTouch(View v, MotionEvent event) {
		int scaledX = (int) ((event.getX() / v.getWidth()) *
				GameMainActivity.GAME_WIDTH);
		int scaledY = (int) ((event.getY() / v.getHeight()) *
				GameMainActivity.GAME_HEIGHT);
		return currentState.onTouch(event, scaledX, scaledY);
	}
}
```

InputHandler 的作用和第 2 部分相比没有变化。我们通过实现如下所示的方法来实现 OnTouchListener，而不是实现 KeyListener 或 MouseListener。

```
public boolean onTouch(View v, MotionEvent event)...
```

这允许我们设置 InputHandler 的一个实例作为 GameView 的 OnTouchListener（稍后，我们将这么做）。从那个时候开始，无论何时，用户只要触摸屏幕，就会调用 InputHandler 的 onTouch()方法。如果我们响应了触摸事件，返回 true；否则，返回 false。

当调用 onTouch()方法的时候，它接受来自 Android 系统的两个参数：玩家与其交互的 View，以及表示触发 onTouch()的触摸的 MotionEvent。

使用 event.getX()和 event.getY()获取的 x 和 y 坐标，以告诉我们相对于屏幕的分辨率，触摸所发生的坐标。对于我们的框架，我们希望这些值能够根据游戏的分辨率而缩放。这在 onTouch()方法中完成，通过将事件的坐标除以屏幕的大小（v.getWidth()和 v.getHeight()）并且乘以游戏的大小（GameMainActivity.GAME_WIDTH 和 GameMainActivity.GAME_HEIGHT）而实现。

> 注意：如果此时你对于任何类遇到问题，可以从 jamescho7.com/book/chapter8/checkpoint2 下载源代码。

8.5 添加资源

8.5.1 res 文件夹

让我们暂时停止编写代码，开始添加一些所需的图像，以便完成游戏开发框架。打开

Android 项目中的 res 文件夹，如图 8-9 所示。

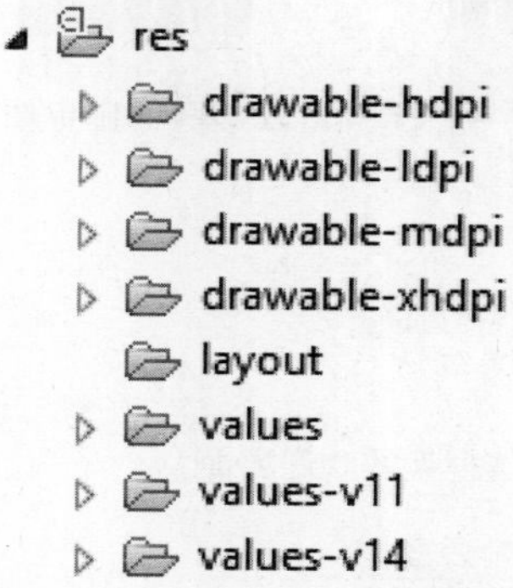

res
- drawable-hdpi
- drawable-ldpi
- drawable-mdpi
- drawable-xhdpi
- layout
- values
- values-v11
- values-v14

图 8-9 res 文件夹

你会注意到，有 4 个名为的 **drawable** 文件夹，每一个都有一个后缀名。Ldpi、mdpi、hdpi 和 xhdpi 分别表示低的、中等、高的和特别高的精度。这些文件夹允许我们创建相同图像的多个版本，以满足各种屏幕类型的需求。根据运行应用程序的设备，Android 系统将确定最优化的资源供使用。我们将利用这一功能，提供一个在一定范围的屏幕上看上去很好的图标图像。

> **注意**：要了解多种屏幕大小的更多信息，请访问如下所示的页面：http://developer.android.com/guide/practices/screens_support.html

8.5.2 下载图像文件

用 Web 浏览器访问 jamescho7.com/book/chapter8/，并把如下所示的图像文件下载到项目之外的任何文件夹（或者，根据所提供的名称和大小创建自己的图像）。

ic_launcher_36.png (36px × 36px)——用于 ldpi 设备的图标图像

ic_launcher_48.png (48px × 48px)——用于 mdpi 设备的图标图像

ic_launcher_72.png (72px × 72px)——用于 hdpi 设备的图标图像

ic_launcher_96.png (96px × 96px)——用于 xhdpi 设备的图标图像

welcome.png (800px × 450px)——用做框架的欢迎界面

8.5.3　添加图标文件

将这 4 个图标图像复制到 **drawable** 文件夹中，如图 8-10 所示。应该将 36 × 36 的图像复制到 ldpi 文件夹中，48 × 48 的图像复制到 mdpi 文件夹中，依此类推。

接下来，删除之前已有的 ic_launcher.png 图像（如果有这些图像的话），如图 8-11 所示。

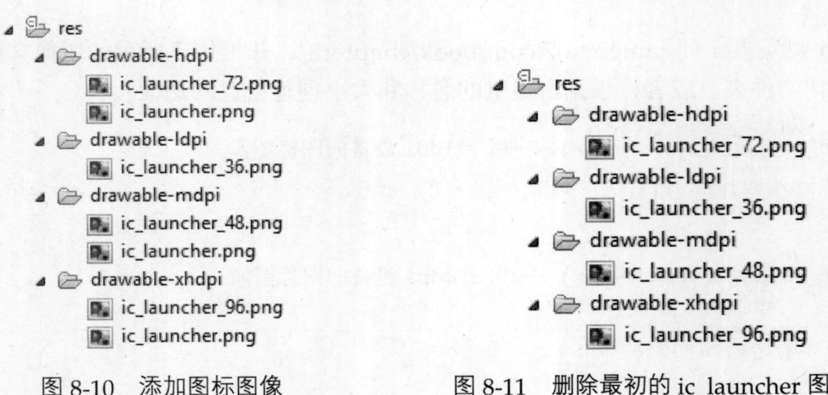

图 8-10　添加图标图像

图 8-11　删除最初的 ic_launcher 图像之后

现在，将所有的 4 个文件都重命名为 ic_launcher.png，如图 8-12 所示（这是我们之前在

Manifest 中为图标所指定的名称）。

现在，我们的图标准备好了。在设备上运行了应用程序之后（发送最新的编译版本），应用程序的图标将会如图 8-13 所示。当然，应用程序还是并不做任何事情。

- res
  - drawable-hdpi
    - ic_launcher.png
  - drawable-ldpi
    - ic_launcher.png
  - drawable-mdpi
    - ic_launcher.png
  - drawable-xhdpi
    - ic_launcher.png

图 8-12　重命名图标图像

图 8-13　更新后的 App 图标

8.5.4　添加欢迎图像

在游戏中使用的所有相关的图像和声音文件，都将放入到 assets 文件夹中。把下载的（或创建的）welcome.png 图像复制到 assets 文件夹中，如图 8-14 所示。

- assets
  - welcome.png

图 8-14　把 welcome.png 图像放置到 assets 文件夹中

8.5.5　创建 Assets 类

在 com.jamescho.simpleandroidgdf 包中，创建 **Assets** 类，如程序清单 8.8 所示。我们将在后面介绍它。

程序清单 8.8　Assets（完整版）

```
01 package com.jamescho.simpleandroidgdf;
02
03 import java.io.IOException;
```

```
04 import java.io.InputStream;
05
06 import android.graphics.Bitmap;
07 import android.graphics.Bitmap.Config;
08 import android.graphics.BitmapFactory;
09 import android.graphics.BitmapFactory.Options;
10 import android.media.AudioManager;
11 import android.media.SoundPool;
12
13 public class Assets {
14
15         private static SoundPool soundPool;
16         public static Bitmap welcome;
17
18         public static void load() {
19                 welcome = loadBitmap("welcome.png", false);
20         }
21
22         rivate static Bitmap loadBitmap(String filename, boolean transparency) {
23                 InputStream inputStream = null;
24                 try {
25                         inputStream = GameMainActivity.assets.open(filename);
26                 } catch (IOException e) {
27                         e.printStackTrace();
28                 }
29                 Options options = new Options();
30                 if (transparency) {
31                         options.inPreferredConfig = Config.ARGB_8888;
32                 } else {
33                         options.inPreferredConfig = Config.RGB_565;
34                 }
35                 Bitmap bitmap = BitmapFactory.decodeStream(inputStream, null,
36                                 new options);
37                 return bitmap;
38         }
39
40         private static int loadSound(String filename) {
```

```
41              int soundID = 0;
42              if (soundPool == null) {
43                      soundPool = new SoundPool(25, AudioManager.STREAM_MUSIC, 0);
44              }
45              try {
46              soundID = soundPool.load(GameMainActivity.assets.openFd(filename),1);
47              } catch (IOException e) {
48                      e.printStackTrace();
49              }
50              return soundID;
51      }
52
53      public static void playSound(int soundID) {
54              soundPool.play(soundID, 1, 1, 1, 0, 1);
55      }
56
57 }
```

浏览程序清单 8.8 中的代码。你将会发现，很多代码的含义都是显而易见的。这里，我不会讨论单个的内建方法的调用，因为很多这些方法真的需要学习和记住，而不只是介绍。要了解特定方法和参数的信息，请在需要的时候查看下面的页面中的 Android API Reference：http://developer.android.com/reference/packages.html。

在程序清单 8.8 中，Assets 类替代了第 2 部分中的 Resource 类。它仍然起相同的作用，允许我们将图像和声音加载到内存中以便在整个游戏过程中使用。然而，我们不再使用相同的方法来进行文件加载，因为 Android 处理文件管理的方式略有不同。

8.5.6 内存 vs.文件系统

游戏开发中的内存管理类似于饿了吃自助餐的情况，你想要将用来吃东西的时间最大化，而将获取食物所用的时间最小化。

将 RAM 当作餐桌上的一盘食物。你很容易访问它，并且可以立即找到自己需要的东西。另一方面，文件系统更像是整个房间中的自助餐菜品陈列桌，前面排着长长的一队人，他们才不知道你有多么饿。

当 Android 游戏初次启动的时候，所有的资源最初都存储在文件系统中。为了在游戏过程中很容易地访问这些资源，我们必须从文件系统获取这些资源并且将其加载到 RAM 中，这就很像是我们从自助餐的菜品陈列桌抓起一盘食物带回到自己的餐桌。

RAM 是有限的，你必须小心使用才能避免用完了它的空间。你可能选择两幅中等品质的图像，而不是选择加载一幅高品质的图像。你可能选择只是将需要频繁用到的资源放在内存中，宁愿到文件系统中去找那些较少需要用到的文件，而不是将所有资源一次性都放入到内存中。

8.5.7　从 asset 文件夹加载图像

看一下 loadBitmap()方法，它分 3 步执行图像加载。首先，它通过打开 assets 文件夹中的一个图像文件，创建了一个 **InputStream** 对象（用于从设备的文件系统中读取数据）。然后，它创建了一个 **Options** 对象，指定了该图像应该如何存储到内存中。最后，它使用 **BitmapFactory** 类创建了一个新的 Bitmap，传入 **InputStream** 和 **Options** 对象作为参数。

对于 **Options** 对象再多说几句。当我们在 Android 中加载一个 Bitmap 的时候，需要注意其内存足迹，例如，这个 Bitmap 占用了多少 RAM。随着图像的大小和质量的提高，所使用的内存也会增加。图像支持透明的话，也会增加内存的占用。

当把一幅图像加载到内存中的时候，我们直接创建一个 Bitmap 变量，并且调用 loadBitmap()方法，传入了要加载的图像的名称。loadBitmap()方法接受布尔类型的参数，它允许我们指定是否想要透明度。这个值用于确定 Bitmap 应该配置为 RGB_565（无透明度，占用较少内存）还是 ARGB_8888（透明图像，占用较大内存）。

要想要了解 Bitmap 配置以及如何计算每个 Bitmap 在运行时占用多少内存的更多知识，请访问如下所示的页面：http://developer.android.com/reference/android/graphics/Bitmap.Config.html。

8.5.8　从 assets 文件夹加载声音

较短的声音文件应该加载到 RAM 中。这允许我们快速访问它，从而可以播放声音效果而无需等待从文件系统获取声音。

为了做到这一点，我们创建了一个单个的 **SoundPool** 对象，它将充当加载到内存中的每一个声音文件的管理者。Assets 类的 loadSound()方法将接受一个文件名，打开请求的声音文件并且将其加载到 **SoundPool** 中。此时，请求的声音文件接收一个整数的 ID，我们可以使用这个 ID，通过 **Assets** 类的 playSound()方法来播放该声音。

要了解关于 **SoundPool** 以及我们调用其方法时候所需提供的各种参数的更多信息，请访问：http://developer.android.com/reference/android/media/SoundPool.html。

注意：声音文件越大，越可能是音乐文件，可能会在 RAM 中占据太多的空间，应该从文件系统直接流播放。我们将在本书第 4 部分中讨论如何实现这一点。

8.6 创建 State 类

现在，我们已经加载了 welcome 图像，可以开始创建状态类了。首先，在 com.jamescho.game. state 中创建一个类 **LoadState**，扩展 State 类（com.jamescho.game.State），并且添加未实现的方法，如图 8-15 所示。

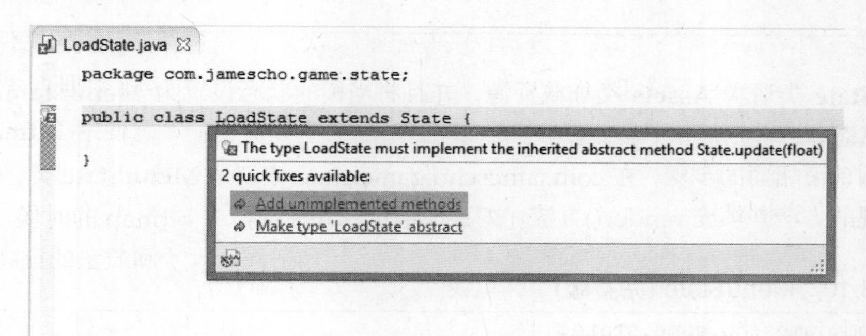

图 8-15 创建 **LoadState** 类

然后，填入方法体，如程序清单 8.9 所示，仔细检查 import 语句。

程序清单 8.9 LoadState（完整版）

```
package com.jamescho.game.state;

import android.view.MotionEvent;

import com.jamescho.framework.util.Painter;
import com.jamescho.simpleandroidgdf.Assets;

public class LoadState extends State {

	@Override
	public void init() {
		Assets.load();
	}

	@Override
	public void update(float delta) {
		setCurrentState(new MenuState());
	}

	@Override
	public void render(Painter g) {
```

```
	}

	@Override
	public boolean onTouch(MotionEvent e, int scaledX, int scaledY) {
		return false;
	}

}
```

LoadState 类请求 **Assets** 类加载资源，并且将当前的状态设置为 **MenuState**，我们接下来创建该状态。

按照和前面相同的步骤，在 com.jamescho.game.state 中创建 **MenuState** 类，扩展 State，添加未实现的方法并填充 render()方法，如程序清单 8.10 所示。

程序清单 8.10　MenuState (完整版)

```
package com.jamescho.game.state;

import android.view.MotionEvent;

import com.jamescho.framework.util.Painter;
import com.jamescho.simpleandroidgdf.Assets;

public class MenuState extends State {

	@Override
	public void init() {
	}

	@Override
	public void update(float delta) {
	}

	@Override
	public void render(Painter g) {
		g.drawImage(Assets.welcome, 0, 0);
	}

	@Override
	public boolean onTouch(MotionEvent e, int scaledX, int scaledY) {
		return false;
	}

}
```

MenuState 现在直接显示 Assets.welcome 图像。

> 注意：如果你此时对于任何的类遇到问题，可以从 jamescho7.com/book/chapter8/ checkpoint3 下载源代码。

8.7 创建 GameView 类

所有单独的组件现在都准备好了，我们现在开始实现 GameView 类。这个类和本书第 2 部分中的 Game 类很相似，只不过它包含了一些特定于 Android 的代码。

8.7.1 声明变量

首先声明如下所示的变量。

```
private Bitmap gameImage;
private Rect gameImageSrc;
private Rect gameImageDst;
private Canvas gameCanvas;
private Painter graphics;

private Thread gameThread;
private volatile boolean running = false;
private volatile State currentState;

private InputHandler inputHandler;
```

更新 import 语句，如下所示。

```
import android.content.Context;
import android.graphics.Bitmap;
import android.graphics.Canvas;
import android.graphics.Rect;
import android.view.SurfaceView;

import com.jamescho.framework.util.InputHandler;
import com.jamescho.framework.util.Painter;
import com.jamescho.game.state.State;
```

在 Java 游戏开发框架中，你已经见过这些变量中的大多数，但还是有一些添加和修改值得注意。记得我们的绘制策略是，创建一个离屏的图像，并且在准备好的时候将其渲染到屏幕。

为此，gameImage 给出一个返回，这一次是 Bitmap 类型。我们还创建了一个变量来表示这个 gameImage 的 Canvas 对象，以将其传递给名为 graphics 的 Painter。Painter 将会处理 currentState 的绘制调用，将请求绘制的图像绘制到 gameCanvas。我稍后详细介绍这个过程。

8.7.2　初始化图形变量

在构造方法中，初始化和图形相关的 5 个变量，如下所示。

```
...
public GameView(Context context, int gameWidth, int gameHeight) {
        super(context);
        gameImage = Bitmap.createBitmap(gameWidth, gameHeight, Bitmap.Config.RGB_565);
        gameImageSrc = new Rect(0, 0, gameImage.getWidth(), gameImage.getHeight());
        gameImageDst = new Rect();
        gameCanvas = new Canvas(gameImage);
        graphics = new Painter(gameCanvas);
}
...
```

使用 **Bitmap** 类的 createBitmap 方法来初始化 gameImage，该方法接受一个图像的宽度、高度和配置。我们将宽度和高度分别设置为与 gameWidth 和 gameHeight 变量相等，并且把图像配置为 RGB_565。gameImage 将覆盖整个屏幕，并且不需要是透明的。

Rect gameImageSrc 将用来指定 gameImage 的哪一个区域应该绘制到屏幕上。在这个例子中，我们想要整个 gameImage 都绘制，因此传入相应的参数。

Rect gameImageDst 将用于指定当 gameImage 绘制到屏幕上的时候应该如何缩放。我们随后再来修改这个值。

Canvas gameCanvas 是 gameImage 的 Canvas。要把图像绘制到 gameImage 上，我们必须绘制到其 Canvas 上。我们并不是直接这么做，而是仔细检查 **Painter** 类，它将接受 gameCanvas 并执行当前状态所请求的绘制调用。

此时，**GameView** 类应该如程序清单 8.11 所示。

程序清单 8.11　GameView（非完整版）

```
package com.jamescho.simpleandroidgdf;

import android.content.Context;
import android.graphics.Bitmap;
import android.graphics.Canvas;
import android.graphics.Rect;
```

```
import android.view.SurfaceView;

import com.jamescho.framework.util.InputHandler;
import com.jamescho.framework.util.Painter;
import com.jamescho.game.state.State;

public class GameView extends SurfaceView {

  private Bitmap gameImage;
  private Rect gameImageSrc;
  private Rect gameImageDst;
  private Canvas gameCanvas;
  private Painter graphics;

  private Thread gameThread;
  private volatile boolean running = false;
  private volatile State currentState;

  private InputHandler inputHandler;


  public GameView(Context context, int gameWidth, int gameHeight) {
        super(context);
        gameImage = Bitmap.createBitmap(gameWidth, gameHeight, Bitmap.Config.RGB_565);
        gameImageSrc = new Rect(0, 0, gameImage.getWidth(), gameImage.getHeight());
        gameImageDst = new Rect();
        gameCanvas = new Canvas(gameImage);
        graphics = new Painter(gameCanvas);
  }

  public GameView(Context context) {
        super(context);
  }

  public void setCurrentState(State newState) {
        // TODO Auto-generated method stub

  }

}
```

8.7.3　添加 SurfaceHolder 回调

当使用如 SurfaceView 这样的一个 surface 的时候，我们必须要注意，不要太早开始渲染并且太晚停止渲染。Android 应用程序从一个 Activity 切换到另一个 Activity，这意味着我们的 SurfaceView 可能是由玩家一时兴起而创建和销毁。

我们可以通过实现 SurfaceHolder 回调，从而选择当 surface 创建以及当该 surface 被销毁的时候得到通知。为了做到这一点，我们必须首先添加如下所示的代码行，以更新 import 语句。

```
import android.util.Log;
import android.view.SurfaceHolder;
import android.view.SurfaceHolder.Callback;
```

接下来，将如下粗体所示的代码行添加到构造方法的末尾。

```
public GameView(Context context, int gameWidth, int gameHeight) {
                super(context);
                 ...
                graphics = new Painter(gameCanvas);

                SurfaceHolder holder = getHolder();
                holder.addCallback(new Callback() {

                });

}
```

这会获取 SurfaceView 的 SurfaceHolder（这是保证我们可以访问 SurfaceView 的 surface 的一个接口），并且为其添加 Callback 的一个新的实例。

> 注意：上面带有灰底的代码构成了实现该 Callback 接口的一个匿名内联类。这和我们在第 7 章中实现按钮的一个 OnClickListener 所使用的语法相同

由于 Callback 是一个接口，我们必须添加其未实现的方法，如图 8-16 所示。

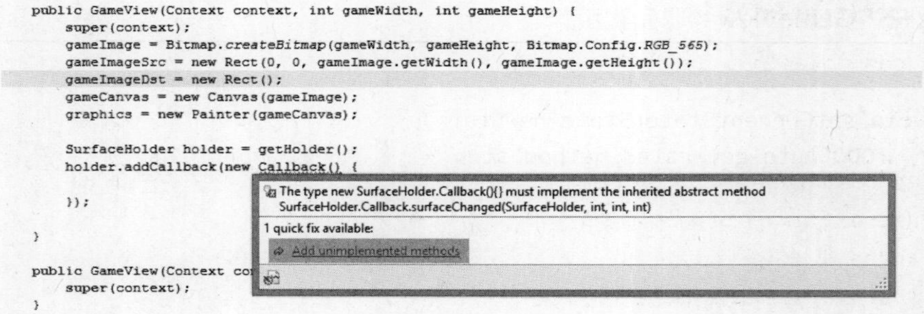

```
public GameView(Context context, int gameWidth, int gameHeight) {
    super(context);
    gameImage = Bitmap.createBitmap(gameWidth, gameHeight, Bitmap.Config.RGB_565);
    gameImageSrc = new Rect(0, 0, gameImage.getWidth(), gameImage.getHeight());
    gameImageDst = new Rect();
    gameCanvas = new Canvas(gameImage);
    graphics = new Painter(gameCanvas);

    SurfaceHolder holder = getHolder();
    holder.addCallback(new Callback() {

    });

}

public GameView(Context co
    super(context);
}
```

The type new SurfaceHolder.Callback(){} must implement the inherited abstract method SurfaceHolder.Callback.surfaceChanged(SurfaceHolder, int, int, int)

1 quick fix available:

Add unimplemented methods

图 8-16　实现 Callback 接口

让我们看看 Callback 是否能够正确地工作。为 surfaceCreated()和 surfaceDestroyed()填充方法体，如下所示。

```
SurfaceHolder holder = getHolder();
holder.addCallback(new Callback() {

        @Override
        public void surfaceCreated(SurfaceHolder holder) {
                Log.d("GameView", "Surface Created");
        }

        @Override
        public void surfaceChanged(SurfaceHolder holder, int format,
                int width, int height) {
                // TODO Auto-generated method stub
        }

        @Override
        public void surfaceDestroyed(SurfaceHolder holder) {
                Log.d("GameView", "Surface Destroyed");
        }

});
```

> 注意：Log.d()方法用来将调试消息打印到 LogCat。根据惯例，我们传入调用该方法的类的名称和一条 String 消息。该方法的行为就像 System.out.println()一样。

如果在 GameView 中遇到任何错误，将你的 import 语句、变量名称和方法与程序清单 8.12 进行比较。

程序清单 8.12　GameView（非完整版）

```
01 package com.jamescho.simpleandroidgdf;
02
03 import android.content.Context;
04 import android.graphics.Bitmap;
05 import android.graphics.Canvas;
06 import android.graphics.Rect;
07 import android.view.SurfaceView;
08 import android.util.Log;
```

```
09 import android.view.SurfaceHolder;
10 import android.view.SurfaceHolder.Callback;
11
12 import com.jamescho.framework.util.InputHandler;
13 import com.jamescho.framework.util.Painter;
14 import com.jamescho.game.state.State;
15
16 public class GameView extends SurfaceView {
17
18       private Bitmap gameImage;
19       private Rect gameImageSrc;
20       private Rect gameImageDst;
21       private Canvas gameCanvas;
22       private Painter graphics;
23
24       private Thread gameThread;
25       private volatile boolean running = false;
26       private volatile State currentState;
27
28       private InputHandler inputHandler;
29
30       public GameView(Context context, int gameWidth, int gameHeight) {
31         super(context);
32         gameImage = Bitmap.createBitmap(gameWidth, gameHeight, Bitmap.Config.RGB_565);
33         gameImageSrc = new Rect(0, 0, gameImage.getWidth(), gameImage.getHeight());
34         gameImageDst = new Rect();
35         gameCanvas = new Canvas(gameImage);
36         graphics = new Painter(gameCanvas);
37
38         SurfaceHolder holder = getHolder();
39         holder.addCallback(new Callback() {
40
41             @Override
42             public void surfaceCreated(SurfaceHolder holder) {
43                     Log.d("GameView", "Surface Created");
44             }
45
46             @Override
47             public void surfaceChanged(SurfaceHolder holder, int format,
                                         int width, int height) {
48             // TODO Auto-generated method stub
49             }
```

```
50
51              @Override
52              public void surfaceDestroyed(SurfaceHolder holder) {
53                      Log.d("GameView", "Surface Destroyed");
54              }
55
56          });
57
58      }
59
60      public GameView(Context context) {
61              super(context);
62      }
63
64      public void setCurrentState(State newState) {
65              // TODO Auto-generated method stub
66      }
67
68 }
```

8.7.4 在 DDMS Perspective 中测试应用程序

现在，我们切换到一个新的 Eclipse Perspective，这是一组预先配置的视图标签页，可以帮助我们完成一项特定的任务。到目前为止，我们还只是在 Java 视图中工作，如应用程序的右上角所显示的那样（如图 8-17 所示）。

图 8-17　当前的 Perspective（Eclipse 窗口的右上角）

要切换到 DDMS perspective，点击图 8-17 中的 DDMS 按钮。如果这个按钮没有出现，点击 Open Perspective 按钮（该按钮出现在图 8-17 中的“Java”视图的左边）。应该会看到如图 8-18 所示的窗口出现。

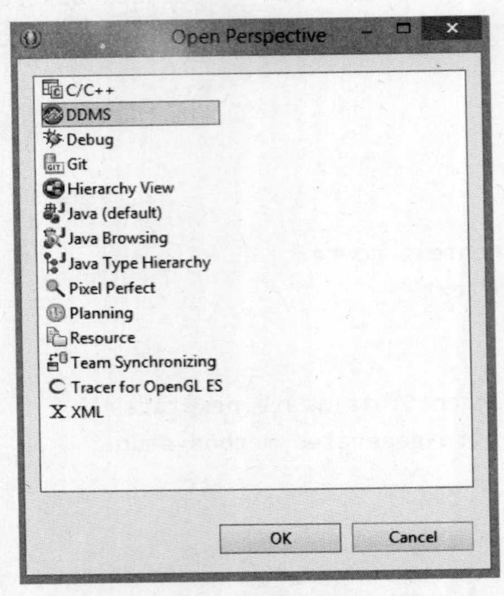

图 8-18　Open Perspective 窗口

选择 DDMS 选项，并且点击 OK 按钮。将会看到图 8-19 所示的 DDMS Perspective。

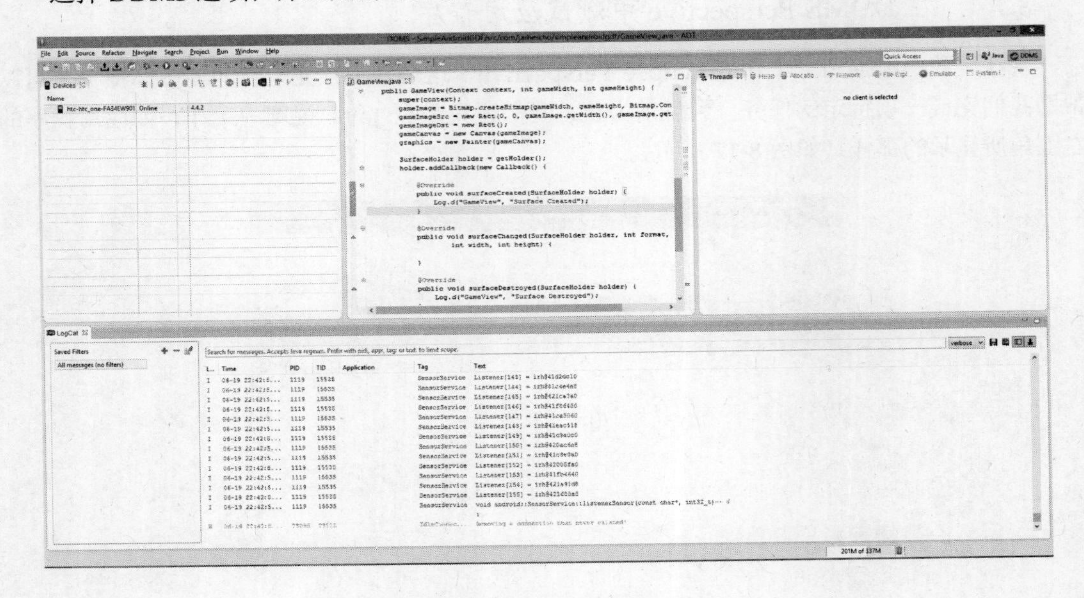

图 8-19　DDMS Perspective

现在，连接到一个实体的 Android 设备或运行模拟器。应该会看到你的设备在左上角的 Devices 窗口中作为 Online 列出，如图 8-20 所示。

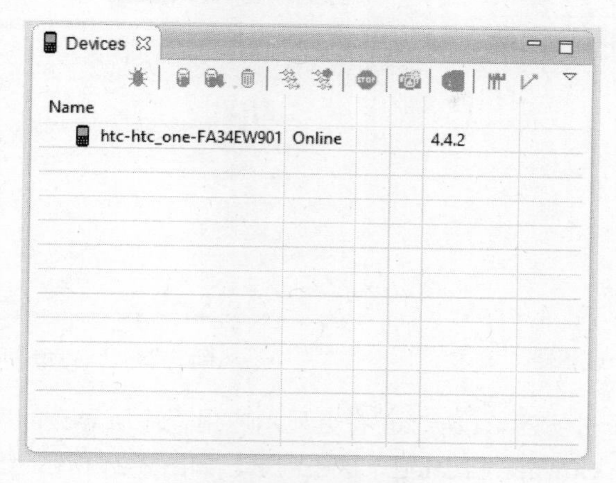

图 8-20　Devices 视图

> **注意：** 如果你的物理设备显示 Offline，尝试重新连接手机并验证已经为该设备安装了最新的 USB 驱动。如果模拟器显示 Offline，直接重启它并再次检查。

现在，运行你的设备。Devices 视图将会更新，在你的设备下列出了应用程序，如图 8-21 所示。

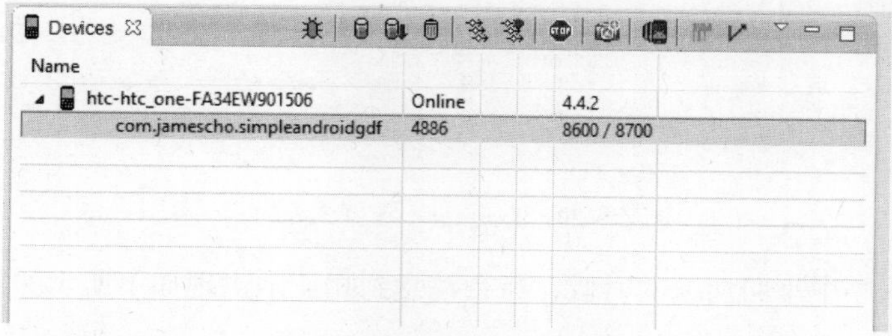

图 8-21　运行应用程序

你将会注意到，屏幕底部的 LogCat 视图有所更新，列出了设备上所发生的各种事件。这可能有点太多了，因为在设备的后台确实发生了很多的事情。

由于我们此时只关心应用程序，让我们添加一个过滤器。在 LogCat 视图中，点击 Saved Filters 旁边的+按钮，如图 8-22 所示。

选择一个 Filter Name，并且输入 Application Name，如图 8-23 所示。这应该和 Devices 视图下列出的应用程序一致。

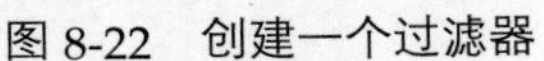
图 8-22　创建一个过滤器

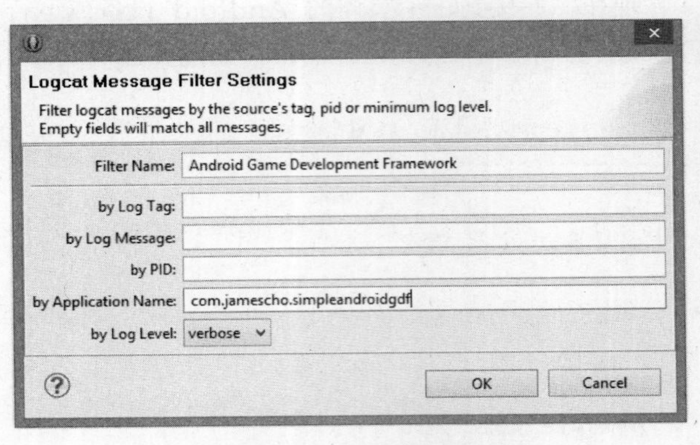

图 8-23　Logcat 过滤器设置

一旦创建并选择了过滤器，LogCat 将会显示应用程序所导致的所有消息。看一下带有“GameView”标签的“Surface Created”这条消息，如图 8-24 所示（当应用程序初次执行的时候，应该会出现这条消息）。

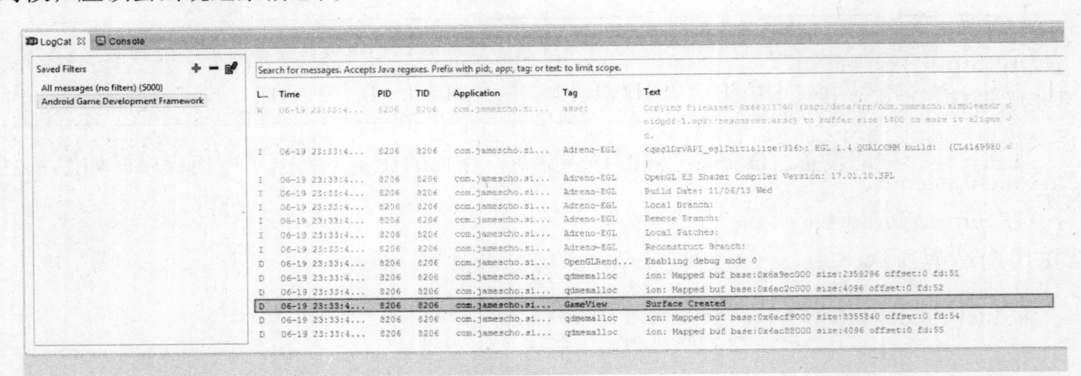

图 8-24　Logcat（过滤之后）

当你在应用程序中来回切换的时候，将会注意到相应地出现如下所示的消息。

```
Tag:          Text:
GameView      Surface Created
...
GameView      Surface Destroyed
```

这证实了我们的 SurfaceHolder 回调真的在工作，并且，这些消息告诉我们，无论何时，当我们切换出应用程序的时候，surface 就会销毁。另一方面，当我们初次打开应用程序或者切换回应用程序的时候，surface 将会创建。我们使用这一知识来继续构建 GameView。

> **注意：** 可以使用 DDMS perspective 来截取设备的屏幕截图，模拟手机拨打电话，甚至检查内存使用情况。要了解关于 DDMS perspective 的更多信息，请参阅如下所示的官方文档：http://developer.android.com/tools/debugging/ddms.html。

8.7.5　设置输入

现在，我们来添加 **InputHandler** 的一个实例作为 **GameView** 的 OnTouchListener。返回到 Java perspective，并且向 **GameView** 类中添加如下所示的方法。

```
private void initInput() {
        if (inputHandler == null) {
                inputHandler = new InputHandler();
        }
        setOnTouchListener(inputHandler);
}
```

initInput()方法首先检查 inputHandler 是否为空，如果必要则创建一个 inputHandler（这个步骤是有必要的，因为每次 surface 创建的时候，例如，app 初次运行或者在暂停一段时间后又恢复，都会调用 initInput()方法）。然后，该方法将 inputHandler 设置为 **GameView** 的 OnTouchListener。

在 SurfaceHolder 的 Callback 的 surfaceCreated()方法中，调用这个新创建的方法，如下面的粗体代码所示。

```
holder.addCallback(new Callback() {

        @Override
        publicvoid surfaceCreated(SurfaceHolder holder) {
                Log.d("GameView", "Surface Created");
                initInput();
        }

        @Override
        public void surfaceChanged(SurfaceHolder holder, int format,
                int width, int height) {
                // TODO Auto-generated method stub
        }
```

```
        @Override
        public void surfaceDestroyed(SurfaceHolder holder) {
                Log.d("GameView", "Surface Destroyed");
        }
});
```

注意：在 Android 游戏框架中，surfaceCreated()的行为相当于本书第 2 部分中的 Game 类中的 addNotify()方法。

8.7.6　设置初始状态

接下来，完成空的 setCurrentState()方法，如下所示。

```
public void setCurrentState(State newState) {
        System.gc();
        newState.init();
        currentState = newState;
        inputHandler.setCurrentState(currentState);
}
```

在初始化输入之后，我们将调用这个方法。导入 **LoadState** 类（com.jamescho.game.state.LoadState），并且将如下所示的粗体代码行添加到 surfaceCreated()方法回调中。

```
public void surfaceCreated(SurfaceHolder holder) {
        initInput();
        if (currentState == null) {
                setCurrentState(new LoadState());
        }
}
```

和 inputHandler 一样，在创建一个新的 **LoadState** 之前，我们首先确保 currentState 为空。这么做的效果是，即使当应用程序暂停的时候，也会保留 currentState。例如，如果用户在 PlayState 期间切换出应用程序，并且随后返回了该应用程序，currentState 将保留为 **PlayState**。

8.7.7　实现游戏循环线程

我们将采用和本书第 2 部分中相同的模式来设置游戏循环。这意味着，我们将在一个单独的线程（gameThread）中执行游戏循环。让我们每次完成一步。

1. 实现 Runnable 接口。类声明应该修改为包含“implements Runnable”，如下所示。

```
public class GameView extends SurfaceView implements Runnable {
```

2. 添加未实现的 run()方法。
3. 创建 initGame()和 pauseGame()方法，如下所示。

```
private void initGame() {
        running = true;
        gameThread = new Thread(this, "Game Thread");
        gameThread.start();
}

private void pauseGame() {
        running = false;
        while (gameThread.isAlive()) {
                try {
                        gameThread.join();
                        break;
                } catch (InterruptedException e) {
                }
        }
}
```

initGame()方法保持和 Java 游戏开发框架中一样。pauseGame()方法是新添加的。其中，Thread.join()方法用来告诉 gameThread，当应用程序应该暂停的时候停止执行。当游戏准备暂停的时候，特别是在 Callback 的 surfaceDestroyed()方法中，我们将调用该方法。

4. 像下面的示例那样，在 surfaceCreated()和 surfaceDestroyed()方法中，调用 initGame()和 pauseGame()方法，删除 Log.d(...)语句并导入 com.jamescho.game.state.LoadState。

```
...
SurfaceHolder holder = getHolder();
holder.addCallback(new Callback() {

   @Override
   public void surfaceCreated(SurfaceHolder holder) {
        initInput();
        if (currentState == null) {
```

```
                setCurrentState(new LoadState());
            }
            initGame();
        }

        @Override
        public void surfaceChanged(SurfaceHolder holder, int format,int width,
                        int height) {
            // TODO Auto-generated method stub
        }

        @Override
        public void surfaceDestroyed(SurfaceHolder holder) {
            pauseGame();
        }

    });
    ...
```

在实现 run()方法之前，先添加方法来更新和渲染当前的状态，并且将 gameImage 绘制到屏幕上。

5. 向类中添加如下所示的方法。

```
private void updateAndRender(long delta) {
        currentState.update(delta / 1000f);
        currentState.render(graphics);
        renderGameImage();
}

private void renderGameImage() {
        Canvas screen = getHolder().lockCanvas();
        if (screen != null) {
                screen.getClipBounds(gameImageDst);
                screen.drawBitmap(gameImage, gameImageSrc, gameImageDst, null);
                getHolder().unlockCanvasAndPost(screen);
        }
}
```

updateAndRender()方法保持和 Java 游戏开发框架中相同，只不过我们不再在每一帧中调用 prepareGameImage()方法。renderGameImage()方法有一些显著的改变，但是，它起到同样的作用。让我们详细介绍 renderGameImage()方法。

所有的 Canvas 绘制应该在如下所示的方法之间进行。

```
Canvas screen = getHolder().lockCanvas();
// Draw Here
getHolder().unlockCanvasAndPost(screen);
```

getHolder().lockCanvas()方法锁定 Canvas 以进行绘制。这一次只允许一个 Thread 来绘制。getHolder().unlock CanvasAndPost(screen)方法将解锁 Canvas 并且结束绘制。

在这两个方法之间，我们验证了 Canvas screen 不为空。然后，使用 screen.getClipBounds()检查 screen 的边界，传入 gameImageDst，这是我们之前创建的一个 Rect 对象。这会通知 Rect 对象屏幕有多大（gameImageDst 的 left、top、right 和 bottom 值更新为与屏幕的值一致）。有了这些信息，我们把 gameImage 绘制到屏幕上（使用 gameImageSrc 获取整个 gameImage，并且使用 gameImageDst 缩放它以使其适合屏幕，参见 **Painter** 类以回忆这是如何处理的）。

6. 更新 run()方法如下所示。它保持和本书第 2 部分中一致，只不过省略了 System.exit(0)调用。

```
@Override
public void run() {
    long updateDurationMillis = 0;
    long sleepDurationMillis = 0;

    while (running) {
        long beforeUpdateRender = System.nanoTime();
        long deltaMillis = sleepDurationMillis + updateDurationMillis;
        updateAndRender(deltaMillis);

        updateDurationMillis = (System.nanoTime() - beforeUpdateRender) / 1000000L;
        sleepDurationMillis = Math.max(2, 17 - updateDurationMillis);

        try {
                Thread.sleep(sleepDurationMillis);
        } catch (Exception e) {
                e.printStackTrace();
        }
    }
}
```

现在，游戏循环完成了，我们的 **GameView** 已经完全实现了。如果你遇到错误，将你的类和程序清单 8.13 中的完整的类进行比较。

程序清单 8.13　GameView（完整版）

```
001 package com.jamescho.simpleandroidgdf;
002
003 import android.content.Context;
004 import android.graphics.Bitmap;
005 import android.graphics.Canvas;
006 import android.graphics.Rect;
007 import android.view.SurfaceView;
008 import android.view.SurfaceHolder;
009 import android.view.SurfaceHolder.Callback;
010
011 import com.jamescho.framework.util.InputHandler;
012 import com.jamescho.framework.util.Painter;
013 import com.jamescho.game.state.LoadState;
014 import com.jamescho.game.state.State;
015
016 public class GameView extends SurfaceView implements Runnable {
017
018    private Bitmap gameImage;
019    private Rect gameImageSrc;
020    private Rect gameImageDst;
021    private Canvas gameCanvas;
022    private Painter graphics;
023
024    private Thread gameThread;
025    private volatile boolean running = false;
026    private volatile State currentState;
027
028    private InputHandler inputHandler;
029
030    public GameView(Context context, int gameWidth, int gameHeight) {
031      super(context);
032      gameImage = Bitmap.createBitmap(gameWidth, gameHeight, Bitmap.Config.RGB_565);
033      gameImageSrc = new Rect(0, 0, gameImage.getWidth(), gameImage.getHeight());
034      gameImageDst = new Rect();
035      gameCanvas = new Canvas(gameImage);
036      graphics = new Painter(gameCanvas);
```

```
037
038     SurfaceHolder holder = getHolder();
039     holder.addCallback(new Callback() {
040
041             @Override
042             public void surfaceCreated(SurfaceHolder holder) {
043                     initInput();
044                     if (currentState == null) {
045                             setCurrentState(new LoadState());
046                     }
047                     initGame();
048             }
049
050             @Override
051             public void surfaceChanged(SurfaceHolder holder, int format,int width,
                                int height) {
052                     // TODO Auto-generated method stub
053             }
054
055             @Override
056             public void surfaceDestroyed(SurfaceHolder holder) {
057                     pauseGame();
058             }
059
060     });
061
062   }
063
064   public GameView(Context context) {
065     super(context);
066   }
067
068   public void setCurrentState(State newState) {
069     System.gc();
070     newState.init();
071     currentState = newState;
072     inputHandler.setCurrentState(currentState);
073   }
074
075   private void initInput() {
076     if (inputHandler == null) {
```

```
077                 inputHandler = new InputHandler();
078         }
079         setOnTouchListener(inputHandler);
080     }
081 
082     private void initGame() {
083         running = true;
084         gameThread = new Thread(this, "Game Thread");
085         gameThread.start();
086     }
087 
088     private void pauseGame() {
089         running = false;
090         while (gameThread.isAlive()) {
091             try {
092                     gameThread.join();
093                     break;
094                 } catch (InterruptedException e) {
095                 }
096         }
097     }
098 
099     private void updateAndRender(long delta) {
100         currentState.update(delta / 1000f);
101         currentState.render(graphics);
102         renderGameImage();
103     }
104 
105     private void renderGameImage() {
106         Canvas screen = getHolder().lockCanvas();
107         if (screen != null) {
108                 screen.getClipBounds(gameImageDst);
109                 screen.drawBitmap(gameImage, gameImageSrc, gameImageDst, null);
110                 getHolder().unlockCanvasAndPost(screen);
111         }
112     }
113 
114     @Override
115     public void run() {
116         long updateDurationMillis = 0;
117         long sleepDurationMillis = 0;
```

```
118
119     while (running) {
120     long beforeUpdateRender = System.nanoTime();
121     long deltaMillis = sleepDurationMillis + updateDurationMillis;
122     updateAndRender(deltaMillis);
123
124     updateDurationMillis = (System.nanoTime() - beforeUpdateRender) / 1000000L;
125     sleepDurationMillis = Math.max(2, 17 - updateDurationMillis);
126
127     try {
128         Thread.sleep(sleepDurationMillis);
129     } catch (Exception e) {
130         e.printStackTrace();
131         }
132     }
133   }
134
135 }
```

注意：如果此时你对于任何的类遇到问题，可以从 jamescho7.com/book/chapter8/ checkpoint4 下载源代码。

8.7.8 运行应用程序

GameView 已经完成了并开始运行，它现在应该会显示当前的状态。再次运行应用程序，应该会看到图 8-25 的欢迎界面。

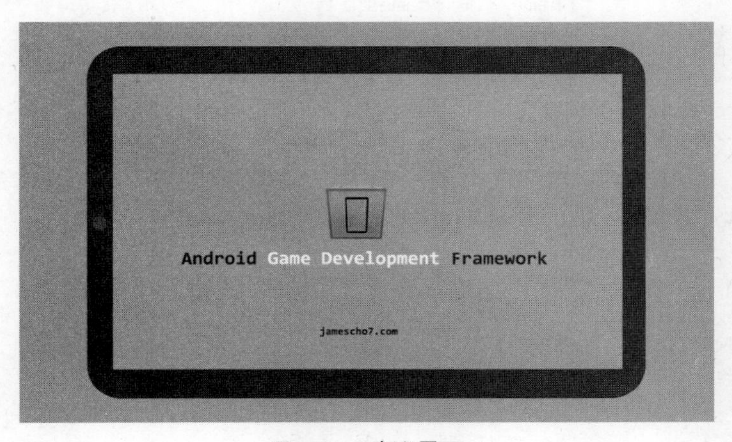

图 8-25 欢迎界面

8.7.9　创建 Animation、Frame 和 RandomNumberGenerator 类

要完成框架，我们需要再添加一些 Java 框架中所具有的工具类和动画类。程序清单 8.14 到程序清单8.16包含了Animation、Frame和 RandomNumberGenerator类的完整源代码。Animation 和 Frame 类应该添加到 com.jamescho.framework.animation 包中。RandomNumberGenerator 类应该添加到 com.jamescho.framework.util 包中。

程序清单 8.14　Animation 类（完整版）

```
package com.jamescho.framework.animation;

import com.jamescho.framework.util.Painter;

public class Animation {
	private Frame[] frames;
	private double[] frameEndTimes;
	private int currentFrameIndex = 0;

	private double totalDuration = 0;
	private double currentTime = 0;

	public Animation(Frame... frames) {
		this.frames = frames;
		frameEndTimes = new double[frames.length];

		for (int i = 0; i < frames.length; i++) {
			Frame f = frames[i];
			totalDuration += f.getDuration();
			frameEndTimes[i] = totalDuration;
		}
	}

	public  synchronized void update(float increment) {
		currentTime += increment;

		if (currentTime > totalDuration) {
			wrapAnimation();
		}
```

```
            while (currentTime > frameEndTimes[currentFrameIndex]) {
                currentFrameIndex++;
            }
    }

    private synchronized void wrapAnimation() {
            currentFrameIndex = 0;
            currentTime %= totalDuration;
    }

    public synchronized void render(Painter g, int x, int y) {
            g.drawImage(frames[currentFrameIndex].getImage(), x, y);
    }

    public synchronized void render(Painter g, int x, int y, int width,
                int height) {
            g.drawImage(frames[currentFrameIndex].getImage(), x, y, width, height);
    }

}
```

Animation 类需要对其两个 render()方法做一些小的调整。我们不再使用 java.awt Graphics 对象。相反，我们使用之前已经创建的 Painter 对象。

程序清单 8.15　Frame 类（完整版）

```
package com.jamescho.framework.animation;

import android.graphics.Bitmap;

public class Frame {
    private Bitmap image;
    private double duration;

    public Frame(Bitmap image, double duration) {
            this.image = image;
            this.duration = duration;
    }

    public double getDuration() {
            return duration;
```

```
	}

	public Bitmap getImage() {
		return image;
	}

}
```

Frame 不再存储一个 Image。相反，我们存储一个特定于 Android 的 Bitmap。不需要做其他的修改。

程序清单 8.16　RandomNumberGenerator（完整版）

```
package com.jamescho.framework.util;

import java.util.Random;

public class RandomNumberGenerator {
	private static Random rand = new Random();

	public static int getRandIntBetween(int lowerBound, int upperBound) {
		return rand.nextInt(upperBound - lowerBound) + lowerBound;
	}

	public static int getRandInt(int upperBound) {
		return rand.nextInt(upperBound);
	}
}
```

不需要再对 RandomNumberGenerator 做出修改。

8.8　总结

我们的 Android 游戏开发该框架差不多完成了。现在，它具有和 Java 游戏开发框架相同的功能了。在继续学习第 9 章之前，我们来对代码做最后一次添加。

默认情况下，当一个 Android 设备有几秒钟没有被触摸的时候，它会关闭其屏幕。某些应用程序，例如，视屏播放器或者游戏，不应该有这样的行为，它们应该随时保持屏幕打开，因为用户可能会激活媒体的播放而并不通过触摸屏幕。要给框架添加这一功能，我们对 **GameMainActivity** 进行一个简单的修改，如下面的粗体代码所示（导入 android.view.

WindowManager）。

```
package com.jamescho.simpleandroidgdf;

import android.app.Activity;
import android.content.res.AssetManager;
import android.os.Bundle;
import android.view.WindowManager;

public class GameMainActivity extends Activity {

        public static final int GAME_WIDTH = 800;
        public static final int GAME_HEIGHT = 450;
        public static GameView sGame;
        public static AssetManager assets;

        @Override
        protected void onCreate(Bundle savedInstanceState) {
                super.onCreate(savedInstanceState);
                assets = getAssets();
                sGame = new GameView(this, GAME_WIDTH, GAME_HEIGHT);
                setContentView(sGame);
                getWindow().addFlags(WindowManager.LayoutParams.FLAG_KEEP_SCREEN_ON);
        }

}
```

注意：如果此时你对于任何的类有问题，可以从 jamescho7.com/book/chapter8/complete 下载源代码。

在本章中，我们已经应用 Java 游戏开发和 Android 应用程序开发的知识，从头构建了一个 Android 游戏开发框架。我们距离成为一名 Android 游戏开发者又近了一步。一起来学习第 9 章，在那里，我们将把框架投入测试，以构建一个完整的 Android 游戏。

第 9 章　构建游戏

我们的 Android 游戏开发框架已经准备好了，现在，你距离实现思路并将其带到市场上给大众带来享受更近了一步。本章主要介绍开发一款 Android 游戏、探讨优化的原则，并且让应用程序为发布而做好准备。

首先，我们把一个已有的 Java 游戏 Ellio 移植到 Android 上。由于 Android 游戏开发框架是模仿 Java 游戏开发框架的模型，你会发现移植的过程很简单。在很多特定于游戏的类中，只需要修改几行代码，通常这几行代码使用了 Android 库中并不存在的类。

在本章的中间部分，我们将讨论 Android 游戏开发的一些陷阱，并且讨论要优化游戏所要遵从的原则。在这些讨论之后，你将做好更充分的准备，以开发自己的游戏并确保其在各种 Android 设备上都能很好地运行。

在介绍 Android 游戏开发的最后部分，我们将学习如何实现如高分系统这样的功能，从而使得玩家能够再次返回来玩我们的游戏。

9.1　准备项目

9.1.1　复制框架

复制第 8 章中的 Android 游戏开发框架。给这个副本起一个名字叫作 *EllioAndroid*。我们的项目将会出现在 Package Explorer 中，如图 9-1 所示。

> 注意：如果你在自己的计算机上不能够访问该框架，可以从 jamescho7.com/book /chapter8/complete 下载相应版本的.zip 格式。要将下载的框架导入到你的工作空间，参考本书 5.2.1 小节所给出的说明。

让我们修改应用程序的名称，以便它可以在 Android 设备上显示。为了做到这一点，打开 AndroidManifest。

在 application 标签下，你将会看到 android:label 选项，它当前的值是“@string/app_name”（这引用了 res/values/string.xml 中已有的一个 String 字面值）。要修改应用程序的名称，这就是我们需要修改的值。做到这一点的最快的方法，是输入一个诸如“Ellio”的字符串字面值，来代替“@string/app_name”，但是 Android 并不鼓励这么做。做到这一点的更好的方式是进入到项目的 res 文件夹中的 values 文件夹下，修改 strings.xml 中 app_name 元素的值。

打开 res/values/string.xml，选择 strings.xml 标签页以切换到基于文本的编辑器（如图 9-2 所示）。

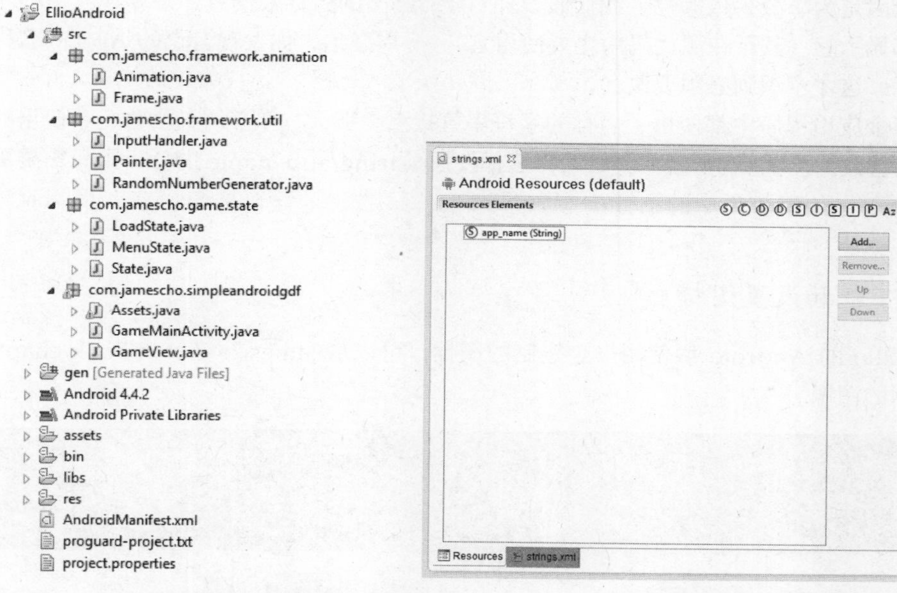

图 9-1 EllioAndroid 项目结构

图 9-2 编辑 strings.xml

现在，用 Ellio 替换文本 *SimpleAndroidGDF*，如程序清单 9.1 所示。

程序清单 9.1 编辑 strings.xml

```
<resources>

    <string name="app_name">SimpleAndroidGDF</string>
    <string name="app_name">Ellio</string>

</resources>
```

这似乎是修改 App 名称的一种间接的方式。为什么不在 AndroidManifest 中将其修改为“Ellio”呢？原因有两个。

第一个原因与本地化有关系。正如我们在本书第 3 部分中较早的时候所讨论的，res 文件夹允许我们提供同一文件的多个版本。这意味着，我们可以提供另一个 string.xml 以用于不同的语言，并且以用户的默认语言显示游戏的名称。

> **注意：**要了解 Android 中本地化的更多信息，请参阅：http://developer.android.com/guide/topics /resources/localization.html。

第二个原因是为了减少依赖性。我们假设你对于 App 的名称很满意，想要在应用程序中的每个地方都显示它（甚至在源代码中也要使用它）。一周之后，你发现自己的 App 的名称是其他人的商标，这才意识到必须要改名。

如果在整个应用程序中都使用了名称的字符串直接量，那么，你必须查找每一个使用的地方，并且将其修改为新的 App 名称。如果你选择使用@string/app_name 的话，则只需要更改一个单个的 strings.xml 文件中的一行。

9.1.2　下载和设置图标

我们为 Ellio 的 Android 版使用一个定制的图标。可以从 jamescho7.com/book/chapter9 下载如下所示的图像。

ic_launcher_36.png (36px × 36px) – to be used as the icon image for ldpi devices	ic_launcher_48.png (48px × 48px) – to be used as the icon image for mdpi devices	ic_launcher_72.png (72px × 72px) – to be used as the icon image for hdpi devices	ic_launcher_96.png (96px × 96px) – to be used as the icon image for xdpi devices

将下载的图标放到相应的 drawable 文件夹下。必须将所有的下载文件都命名为 ic_launcher.png（不带有表示大小的一个后缀）。如果在此过程中需要帮助，请参考图 8-10 到图 8-12。在这个过程完成后，应该拥有如下所示的文件。

- **drawable-ldpi** 中有一个宽度和高度为 36px 的名为 ic_launcher.png 的文件。
- **drawable-mdpi** 中有一个宽度和高度为 48px 的名为 ic_launcher.png 的文件。
- **drawable-hdpi** 中有一个宽度和高度为 72px 的名为 ic_launcher.png 的文件。
- **drawable-xhdpi** 中有一个宽度和高度为 96px 的名为 ic_launcher.png 的文件。

9.1.3　下载资源

我们将复用第 6 章中的很多资源，并且添加一些新的资源。可以从 jamescho7.com/book/chapter9 下载如下所示的资源（图像和声音文件）。可以按照相应的大小和类型，创建自己的文件并使用。

welcome.png (800px × 450px)——用作 Ellio 的新的欢迎界面。

start_button.png (168px × 59px)——用作默认的开始按钮。

start_button_down.png (168px × 59px)——当用户按下开始按钮的时候，显示它。

score_button.png (168px × 59px)——用作默认的得分按钮。

score_button_down.png (168px × 59px)——当用户按下得分按钮的时候，显示它。

cloud1.png (128px × 71px)——用作背景图案。

cloud2.png (129px × 71px)——也用作背景图案。

runanim1.png (72px × 97px)——用作 Ellio 奔跑动画的一部分。

runanim2.png (72px × 97px)——用作 Ellio 奔跑动画的一部分。

runanim3.png (72px × 97px)——用作 Ellio 奔跑动画的一部分。

runanim4.png (72px × 97px)——用作 Ellio 奔跑动画的一部分。

runanim5.png (72px × 97px)——用作 Ellio 奔跑动画的一部分。

duck.png (72px × 97px)——用来表示低头躲避的 Ellio。

jump.png (72px × 97px)——用来表示跳跃的 Ellio。

grass.png (800px × 45px)——用于在 PlayState 中绘制草地。

block.png (20px × 50px)——用于在 PlayState 中绘制障碍物。

`onjump.wav (Duration: <1 sec)`——当 Ellio 跳跃的时候播放。使用 bfxr 创建。
`hit.wav (Duration: <1 sec)`——当玩家撞到砖块的时候播放。使用 bfxr 创建。

把这些资源放入到 assets 文件夹中，覆盖任何已有的文件（例如，welcome.png）。执行完这一步之后，你的 assets 文件夹应该如图 9-3 所示。

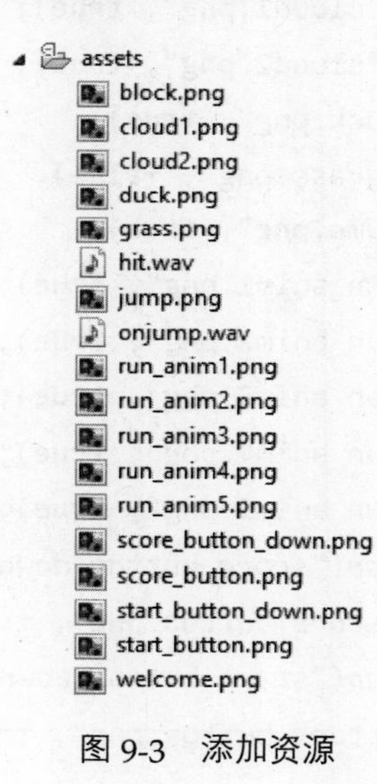

图 9-3 添加资源

9.1.4 加载资源

既然资源已经下载并准备好了，让我们打开 Assets 文件夹并开始将其加载到游戏中。在 Assets 类中，声明如下所示的静态变量以表示图像文件。

```
public static Bitmap welcome, block, cloud1, cloud2, duck, grass, jump, run1, run2, run3,
        run4, run5, scoreDown, score, startDown, start;
```

还需要如下所示的变量以运行动画（确保导入 com.jamescho.framework.animation）。

```
public static Animation runAnim;
```

加载声音文件可能与 Android 框架中有点不同。我们将使用 SoundPool 对象注册声音文件，并且要求它使用一个整数 ID 来播放声音，而不是创建 Java 的 AudioClip 对象。为声音文件声明如下所示的静态变量。

```
public static int hitID, onJumpID;
```

现在，在 load()方法中初始化这些变量，如下所示，记住导入 com.jamescho.framework.animation.Frame。注意，我们只有在需要的时候才支持透明图像。

```
public static void load() {
        welcome = loadBitmap("welcome.png", false);
        block = loadBitmap("block.png", false);
        cloud1 = loadBitmap("cloud1.png", true);
        cloud2 = loadBitmap("cloud2.png", true);
        duck = loadBitmap("duck.png", true);
        grass = loadBitmap("grass.png", false);
        jump = loadBitmap("jump.png", true);
        run1 = loadBitmap("run_anim1.png", true);
        run2 = loadBitmap("run_anim2.png", true);
        run3 = loadBitmap("run_anim3.png", true);
        run4 = loadBitmap("run_anim4.png", true);
        run5 = loadBitmap("run_anim5.png", true);
        scoreDown = loadBitmap("score_button_down.png", true);
        score = loadBitmap("score_button.png", true);
        startDown = loadBitmap("start_button_down.png", true);
        start = loadBitmap("start_button.png", true);

        Frame f1 = new Frame(run1, .1f);
        Frame f2 = new Frame(run2, .1f);
        Frame f3 = new Frame(run3, .1f);
        Frame f4 = new Frame(run4, .1f);
        Frame f5 = new Frame(run5, .1f);
        runAnim = new Animation(f1, f2, f3, f4, f5, f3, f2);

        hitID = loadSound("hit.wav");
        onJumpID = loadSound("onjump.wav");
}
```

仔细检查代码，避免录入错误，并且通过在 **SimpleAndroidGDF** 上点击鼠标右键，将项目当作一个 Android 应用程序运行。将会看到 Elliott 的欢迎界面，如图 9-4 所示。

图 9-4　Ellio 欢迎界面

我们的项目设置正确，现在开始实现这个游戏。

> **注意：** 如果你此时对于任何的类遇到问题，可以从 jamescho7.com/book/chapter9 /checkpoint1 下载源代码。

9.2　实现模型类

让我们首先来实现 Ellio 的 3 个模型类：Block、Cloud 和 Player。由于我们设计游戏的架构的方式，模型类不需要做任何大的修改就可以复用。必须做的一项修改是，将所有使用 java.awt.Rectangle 的地方替换为 Android 自己的 Rect 类（在此过程中更新一些逻辑）。

向项目中添加一个新的、名为 com.jamescho.game.model 的包，并且创建 Block、Cloud 和 Player 类。我们将依次实现这些类。

9.2.1　实现 Cloud 类

Cloud 类可以直接复用 Java 的版本而不必修改。其实现如程序清单 9.2 所示。

程序清单 9.2　Cloud 类（未修改版）

```
package com.jamescho.game.model;

import com.jamescho.framework.util.RandomNumberGenerator;

public class Cloud {
```

```
    private float x,y;
        private static final int VEL_X = -15;

    public Cloud(float x, float y) {
        this.x = x;
        this.y = y;
    }

    public void update(float delta) {
        x += VEL_X * delta;

        if (x <= -200) {
            // Reset to the right
            x += 1000;
            y = RandomNumberGenerator.getRandIntBetween(20, 100);
        }
    }

    public float getX() {
        return x;
    }

    public float getY() {
        return y;
    }
}
```

9.2.2　实现 Block 类

Block 类使用了 java.awt.Rectangle，因此，需要做一些修改。程序清单 9.3 展示了需要对最初版本的哪些行做出的修改。

程序清单 9.3　Block（更新版）

```
package com.jamescho.game.model;

import java.awt.Rectangle;
import android.graphics.Rect;
```

```
import com.jamescho.framework.util.RandomNumberGenerator;

public class Block {
	private float x, y;
	private int width, height;
	private Rectangle rect;
	private Rect rect;
	private boolean visible;

	private static final int UPPER_Y = 275;
	private static final int LOWER_Y = 355;

	public Block(float x, float y, int width, int height) {
		this.x = x;
		this.y = y;
		this.width = width;
		this.height = height;
		rect = new Rectangle((int) x, (int) y, width, height);
		rect = new Rect((int) x, (int) y, (int) x + width, (int) y + height);
		visible = false;
	}

	public void update(float delta, float velX) {
		x += velX * delta;
		updateRect();
		if (x <= -50) {
			reset();
		}
	}

	public void updateRect() {
		rect.setBounds((int) x, (int) y, width, height);
		rect.set((int) x, (int) y, (int) x + width, (int) y + height);
	}

	public void reset() {
		visible = true;
```

```
            // 1 in 3 chance of becoming an Upper Block
            if (RandomNumberGenerator.getRandInt(3) == 0) {
                    y = UPPER_Y;
            } else {
                    y = LOWER_Y;
            }
            x += 1000;
            updateRect();
    }

    public void onCollide(Player p) {
            visible = false;
            p.pushBack(30);
    }

    public float getX() {
            return x;
    }

    public float getY() {
            return y;
    }

    public boolean isVisible() {
            return visible;
    }

    public Rectangle getRect() {
    public Rect getRect() {
            return rect;
    }

}
```

做了这几处修改之后，Block 类与其在第 6 章中的行为完全一样。

9.2.3　实现 Player 类

Player 类也使用了 java.awt.Rectangle，需要做一些修改。程序清单 9.4 给出了修改后的 Player 类。

程序清单 9.4　Player 类（更新后的版本）

```
package com.jamescho.game.model;

import com.jamescho.simpleandroidgdf.Assets;

import android.graphics.Rect;

public class Player {
        private float x, y;
        private int width, height, velY;
        private Rect rect, duckRect, ground;

        private boolean isAlive;
        private boolean isDucked;
        private float duckDuration = .6f;

        private static final int JUMP_VELOCITY = -600;
        private static final int ACCEL_GRAVITY = 1800;

        public Player(float x, float y, int width, int height) {
                this.x = x;
                this.y = y;
                this.width = width;
                this.height = height;

                ground = new Rect(0, 405, 0 + 800, 405 + 45);
                rect = new Rect();
                duckRect = new Rect();
                isAlive = true;
                isDucked = false;
        }

        public void update(float delta) {

                if (duckDuration > 0 && isDucked) {
                        duckDuration -= delta;
```

```
        } else {
                isDucked = false;
                duckDuration = .6f;
        }

        if (!isGrounded()) {
                velY += ACCEL_GRAVITY * delta;
        } else {
                y = 406 - height;
                velY = 0;
        }

        y += velY * delta;
        updateRects();
}

public void updateRects() {
        rect.set((int) x + 10, (int) y, (int) x + (width - 20), (int) y
                        + height);
        duckRect.set((int) x, (int) y + 20, (int) x + width, (int) y + 20
                        + (height - 20));
}

public void jump() {
        if (isGrounded()) {
                Assets.playSound(Assets.onJumpID);
                isDucked = false;
                duckDuration = .6f;
                y -= 10;
                velY = JUMP_VELOCITY;
                updateRects();
        }
}

public void duck() {
        if (isGrounded()) {
                isDucked = true;
        }
}
```

```
public void pushBack(int dX) {
        x -= dX;
        Assets.playSound(Assets.hitID);
        if (x < -width / 2) {
                isAlive = false;
        }
        rect.set((int) x, (int) y, (int) x + width, (int) y + height);
}

public boolean isGrounded() {
        return Rect.intersects(rect, ground);
}

public boolean isDucked() {
        return isDucked;
}

public float getX() {
        return x;
}

public float getY() {
        return y;
}

public int getWidth() {
        return width;
}

public int getHeight() {
        return height;
}

public int getVelY() {
        return velY;
}

public Rect getRect() {
        return rect;
```

```
    }

    public Rect getDuckRect() {
        return duckRect;
    }

    public Rect getGround() {
        return ground;
    }

    public boolean isAlive() {
        return isAlive;
    }

    public float getDuckDuration() {
        return duckDuration;
    }
}
```

值得注意的一处修改是 isGrounded()的实现。该方法仍然执行相同的任务，但是现在对于相交性逻辑使用了静态的 Rect.intersects(Rect a, Rect b)方法。注意，我们还从 Assets 来使用声音 ID 播放声音文件。如果需要的话，参考 Assets.playSound()方法。

好了！将模型类从 Java 移植到 Android 就这么容易。现在，我们可以开始实现状态类了，这些类需要略多一些修改。

> **注意：** 如果你此时对于任何的类遇到问题，可以从 jamescho7.com/book/chapter9 /checkpoint2 下载源代码。

9.3　实现状态类

状态类大多也可以复用，但是需要做一些修改。Ellio 的 Java 版允许玩家使用键盘来导航和控制游戏。在 Android 版中，我们只允许基于触摸的输入，因此，需要对游戏的 UI 和控制做出调整。

9.3.1　修改 MenuState

让我们首先修改 MenuState。我们将在图 9-5 所示的两个矩形区域，添加两个交互式按钮。

图 9-5 按钮放置

这两个按钮将使用 Rect 对象实现。在每一次触摸事件中，我们将检查玩家的手指是否触摸到了两个 Rect 之一，以确定相应的动作。

有 3 种方法实现基于触摸的按钮。

- 方法#1：按钮根据触摸按下事件（当手指第一次触碰屏幕的时候）起作用。
- 方法#2：按钮根据触摸弹起事件（当手指从屏幕离开的时候）起作用。
- 方法#3：按钮可以通过方法#1 和方法#2 的组合来使用。只有在触摸按下和触摸弹起事件在同一按钮 Rect 中一起发生的时候，才会触发按钮。

方法#1 不是我喜欢的方式。在很多情况下，一个交互性的元素应该根据触摸按下事件来执行一项动作（例如，当你点击一个空的复选框的时候），但是，按钮不应该这样，原因有两个。

第一，玩家在触摸事件的过程中，可能会改变自己的想法。在把手指放到 Play 按钮上之后，玩家可能决定取消该事件，因而将手指滑出到按钮之外。如果我们使用方法#1 实现了这个按钮，就不可能做到这一点了。

第二，按照方法#1 实现，也意味着后续的触摸弹起事件（当玩家在按下按钮之后举起手指）也将被 PlayState 接收到。这可能不是一种好的行为，因为玩家不期望来自 MenuState 的任何触摸事件会在 PlayState 中执行一项动作。

方法#2 要好一些，因为它确实允许玩家改变自己的想法。玩家可以很容易地触碰一个按钮并且滑开，在其他地方释放掉按钮，以防止调用按钮的动作。方法#2 导致的主要问题发生在，当玩家按下一个按钮后滑开，并且在另一个按钮之上释放手指的时候。当发生这样含糊不清的动作的时候，我们可能是想要取消触摸事件，然而，方法#2 将只是当作正常地按下了第二个按钮来处理这种情况。

方法#3 是最好的解决方案，因为它兼具方法#1 和方法#2 的优点，而没有它们的局限性。方法#3 可以允许玩家取消一次触摸事件，而不必担心其手指在另一个按钮之上。更重要的是，方法#3 允许我们记录按钮何时按下和释放，这个属性可以用来显示一个标准的按钮图像和一个按钮被按下的图像。

程序清单 9.5 MenuState（有效的按钮）

```
package com.jamescho.game.state;

import android.graphics.Rect;
import android.util.Log;
import android.view.MotionEvent;

import com.jamescho.framework.util.Painter;
import com.jamescho.simpleandroidgdf.Assets;

public class MenuState extends State {

    // Declare a Rect object for each button.
    private Rect playRect;
    private Rect scoreRect;

    // Declare booleans to determine whether a button is pressed down.
    private boolean playDown = false;
    private boolean scoreDown = false;

    @Override
    public void init() {
        // Initialize the button Rects at the proper coordinates.
        playRect = new Rect(316, 227, 484, 286);
        scoreRect = new Rect(316, 300, 484, 359);
    }

    @Override
    public void update(float delta) {
    }

    @Override
    public void render(Painter g) {
        g.drawImage(Assets.welcome, 0, 0);

        if (playDown) {
```

```
            g.drawImage(Assets.startDown, playRect.left, playRect.top);
    } else {
            g.drawImage(Assets.start, playRect.left, playRect.top);
    }

    if (scoreDown) {
            g.drawImage(Assets.scoreDown, scoreRect.left, scoreRect.top);
    } else {
            g.drawImage(Assets.score, scoreRect.left, scoreRect.top);

    }
}

@Override
public boolean onTouch(MotionEvent e, int scaledX, int scaledY) {

    if (e.getAction() == MotionEvent.ACTION_DOWN) {
        if (playRect.contains(scaledX, scaledY)) {
            playDown = true;
            scoreDown = false; // Only one button should be active (down) at a time.
        } else if (scoreRect.contains(scaledX, scaledY)) {
            scoreDown = true;
            playDown = false; // Only one button should be active (down) at a time.
        }
    }

    if (e.getAction() == MotionEvent.ACTION_UP) {
        // If the play button is active and the release was within the play button:
        if (playDown && playRect.contains(scaledX, scaledY)) {
            // Button has been released.
            playDown = false;
            // Perform an action here!
            Log.d("MenuState", "Play Button Pressed!");

            // If score button is active and the release was within the score button:
        } else if (scoreDown && scoreRect.contains(scaledX, scaledY)){
            //Button has been released.
            scoreDown = false;
            // Perform an action here!
```

```
                Log.d("MenuState", "Score Button Pressed!");

            // If the finger was released anywhere else:
            } else {
                // Cancel all actions.
                scoreDown = false;
                playDown = false;
            }
        }

        return true;
    }

}
```

现在，在 DDMS perspective 中运行应用程序，应该会看到图 9-6 所示的界面。

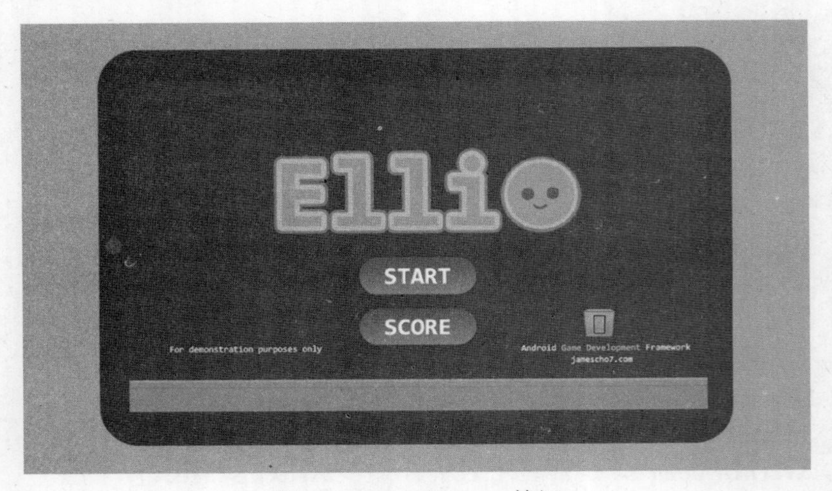

图 9-6　Start 和 Score 按钮

现在，当你按下两个按钮的时候，查看一下 LogCat 的输出。你将会发现，按钮的行为非常直观，打印出的 Log 语句和你预期的完全一致。

程序清单 9.5 中的解决方案工作得很好。然而，这里有一个问题。要实现一个交互式的按钮，我们需创建一个新的 Rect 对象，一个对应的 boolean，以及一系列的 if 语句来进行渲染和逻辑处理。对一个按钮来说，这工作也太多了，无论这个按钮有多么光鲜、亮丽。

好的程序员总是很懒的，这不是说他们应该拒绝做任何工作，而是说他们应该尽可能避免无用功而将其成果最大化。如果为此而编写代码，你最终会得到一个更加整洁、直观并且易于维护的项目。

让我们尝试对按钮偷懒。如何能够使得将来创建按钮更容易一些？这不只在 MenuState 中出现，而且在 PlayState 和其他的状态中也会出现。我们可以创建一个类来表示一个按钮，并且由类来处理所有的逻辑。

9.3.2　创建一个 UIButton 类

在 com.jamescho.framework.util 中， 创建一个 com.jamescho.framework.util 类并且实现它，如程序清单 9.6 所示。

程序清单 9.6　UIButton 类（完整版）

```
package com.jamescho.framework.util;

import android.graphics.Bitmap;
import android.graphics.Rect;

public class UIButton {
        private Rect buttonRect;
        private boolean buttonDown = false;
        private Bitmap buttonImage, buttonDownImage;

        public UIButton(int left, int top, int right, int bottom, Bitmap buttonImage,
                                Bitmap buttonPressedImage) {
                buttonRect = new Rect(left, top, right, bottom);
                this.buttonImage = buttonImage;
                this.buttonDownImage = buttonPressedImage;
        }

        public void render(Painter g) {
                Bitmap currentButtonImage = buttonDown ? buttonDownImage : buttonImage;
                g.drawImage(currentButtonImage, buttonRect.left, buttonRect.top,
                                buttonRect.width(), buttonRect.height());
        }

        public void onTouchDown(int touchX, int touchY) {
                if (buttonRect.contains(touchX, touchY)) {
```

```
                buttonDown = true;
            } else {
                buttonDown = false;
            }
        }

        public void cancel() {
            buttonDown = false;
        }

        public boolean isPressed(int touchX, int touchY) {
            return buttonDown && buttonRect.contains(touchX, touchY);
        }
}
```

注意：render()方法中如下所示的语法，你可能不熟悉。

```
Bitmap currentButtonImage = buttonDown ? buttonDownImage : buttonImage;
```

在 Java 中，?:叫作三元运算符。它用来替代简单的 if-else 语句块。使用这个三元运算符的语法如下所示。

```
someVariable = someBooleanCondition ? a : b;
```

在上面的示例中，如果 someBooleanCondition 为 true，someVariable 将接受 a 的值；如果 someBooleanCondition 为 false，someVariable 将接受 b 的值。这意味着，上面的示例等同于：

```
if (someBooleanCondition) {
    someVariable = a;
} else {
    someVariable = b;
}
```

正如你所看到的，三元运算符更加容易书写（并且必须承认，也相当优雅）！懒惰的程序员对于这类东西心向往之。

我们已经创建了一个 UIButton 类，它封装了创建一个按钮和处理按钮按下及渲染所需的所有逻辑。现在，让我们在 MenuState 中使用 UIButton 类来清理代码。重新编写 MenuState，如程序清单 9.7 所示。仔细检查你的 import 语句。

程序清单 9.7 MenuState（更新版）

```
package com.jamescho.game.state;

import android.util.Log;
import android.view.MotionEvent;

import com.jamescho.framework.util.Painter;
import com.jamescho.framework.util.UIButton;
import com.jamescho.simpleandroidgdf.Assets;

public class MenuState extends State {

        private UIButton playButton, scoreButton;

        @Override
        public void init() {
                playButton = new UIButton(316, 227, 484, 286, Assets.start,
                        Assets.startDown);
                scoreButton = new UIButton(316, 300, 484, 359, Assets.score,
                        Assets.scoreDown);
        }

        @Override
        public void update(float delta) {
        }

        @Override
        public void render(Painter g) {
                g.drawImage(Assets.welcome, 0, 0);
                playButton.render(g);
                scoreButton.render(g);
        }

        @Override
        public boolean onTouch(MotionEvent e, int scaledX, int scaledY) {

                if (e.getAction() == MotionEvent.ACTION_DOWN) {
                        playButton.onTouchDown(scaledX, scaledY);
```

```
                scoreButton.onTouchDown(scaledX, scaledY);
            }

            if (e.getAction() == MotionEvent.ACTION_UP) {
                if (playButton.isPressed(scaledX, scaledY)) {
                    playButton.cancel();
                    Log.d("MenuState", "Play Button Pressed!");

                } else if (scoreButton.isPressed(scaledX, scaledY)) {
                    scoreButton.cancel();
                    Log.d("MenuState", "Score Button Pressed!");
                } else {
                    playButton.cancel();
                    scoreButton.cancel();
                }
            }

            return true;
        }

}
```

有了这些改变，我们更容易创建、渲染和处理按钮了。我们甚至可以进一步简化 MenuState，并且将所有与按钮相关的逻辑从 onTouch()方法中删除，但现在我们先保留不动。尝试运行应用程序，并验证你的按钮的行为仍然与前面相同。

现在，我们最后再对 onTouch()方法做一些修改，以允许转换到 PlayState，如下面突出显示的代码所示。

```
@Override
public boolean onTouch(MotionEvent e, int scaledX, int scaledY) {

        if (e.getAction() == MotionEvent.ACTION_DOWN) {
                playButton.onTouchDown(scaledX, scaledY);
                scoreButton.onTouchDown(scaledX, scaledY);
        }

        if (e.getAction() == MotionEvent.ACTION_UP) {
                if (playButton.isPressed(scaledX, scaledY)) {
                        playButton.cancel();
                        Log.d("MenuState", "Play Button Pressed!");
```

```
                setCurrentState(new PlayState());
            }   else if (scoreButton.isPressed(scaledX, scaledY)) {
                scoreButton.cancel();
                Log.d("MenuState", "Score Button Pressed!");

            }   else {
                    playButton.cancel();
                    scoreButton.cancel();
            }
        }
        return true;
    }
```

9.3.3 实现 PlayState

在 com.jamescho.game.state 中，创建一个名为 PlayState 的新的类，并且扩展 State。和 Java 版的 Elliott 一样，这个 PlayState 将处理 Android 游戏的所有游戏过程。

可以通过对 Java 游戏中的 PlayState 略做修改，以实现这个 PlayState。

- 所有对 Graphics 类的引用，都替换为对 Painter 类的引用。
- 所有对 Resources 类的引用，都替换为对 Assets 类的引用。
- 所有对 Rectangle 类的引用，都替换为对 Rect 类的引用。矩形碰撞逻辑也需要做类似的修改。
- 所有对 GameMain 类的引用，都替换为对 GameMainActivity 类的引用。
- 所有对 java.awt.Color 的引用，都替换为对 android.graphics.Color 的引用。在绘制形状和字符串之前，我们还需要使用静态的 Color.rgb(int r, int g, int b)方法来选择所需的颜色。
- 不再需要 Font 类。我们使用 TypeFace 类替代它。
- 键盘和鼠标输入方法替换为 onTouch()方法。

程序清单 9.8 包含进行了所有这些修改之后的 PlayState 类。注意，基于触摸的控制现在还没有实现。

程序清单 9.8　PlayState（非完整版）

```
package com.jamescho.game.state;

import java.util.ArrayList;

import android.graphics.Color;
```

```
import android.graphics.Rect;
import android.graphics.Typeface;
import android.view.MotionEvent;

import com.jamescho.framework.util.Painter;
import com.jamescho.game.model.Block;
import com.jamescho.game.model.Cloud;
import com.jamescho.game.model.Player;
import com.jamescho.simpleandroidgdf.Assets;
import com.jamescho.simpleandroidgdf.GameMainActivity;

public class PlayState extends State {

    private Player player;
    private ArrayList<Block> blocks;
    private Cloud cloud, cloud2;

    private int playerScore = 0;

    private static final int BLOCK_HEIGHT = 50;
    private static final int BLOCK_WIDTH = 20;
    private int blockSpeed = -200;

    private static final int PLAYER_WIDTH = 66;
    private static final int PLAYER_HEIGHT = 92;

    @Override
    public void init() {
          player = new Player(160, GameMainActivity.GAME_HEIGHT - 45 -
                  PLAYER_HEIGHT, PLAYER_WIDTH, PLAYER_HEIGHT);
         blocks = new ArrayList<Block>();
         cloud = new Cloud(100, 100);
         cloud2 = new Cloud(500, 50);

        for (int i = 0; i < 5; i++) {
                Block b = new Block(i * 200, GameMainActivity.GAME_HEIGHT - 95,
                        BLOCK_WIDTH, BLOCK_HEIGHT);
```

```
                blocks.add(b);
        }
    }

    @Override
    public void update(float delta) {
        if (!player.isAlive()) {
                setCurrentState(new GameOverState(playerScore / 100));
        }

        playerScore += 1;

        if (playerScore % 500 == 0 && blockSpeed > -280) {
                blockSpeed -= 10;
        }

        cloud.update(delta);
        cloud2.update(delta);
        Assets.runAnim.update(delta);
        player.update(delta);
        updateBlocks(delta);
    }

    private void updateBlocks(float delta) {
       for (Block b : blocks) {
           b.update(delta, blockSpeed);

            if (b.isVisible()) {
               if (player.isDucked() && Rect.intersects(b.getRect(),
                                       player.getDuckRect())) {
                   b.onCollide(player);
                   } else if (!player.isDucked() && Rect.intersects(b.getRect(),
                           player.getRect())) {
                           b.onCollide(player);
                   }

            }
```

```
    }
  }

  @Override
  public void render(Painter g) {
        g.setColor(Color.rgb(208, 244, 247));
        g.fillRect(0, 0, GameMainActivity.GAME_WIDTH, GameMainActivity.GAME_HEIGHT);

        renderPlayer(g);
        renderBlocks(g);
        renderSun(g);
        renderClouds(g);
        g.drawImage(Assets.grass, 0, 405);
        renderScore(g);

  }

  private void renderScore(Painter g) {
         g.setFont(Typeface.SANS_SERIF, 25);
         g.setColor(Color.GRAY);
         g.drawString("" + playerScore / 100, 20, 30);
  }

  private void renderPlayer(Painter g) {
    if (player.isGrounded()) {
        if (player.isDucked()) {
                g.drawImage(Assets.duck, (int) player.getX(), (int) player.getY());
        } else {
                Assets.runAnim.render(g, (int) player.getX(), (int) player.getY(),
                        player.getWidth(), player.getHeight());

        }
        } else {
                g.drawImage(Assets.jump, (int) player.getX(), (int) player.getY(),
                        player.getWidth(), player.getHeight());
    }
```

```
    }

    private void renderBlocks(Painter g) {
        for (Block b : blocks) {
            if (b.isVisible()) {
                g.drawImage(Assets.block, (int) b.getX(), (int) b.getY(),
                        BLOCK_WIDTH, BLOCK_HEIGHT);
            }
        }
    }

    private void renderSun(Painter g) {
        g.setColor(Color.rgb(255, 165, 0));
        g.fillOval(715, -85, 170, 170);
        g.setColor(Color.YELLOW);
        g.fillOval(725, -75, 150, 150);
    }

    private void renderClouds(Painter g) {
        g.drawImage(Assets.cloud1, (int) cloud.getX(), (int) cloud.getY(), 100, 60);
        g.drawImage(Assets.cloud2, (int) cloud2.getX(), (int) cloud2.getY(), 100, 60);
    }

    @Override
    public boolean onTouch(MotionEvent e, int scaledX, int scaledY) {
        // TO-DO: Implement touch-based Controls Here
        return false;
    }

}
```

9.3.4 实现触摸控制

在游戏中，有很多方法可以实现触摸控制。我们将创建两个按钮，一个用于跳跃，另一个用于低头躲避。由于我们已经在本章前面创建了 UIButton 类，这变得很容易。然而，对于 Ellio 这样的游戏，手指划动控制要更好。我们将允许玩家通过将手指向上划动来实现跳跃，将手指向下划动来实现低头躲避。

划动只是触摸按下和触摸弹起事件的一个组合，因此，实现手指划动控制的逻辑就相当简单了。在 onTouch()方法中，我们将存储最近的触摸按下事件的 y 坐标。稍后，当检测到触摸弹起事件的时候，我们将其 y 坐标与存储的最近的触摸按下事件的 y 坐标进行比较，两个值之间的差就是划动的距离。如果划动距离大于 50 像素（可以任意选择这个值），我们就让 Ellio 根据划动的方向来跳跃或低头躲避。

给 PlayState 添加如下所示的实例变量。

```
private float recentTouchY;
```

这个浮点值将存储最近的触摸按下事件的 y 坐标。接下来，实现 onTouch()方法，如下所示。

```
@Override
public boolean onTouch(MotionEvent e, int scaledX, int scaledY) {
        if (e.getAction() == MotionEvent.ACTION_DOWN) {
                recentTouchY = scaledY;
        }else if (e.getAction() == MotionEvent.ACTION_UP) {
                if (scaledY - recentTouchY < -50) {
                        player.jump();
                }else if (scaledY - recentTouchY > 50) {
                        player.duck();
                }
        }
        return true;
}
```

> 注意：无论何时，当你处理输入的时候，确保返回 true。为了完整起见，这将会在 if 语句中完成（下面的 else-if 语句返回 false），但是，为了简单起见，我选择了在 if 语句块外面返回。

尝试注释掉 update()方法中如下所示的一行粗体代码。

```
...
if (!player.isAlive()) {
                setCurrentState(new GameOverState(playerScore / 100));
}
...
```

现在，运行应用并尝试玩游戏。你应该能够使用划动控制来躲避障碍物了，如图 9-7 所示。请自由地尝试触摸控制，并根据自己的喜好调整它们。

注意：如果此时你对于任何的类有问题，可以从 jamescho7.com/book/chapter9/checkpoint3 下载源代码。

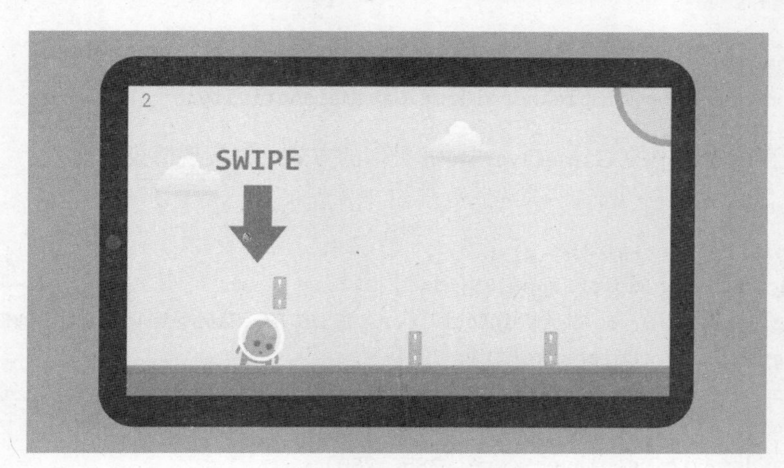

图 9-7 使用划动更好

9.3.5 实现 GameOverState

现在，取消对 PlayState 的 update()方法中那一行代码的注释。

```
...
if (!player.isAlive()) {
        setCurrentState(new GameOverState(playerScore / 100));
}
...
```

现在，在 com.jamescho.game.state 中创建 GameOverState 类，扩展 State 并添加未实现的方法。还记得吧，我们需要一个定制的构造方法，它接收表示玩家的分数的一个整数，为此我们需要一个变量。添加这些内容，如下所示。

```
private String playerScore;

public GameOverState(int playerScore) {
        this.playerScore = playerScore + ""; // Convert int to String
}
```

现在，添加如下的 import 语句：

```
import android.graphics.Color;
import android.graphics.Typeface;
import android.view.MotionEvent;

import com.jamescho.framework.util.Painter;
import com.jamescho.simpleandroidgdf.GameMainActivity;
```

我们将以和第 6 章中的 **GameOverState** 类似的方式，来实现渲染方法。

```
@Override
public void render(Painter g) {
        g.setColor(Color.rgb(255, 145, 0));
        g.fillRect(0, 0, GameMainActivity.GAME_WIDTH, GameMainActivity.GAME_HEIGHT);
        g.setColor(Color.DKGRAY);
        g.setFont(Typeface.DEFAULT_BOLD, 50);
        g.drawString("GAME OVER", 257, 175);
        g.drawString(playerScore, 385, 250);
        g.drawString("Touch the screen.", 220, 350);
}
```

最后，我们必须监听触摸弹起事件并且转换到 **MenuState**。

```
@Override
public boolean onTouch(MotionEvent e, int scaledX, int scaledY) {
        if (e.getAction() == MotionEvent.ACTION_UP) {
                setCurrentState(new MenuState());
        }
        return true;
}
```

完整的 GameOverState 类如程序清单 9.9 所示。

程序清单 9.9　GameOverState（完整版）

```
package com.jamescho.game.state;

import android.graphics.Color;
import android.graphics.Typeface;
import android.view.MotionEvent;
```

```
import com.jamescho.framework.util.Painter;
import com.jamescho.simpleandroidgdf.GameMainActivity;

public class GameOverState extends State {
    private String playerScore;

    public GameOverState(int playerScore) {
         this.playerScore = playerScore + ""; // Convert int to String
    }

    @Override
    public void init() {
    }

    @Override
    public void update(float delta) {
    }

    @Override
    public void render(Painter g) {
        g.setColor(Color.rgb(255, 145, 0));
        g.fillRect(0, 0, GameMainActivity.GAME_WIDTH, GameMainActivity.GAME_HEIGHT);
        g.setColor(Color.DKGRAY);
        g.setFont(Typeface.DEFAULT_BOLD, 50);
        g.drawString("GAME OVER", 257, 175);
        g.drawString(playerScore, 385, 250);
        g.drawString("Touch the screen.", 220, 350);
    }

    @Override
    public boolean onTouch(MotionEvent e, int scaledX, int scaledY) {
        if (e.getAction() == MotionEvent.ACTION_UP) {
              setCurrentState(new MenuState());
        }
        return true;
    }
}
```

现在，在游戏结束的时候，玩家将会看到图 9-8 所示的界面。

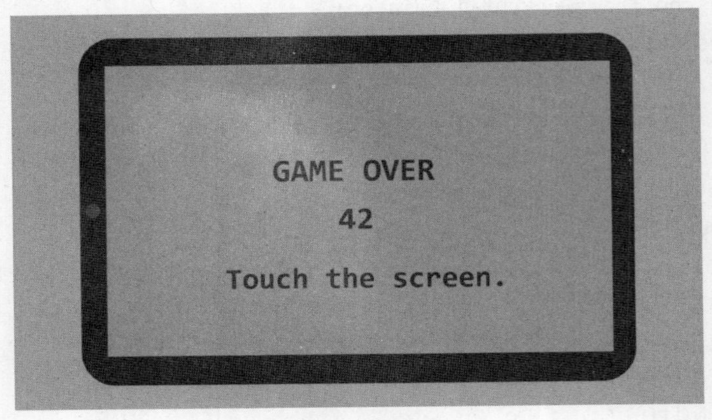

图 9-8　不要惊慌

9.4　另一个里程碑

要让游戏更完美并实现一个高分系统（还记得 MenuState 中的得分按钮吗），我们仍然还有一些工作要做，但是，我们已经完成了 Android 版的 Ellio 的核心实现。恭喜你到达了另一个里程碑。如果你曾经打算创建自己的 Android 游戏，那么你现在可以说自己已经做到了。

我们的工作还没有结束，并且仍然需要学习很多内容，才能够制作出令人惊讶的游戏。接下来我们将花些时间讨论优化原则，即如何能够让游戏在更多的设备上运行得更好。然而，在此之前，好好地休息一下！你已经做了很多艰苦的工作了，并且大脑轻松一下，能够更好地学习下一节。

注意：如果你此时对于任何类遇到问题，可以从 jamescho7.com/book/chapter9 /checkpoint4 下载源代码。

9.5　让它更快：优化游戏

对于 Android 设备来说，Ellio 并不是一个需要太多资源的游戏，我们只是在每一帧执行一些 2D 渲染操作，并且通过执行少量的物理运动和与碰撞相关的计算以保持 CPU 负载较轻。因此，对于优化该游戏并提高性能，我们所能做的事情不多。

然而，在阅读完本章之后，你肯定会继续构建比 Ellio 大很多的游戏，并且这些游戏对图形化和计算的需求会更加密集。我们来讨论为了优化游戏而需要遵守的一些原则，从而确保你的游戏的性能不会变成瓶颈。这将会是一个思维练习。你不需要看自己的代码（只是在最后需要这么做）。

9.5.1　加载游戏：节约内存

正如你所知道的，内存（RAM）是有限的。如果你持续地用数据填充内存，最终会耗尽内存。让我们用一个示例来说明这一点并探讨防止这一问题的方法。

假设你在一个总共有 1GB 内存的 Android 设备上运行一款游戏。Android 操作系统是一个多应用程序的环境，可能只分配 16MB 供你的应用程序使用。我们开始用两幅图像填充 16MB 的堆（存储对象的地方），如下所示。

```
Bitmap largeImage = loadImage("large.png"); // +4 MB
Bitmap largerImage = loadImage("larger.png"); // +8 MB
```

假设 largeImage 占用 4MB 的 RAM，而 largerImage 占用 8MB。在加载了这两幅较大的图像之后，应用程序已经分配其 75%的内存（12MB/16MB）。现在，当你试图将另一幅 8MB 的图像加载到内存中的时候，会发生什么情况？

```
Bitmap puppyPicture = loadImage("puppy.png"); // + 8 MB
```

无法加载，并且我们会得到一个 OutOfMemoryException。然后，应用程序崩溃，游戏没法玩了。

> **注意**：此时，内存还没有满。它仍然是占用了 75%。OutOfMemoryException 只是通知你，需要为另一个对象分配的内存量不足了。

如何防止位图所引发的 OutOfMemoryException？我们需要节约内存。我们将讨论 3 种方法（从耗时最少的方法到耗时最多的方法）。

节约内存的最容易的方法，是让一些图像更小，特别是那些即使变得模糊点也无所谓的图像，例如，背景图像。调整大小可以在诸如 Gimp 或 Photoshop 这样的一个外部应用程序中进行，或者，可以在代码中使用 BitmapFactory.Options.inSampleSize 来做到这点（如下面的示例）。

还记得吧，在 Assets 类中加载 Bitmap 的时候，我们实例化了一个 BitmapFactory.Options 对象。我们使用它把图像配置为 ARGB_8888 的 RGB_565 以进行加载。在 Options 类中，inSampleSize 值是一个整数，用于将图像加载到内存的时候调整图像的大小。inSampleSize 的值为 2，将会以原图像的宽度和高度的一半来加载该图像。

下面的示例展示了一个修改后的 Assets.loadBitmap()方法，它允许我们使用第三个参数 shouldSubsample 来对图像取样并将其大小缩小为原来的一半。你不应该对 Ellio 项目做这种修改。

```
private static Bitmap loadBitmap(String filename, boolean transparency, boolean shouldSubsample) {
        InputStream inputStream = null;
        try {
                inputStream = GameMainActivity.assets.open(filename);
        } catch (IOException e) {
                e.printStackTrace();
        }
        Options options = new Options();

        if (shouldSubsample) {
                options.inSampleSize = 2;
        }

        if (transparency) {
                options.inPreferredConfig = Config.ARGB_8888;
        } else {
                options.inPreferredConfig = Config.RGB_565;
        }
        Bitmap bitmap = BitmapFactory.decodeStream(inputStream, null, options);
        return bitmap;
}
```

注意：inSampleSize 必须是 2 的倍数。

节约内存的另一种方法是，用 Canvas 类的几何绘图调用来替代图像（或者部分图像）。如图 9-9 所示（由 Kenney.nl 创作）。

图 9-9　生气的且漂流的房子

我们可以将其分割为多个部分，而不是将整幅图像都存储到内存中，如图 9-10 所示。

图 9-10　分割一幅图像

现在，我们可以取用这些单独的图像，将它们保存到 assets 文件夹中，并且分别绘制它们，并且使用 Painter.setColor(Color.rgb(...)) 和 Painter.fillRect (0, 0, gameWidth, gameHeight)来绘制背景。注意，只需要一小部分水，因为我们可以在屏幕上重复地把相同图像绘制多次。

节约内存的第三种方法是创建多个加载界面，从而在每一次状态到状态的转换中加载或卸载图像。让我们使用一个示例来说明它。

在 Ellio 中，我们一次加载所有的图像。我们使用 Assets 类，取出 assets 文件夹中的每一个图像文件，并且为它们创建 Bitmap 对象。这允许我们只有一个加载界面（只是一个黑色的屏幕），而且在整个游戏会话中只运行一次。

理论上，我们将以状态为基础，基于一个状态来处理资源加载。LoadState 应该直接加载 MenuState 所需的所有图像（忽略 PlayState 所需的图像）。然后，我们可以创建另一个名为 LoadPlayState 的加载界面，我们将在其中做 3 件事情。

1. 使用 Bitmap.recycle()方法，释放 MenuState 所使用的所有图像。
2. 请求垃圾收集器 System.gc()来清理内存；
3. 加载 PlayState 所需的所有图像，并且转换到 PlayState。

注意：要想了解实现多个加载界面的一个真实案例，请访问 jamescho7.com/book/samples。

正如你所见到的，在设置游戏的时候，有多种方法来节约内存。现在，我们来介绍下如何避免游戏过程中的滞后。

9.5.2　游戏过程中：避免垃圾收集

在游戏过程中，你可以切换到 DDMS perspective 并且看到如下所示的一系列的 LogCat

消息。

```
dalvikvm  D  GC_FOR_MALLOC freed 33 objects / 21013 bytes in 8ms
dalvikvm  D  GC_EXPLICIT freed 281 objects / 1853 bytes in 7ms
```

上面的 GC_FOR_MALLOC 和 GC_EXPLICIT 消息，表示应用程序中已经触发了垃圾收集。上面的两次垃圾收集，分别用了 8 毫秒和 7 毫秒去完成。

你应该在游戏过程中监控这些消息，因为它们可能表明有内存泄露问题（为许多新的对象分配空间，而没有为复用已有的对象）。

注意： 在从一个状态转换到另一个状态的时候，我们确实使用了 System.gc()来明确地请求垃圾收集，因此，如果在这些转换中看到 GC_EXPLICIT，不用太紧张。

9.5.3　垃圾收集的问题

正如我们在第 6 章中简短讨论过的，在游戏过程中，垃圾收集被认为是糟糕的，因为它需要花时间才能完成。在我们的游戏开发框架中，我们的目标是 60FPS，或者说每一帧大约 17 毫秒。假设 Ellio 平均要花 13 毫秒来更新和渲染（这将会平均留下 4 秒的睡眠时间）。

如果在某个特定的帧中，垃圾收集程序运行了 15 毫秒，将会发生什么？留给我们 2 毫秒（17－15）的时间，必须将更新和渲染调用所需要花的 13 毫秒压缩进去。在这种情况下，游戏循环的迭代过程花费的可能不是 17 毫秒，而是 30 毫秒。超出的时间延迟，玩家称之为滞后（*lag*）。

9.5.4　避免内存分配

要避免内存泄露和调用垃圾收集程序，在游戏循环中限制使用 new 关键字。避免如下所示的方法：

```
...

// Update method called by game loop. Called on every frame.
public void update() {
        x += 10;
        y += 5;

        Rect boundingBox = new Rect(x, y, x + width, y + height);
        checkCollision(boundingBox, monster);
}
...
```

假设 60 FPS，上面的 update()方法将会每秒钟创建 60 个新的 Rect 对象，很快填满了内存，促使垃圾收集程序介入并执行耗费时间的工作。更好的解决方案如下所示。

```
...
// Class and Variable Declarations

private Rect boundingBox = new Rect(x, y, x + width, y + height);

...

// Update method called by game loop. Called on every frame.
public void update() {
        x += 10;
        y += 5;
        boundingBox.set(x, y, x + width, y + height);
        checkCollision(boundingBox, monster);
}
```

在前面的例子中，我们只创建 boundingBox Rect 一次。我们选择更新已有的 Rect 对象，从而避免了在每一帧中创建新的对象，也不再需要垃圾收集。

9.5.5　发现内存泄露并记录内存分配

现在，当你留意到游戏过程中有很多滞后，并且在 LogCat 中看到有垃圾收集消息的时候，应该能够通过在游戏循环中搜索 new 关键字而发现内存泄露。然而，有的时候，发现内存泄露可能有点难度。看一下 Ellio 的 PlayState 类中的 renderScore()方法，如下所示。

```
private void renderScore(Painter g) {
        g.setFont(Typeface.SANS_SERIF, 25);
        g.setColor(Color.GRAY);
        g.drawString("" + playerScore / 100, 20, 30);
}
```

乍一看，这个方法似乎完全没问题。毕竟，我们没有分配任何新的对象，难道不是吗?

字符串也是对象。每一次我们使用""创建一个新的字符串，都为对象分配了内存空间。这意味着，"" + playerScore / 100 是在泄露内存。为了验证这一点，我们在 DDMS perspective 中运行 *Ellio*，并且在 Devices 下选择 *Ellio* 应用程序，如图 9-11 所示。

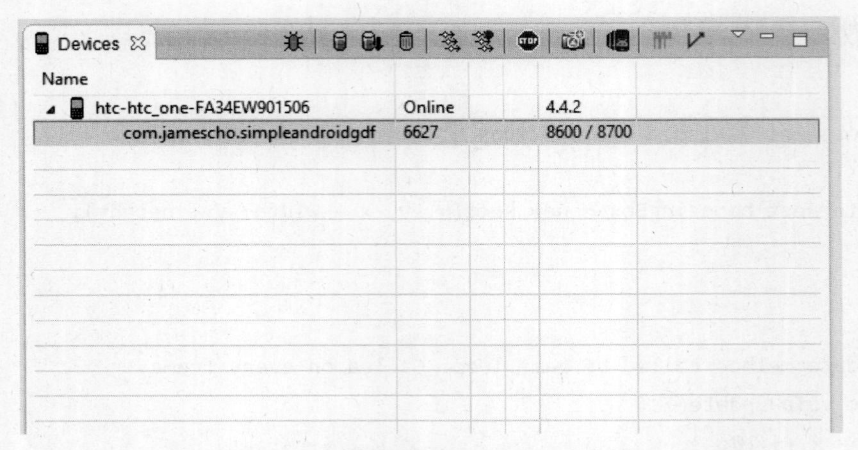

图 9-11　DDMS Perspective 中的 Ellio

注意，在 DDMS perspective 中有一个名为 Allocation Tracker 的标签页，如图 9-12 所示。这个工具将记录所选择的应用程序中的所有对象分配。

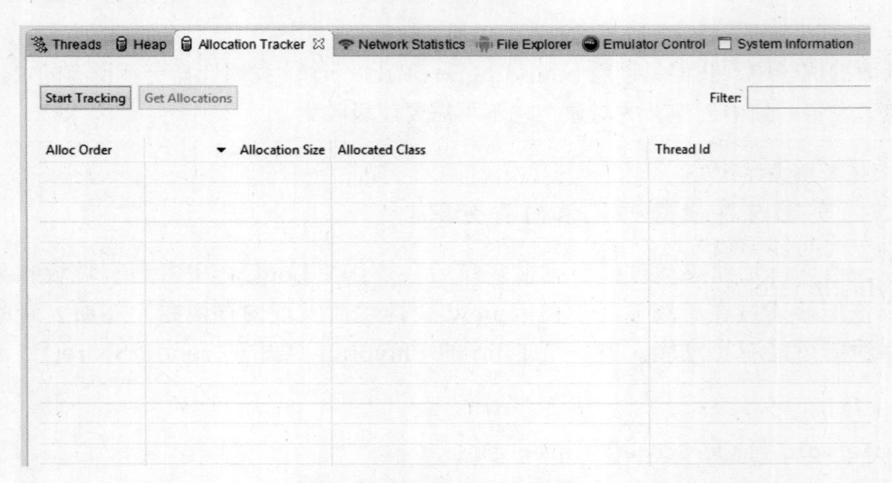

图 9-12　Allocation Tracker

让我们在 Ellio 中点击开始按钮，以启动 PlayState，然后，在 Allocation Tracker 中点击 **Start Tracking** 按钮。在玩了一会儿 Ellio 之后，我们可以点击 **Get Allocations**，然后点击 **Stop Tracking**。这些操作的结果如图 9-13 所示。

图 9-13 显示，java.lang.StringBuilder 类有多个大小显著的内存空间分配。注意，这是在 com.jamescho.game.state.PlayState.renderScore 中分配的。这清楚地表示，在游戏过程中，我们在 renderScore()中创建一个新的字符串导致了内存泄露。如果我们注释掉 renderScore()方法并运行该游戏，应该不会再看到这些分配了。

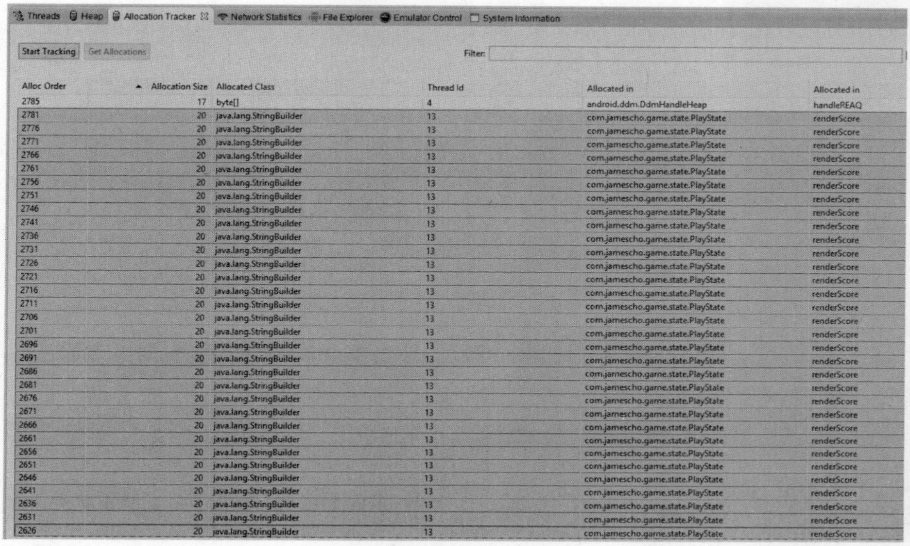

Threads　Heap　Allocation Tracker　Network Statistics　File Explorer　Emulator Control　System Information

Start Tracking　Get Allocations　Filter:

Alloc Order	Allocation Size	Allocated Class	Thread Id	Allocated in	Allocated in
2785	17	byte[]	4	android.ddm.DdmHandleHeap	handleREAQ
2781	20	java.lang.StringBuilder	13	com.jamescho.game.state.PlayState	renderScore
2776	20	java.lang.StringBuilder	13	com.jamescho.game.state.PlayState	renderScore
2771	20	java.lang.StringBuilder	13	com.jamescho.game.state.PlayState	renderScore
2766	20	java.lang.StringBuilder	13	com.jamescho.game.state.PlayState	renderScore
2761	20	java.lang.StringBuilder	13	com.jamescho.game.state.PlayState	renderScore
2756	20	java.lang.StringBuilder	13	com.jamescho.game.state.PlayState	renderScore
2751	20	java.lang.StringBuilder	13	com.jamescho.game.state.PlayState	renderScore
2746	20	java.lang.StringBuilder	13	com.jamescho.game.state.PlayState	renderScore
2741	20	java.lang.StringBuilder	13	com.jamescho.game.state.PlayState	renderScore
2736	20	java.lang.StringBuilder	13	com.jamescho.game.state.PlayState	renderScore
2731	20	java.lang.StringBuilder	13	com.jamescho.game.state.PlayState	renderScore
2726	20	java.lang.StringBuilder	13	com.jamescho.game.state.PlayState	renderScore
2721	20	java.lang.StringBuilder	13	com.jamescho.game.state.PlayState	renderScore
2716	20	java.lang.StringBuilder	13	com.jamescho.game.state.PlayState	renderScore
2711	20	java.lang.StringBuilder	13	com.jamescho.game.state.PlayState	renderScore
2706	20	java.lang.StringBuilder	13	com.jamescho.game.state.PlayState	renderScore
2701	20	java.lang.StringBuilder	13	com.jamescho.game.state.PlayState	renderScore
2696	20	java.lang.StringBuilder	13	com.jamescho.game.state.PlayState	renderScore
2691	20	java.lang.StringBuilder	13	com.jamescho.game.state.PlayState	renderScore
2686	20	java.lang.StringBuilder	13	com.jamescho.game.state.PlayState	renderScore
2681	20	java.lang.StringBuilder	13	com.jamescho.game.state.PlayState	renderScore
2676	20	java.lang.StringBuilder	13	com.jamescho.game.state.PlayState	renderScore
2671	20	java.lang.StringBuilder	13	com.jamescho.game.state.PlayState	renderScore
2666	20	java.lang.StringBuilder	13	com.jamescho.game.state.PlayState	renderScore
2661	20	java.lang.StringBuilder	13	com.jamescho.game.state.PlayState	renderScore
2656	20	java.lang.StringBuilder	13	com.jamescho.game.state.PlayState	renderScore
2651	20	java.lang.StringBuilder	13	com.jamescho.game.state.PlayState	renderScore
2646	20	java.lang.StringBuilder	13	com.jamescho.game.state.PlayState	renderScore
2641	20	java.lang.StringBuilder	13	com.jamescho.game.state.PlayState	renderScore
2636	20	java.lang.StringBuilder	13	com.jamescho.game.state.PlayState	renderScore
2631	20	java.lang.StringBuilder	13	com.jamescho.game.state.PlayState	renderScore
2626	20	java.lang.StringBuilder	13	com.jamescho.game.state.PlayState	renderScore

图 9-13　分配的类：java.lang.StringBuilder

为了在本章中使用，我们保持 renderScore()方法不动，但是请记住，这个方法确实导致了内存泄露。

注意：你可能想要打印出分数而不使用 String 对象，请参见 jamescho7.com/book/samples 的一个示例。

还有一个可能导致垃圾收集的源头，需要注意。在遍历一个对象的时候，你可能要分配名为 ArrayListIterator 的内容，如图 9-14 所示。

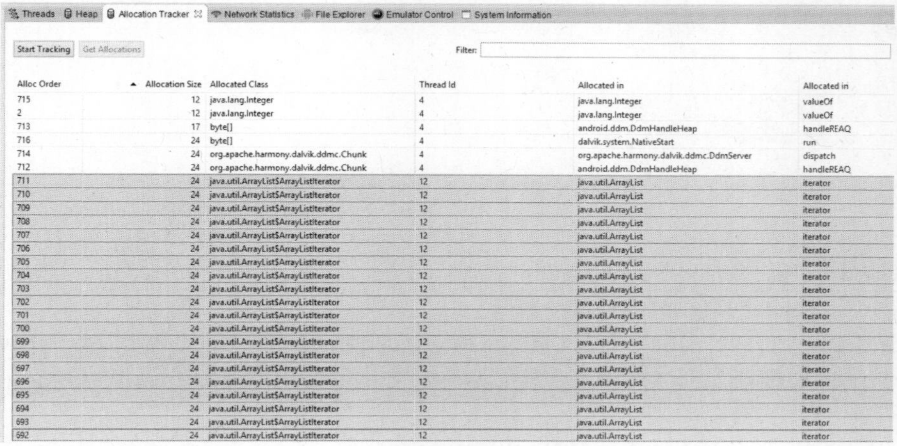

Threads　Heap　Allocation Tracker　Network Statistics　File Explorer　Emulator Control　System Information

Start Tracking　Get Allocations　Filter:

Alloc Order	Allocation Size	Allocated Class	Thread Id	Allocated in	Allocated in
715	12	java.lang.Integer	4	java.lang.Integer	valueOf
2	12	java.lang.Integer	4	java.lang.Integer	valueOf
713	17	byte[]	4	android.ddm.DdmHandleHeap	handleREAQ
716	24	byte[]	4	dalvik.system.NativeStart	run
714	24	org.apache.harmony.dalvik.ddmc.Chunk	4	org.apache.harmony.dalvik.ddmc.DdmServer	dispatch
712	24	org.apache.harmony.dalvik.ddmc.Chunk	4	android.ddm.DdmHandleHeap	handleREAQ
711	24	java.util.ArrayList$ArrayListIterator	12	java.util.ArrayList	iterator
710	24	java.util.ArrayList$ArrayListIterator	12	java.util.ArrayList	iterator
709	24	java.util.ArrayList$ArrayListIterator	12	java.util.ArrayList	iterator
708	24	java.util.ArrayList$ArrayListIterator	12	java.util.ArrayList	iterator
707	24	java.util.ArrayList$ArrayListIterator	12	java.util.ArrayList	iterator
706	24	java.util.ArrayList$ArrayListIterator	12	java.util.ArrayList	iterator
705	24	java.util.ArrayList$ArrayListIterator	12	java.util.ArrayList	iterator
704	24	java.util.ArrayList$ArrayListIterator	12	java.util.ArrayList	iterator
703	24	java.util.ArrayList$ArrayListIterator	12	java.util.ArrayList	iterator
702	24	java.util.ArrayList$ArrayListIterator	12	java.util.ArrayList	iterator
701	24	java.util.ArrayList$ArrayListIterator	12	java.util.ArrayList	iterator
700	24	java.util.ArrayList$ArrayListIterator	12	java.util.ArrayList	iterator
699	24	java.util.ArrayList$ArrayListIterator	12	java.util.ArrayList	iterator
698	24	java.util.ArrayList$ArrayListIterator	12	java.util.ArrayList	iterator
697	24	java.util.ArrayList$ArrayListIterator	12	java.util.ArrayList	iterator
696	24	java.util.ArrayList$ArrayListIterator	12	java.util.ArrayList	iterator
695	24	java.util.ArrayList$ArrayListIterator	12	java.util.ArrayList	iterator
694	24	java.util.ArrayList$ArrayListIterator	12	java.util.ArrayList	iterator
693	24	java.util.ArrayList$ArrayListIterator	12	java.util.ArrayList	iterator
692	24	java.util.ArrayList$ArrayListIterator	12	java.util.ArrayList	iterator

图 9-14　更多的内存泄露

导致这一分配的原因并没有在 LogCat 中直接揭示，只是表明了它和 ArrayLists 有关。这一分配背后的实际原因是，我们在 updateBlocks()和 renderBlocks()方法中使用了一个 For each 循环。

```
...
// For each loop leaks memory:
for (Block b : blocks) {
    ...
}
```

这个 for each 循环利用一个 ArrayListIterator 对象来遍历每一个子元素，导致内存泄露。对此有一个简单的解决方案，即使用一个常规的、基于索引的 for 循环，如程序清单 9.10 和清单 9.11 中修改后的 updateBlocks()和 renderBlocks()方法所示。

程序清单 9.10　updateBlocks()（更新版）

```
private void updateBlocks(float delta) {
  for (int i = 0; i < blocks.size(); i++) {
    Block b = blocks.get(i);
    b.update(delta, blockSpeed);

    if (b.isVisible()) {

        if (player.isDucked() && Rect.intersects(b.getRect(), player.getDuckRect())) {
                b.onCollide(player);
        } else if (!player.isDucked() && Rect.intersects(b.getRect(), player.getRect())) {
                b.onCollide(player);
        }

    }
  }
}
```

程序清单 9.11　renderBlocks()（更新版）

```
private void renderBlocks(Painter g) {
  for (int i = 0; i < blocks.size(); i++) {
    Block b = blocks.get(i);
   if (b.isVisible()) {
      g.drawImage(Assets.block, (int) b.getX(), (int) b.getY(), BLOCK_WIDTH, BLOCK_HEIGHT);
```

```
    }
  }
}
```

我建议对 PlayState 类做这两项修改，以使得性能最大化。

现在，我们已经充分地讨论了如何优化框架。如果你记住了前面的原则，就能够创建在各种设备上运行得很好的高性能的游戏。现在，我们回到 Ellio 并且添加最后一项新功能，即高分系统。

> 注意：如果此时你对于任何的类有问题，可以从 jamescho7.com/book/chapter9/checkpoint5 下载源代码。

9.6 实现高分系统

在很多移动游戏中，我们想要在该设备上记录最高游戏分数。实现这一点的最容易的方式，就是用 Android 的共享偏好设置功能。

你可以把共享偏好当作一个数据存储库。可以使用它来保存和应用程序相关的信息。保存的数据可以在设备的文件存储中持久化，直到你从设备中卸载该应用程序。

如图 9-15 所示，必须将数据以键—值对的形式保存，并且可以有任意多个对。这意味着，要在共享偏好中存储一个值，必须提供与该值相关联的一个键，例如，“Name”。随后，使用这个键来获取所存储的值。

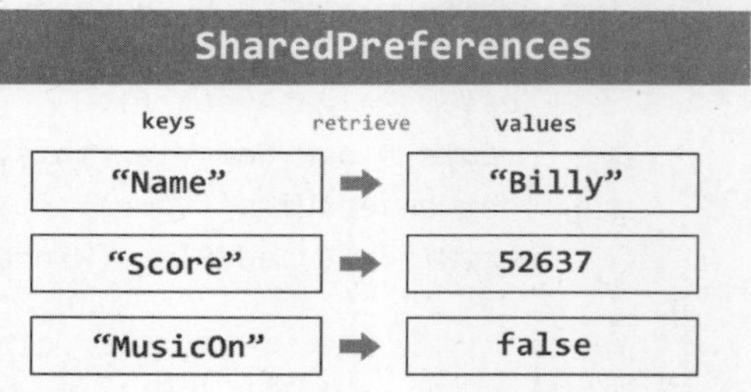

图 9-15　存储 SharedPreferences

9.6.1　规划高分系统

要实现高分系统，我们需要将最高得分记录作为整数保存到应用程序的共享偏好中。当 GameMainActivity 启动的时候，我们将从共享偏好中获取保存的最高分，并且将其存储为一个常规的整数。当玩家完成了游戏并到达了 GameOverState，我们检查当前的得分是否比保存的最高得分还要高。如果是，用当前得分替换最高得分，并将其存储到共享偏好中。

9.6.2　提供访问器方法

打开 Ellio 的 GameMainActivity 类，添加如下所示的变量。

```
private static SharedPreferences prefs;
private static final String highScoreKey = "highScoreKey";
private static int highScore;
```

添加相应如下所示的 import 语句。

```
import android.content.SharedPreferences;
import android.content.SharedPreferences.Editor;
```

prefs 变量引用的是应用程序的 SharedPreferences 对象。在 prefs 中，我们将使用键 highScoreKey 来存储一个 highScore。

在 onCreate()方法中初始化 prefs 和 highScore 变量，如下面的代码所示。暂时先忽略针对 retrieveHighScore()显示的错误。

```
@Override
protected void onCreate(Bundle savedInstanceState) {
        super.onCreate(savedInstanceState);
        prefs = getPreferences(Activity.MODE_PRIVATE);         // New line!
        highScore = retrieveHighScore();                       // New Line!
        assets = getAssets();
        sGame = new GameView(this, GAME_WIDTH, GAME_HEIGHT);
        setContentView(sGame);
        getWindow().addFlags(WindowManager.LayoutParams.FLAG_KEEP_SCREEN_ON);
}
```

正如你所看到的，我们可以调用 getPreferences()方法来获取应用程序的共享偏好，调用该方法的时候传入常量 Activity.MODE_PRIVATE，以便只有我们的应用程序可以访问偏好的内容。

最后，声明如下所示的方法，它们提供了对共享偏好的访问。

```
public static void setHighScore(int highScore) {
        GameMainActivity.highScore = highScore;
        Editor editor = prefs.edit();
        editor.putInt(highScoreKey, highScore);
        editor.commit();
}

private int retrieveHighScore() {
        return prefs.getInt(highScoreKey, 0);
}

public static int getHighScore() {
```

```
        return highScore;
    }
```

当玩家的分数比所保存的最高分还要高的时候，调用 setHighScore()方法。要手动编辑共享偏好，我们必须调用 prefs.edit()方法来获取其 SharedPreferences.Editor 对象。我们将最终的 Editor 存储到 editor 变量中，并且通过键 highScoreKey 把整数 highScore 存储到 editor 中。一旦调用了 editor.commit()方法，Editor 对象将提交对共享偏好的修改，覆盖已有的值。

当应用程序启动的时候，调用 retrieveHighScore()方法一次。其值作为 highScore 存储到内存中，以供稍后快速访问。这个方法直接获取与 highScoreKey 相关的整数。如果没有相关的值，我们使用默认值 0。

getHighScore()方法是一个简单的 getter 方法，它获取当前的高分。该方法的存在，允许我们不必进入文件系统就能获取高分，从而避免花较长的时间。

程序清单 9.12 给出了完整的 GameMainActivity 类。

程序清单 9.12 GameMainActivity（完整版）

```
package com.jamescho.simpleandroidgdf;

import android.app.Activity;
import android.content.SharedPreferences;
import android.content.SharedPreferences.Editor;
import android.content.res.AssetManager;
import android.os.Bundle;
import android.view.WindowManager;

public class GameMainActivity extends Activity {

    public static final int GAME_WIDTH = 800;
    public static final int GAME_HEIGHT = 450;
    public static GameView sGame;
    public static AssetManager assets;

    private static SharedPreferences prefs;
    private static final String highScoreKey = "highScoreKey";
    private static int highScore;

    @Override
    protected void onCreate(Bundle savedInstanceState) {
        super.onCreate(savedInstanceState);
```

```
            prefs = getPreferences(Activity.MODE_PRIVATE);
            highScore = retrieveHighScore();
            assets = getAssets();
            sGame = new GameView(this, GAME_WIDTH, GAME_HEIGHT);
            setContentView(sGame);
            getWindow().addFlags(WindowManager.LayoutParams.FLAG_KEEP_SCREEN_ON);
    }

    public static void setHighScore(int highScore) {
            GameMainActivity.highScore = highScore;
            Editor editor = prefs.edit();
            editor.putInt(highScoreKey, highScore);
            editor.commit();
    }

    private int retrieveHighScore() {
            return prefs.getInt(highScoreKey, 0);
    }

    public static int getHighScore() {
            return highScore;
    }

}
```

9.6.3　设置高分

既然已经创建了访问器方法，保存高分也非常容易了。打开 GameOverState 并对其构造方法作如下所示的修改。

```
public GameOverState(int playerScore) {
        this.playerScore = playerScore + ""; // Convert int to String
        if (playerScore > GameMainActivity.getHighScore()) {
                GameMainActivity.setHighScore(playerScore);
        }
}
```

要将高分保存到共享偏好中，做所有这些修改就够了。确保你理解这 4 行代码。

我们将对 GameOverState 再做一项额外的修改，以便当出现一个新的最高分的时候，显示

“HIGH SCORE”而不是“GAME OVER”。创建如下所示的字符串变量，其默认值为“GAME OVER”。

```
private String gameOverMessage = "GAME OVER";
```

接下来，在构造方法中，添加如下所示的新的代码行。

```
public GameOverState(int playerScore) {
        this.playerScore = playerScore + ""; // Convert int to String
        if (playerScore > GameMainActivity.getHighScore()) {
                GameMainActivity.setHighScore(playerScore);
                gameOverMessage = "HIGH SCORE";        // This is the new line!
        }
}
```

最后，对 render()方法做如下所示的修改。

```
@Override
public void render(Painter g) {
        g.setColor(Color.rgb(255, 145, 0));
        g.fillRect(0, 0, GameMainActivity.GAME_WIDTH, GameMainActivity.GAME_HEIGHT);
        g.setColor(Color.DKGRAY);
        g.setFont(Typeface.DEFAULT_BOLD, 50);
        g.drawString("GAME OVER", 257, 175);
        g.drawString(gameOverMessage, 257, 175);
        g.drawString(playerScore, 385, 250);
        g.drawString("Touch the screen.", 220, 350);
}
```

完整的、更新后的 GameOverState 如程序清单 9.13 所示。

程序清单 9.13　GameOverState（完整版）

```
package com.jamescho.game.state;

import android.graphics.Color;
import android.graphics.Typeface;
import android.view.MotionEvent;

import com.jamescho.framework.util.Painter;
import com.jamescho.simpleandroidgdf.GameMainActivity;
```

```
public class GameOverState extends State {

        private String playerScore;
        private String gameOverMessage = "GAME OVER";

        public GameOverState(int playerScore) {
                this.playerScore = playerScore + ""; // Convert int to String
                if (playerScore > GameMainActivity.getHighScore()) {
                        GameMainActivity.setHighScore(playerScore);
                        gameOverMessage = "HIGH SCORE"; // This is the new line!
                }
        }

        @Override
        public void init() {
                // TODO Auto-generated method stub

        }

        @Override
        public void update(float delta) {
                // TODO Auto-generated method stub

        }

        @Override
        public void render(Painter g) {
                g.setColor(Color.rgb(255, 145, 0));
                g.fillRect(0, 0, GameMainActivity.GAME_WIDTH,
                                GameMainActivity.GAME_HEIGHT);
                g.setColor(Color.DKGRAY);
                g.setFont(Typeface.DEFAULT_BOLD, 50);
                g.drawString(gameOverMessage, 257, 175);
                g.drawString(playerScore, 385, 250);
                g.drawString("Touch the screen.", 220, 350);
        }

        @Override
```

```
    public boolean onTouch(MotionEvent e, int scaledX, int scaledY) {
        if (e.getAction() == MotionEvent.ACTION_UP) {
            setCurrentState(new MenuState());
        }
        return true;
    }

}
```

现在，可以尝试运行应用程序并且验证能够设置一个高分了，如图 9-16 所示。

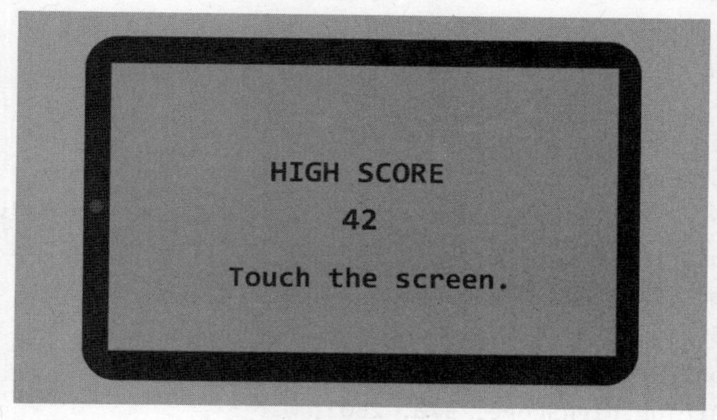

图 9-16 高分

9.6.4 实现 ScoreState

我们需要做的最后一件事情，就是实现 ScoreState 类。在 com.jamescho.game.state 中创建这个类，并且扩展 State。我们将使其行为像 GameOverState 一样，只不过它将总是显示高分。作为练习，请自行实现该类。如果需要帮助，程序清单 9.14 给出了我们的实现。

程序清单 9.14 ScoreState（完整版）

```
package com.jamescho.game.state;

import android.graphics.Color;
import android.graphics.Typeface;
import android.view.MotionEvent;

import com.jamescho.framework.util.Painter;
import com.jamescho.simpleandroidgdf.GameMainActivity;
```

```
public class ScoreState extends State {

        private String highScore;
        @Override
        public void init() {
                highScore = GameMainActivity.getHighScore() + "";
        }

        @Override
        public void update(float delta) {
        }

        @Override
        public void render(Painter g) {
           g.setColor(Color.rgb(53, 156, 253));
           g.fillRect(0, 0, GameMainActivity.GAME_WIDTH, GameMainActivity.GAME_HEIGHT);
           g.setColor(Color.WHITE);
           g.setFont(Typeface.DEFAULT_BOLD, 50);
           g.drawString("The All-Time High Score", 120, 175);
           g.setFont(Typeface.DEFAULT_BOLD, 70);
           g.drawString(highScore, 370, 260);
           g.setFont(Typeface.DEFAULT_BOLD, 50);
           g.drawString("Touch the screen.", 220, 350);
        }

        @Override
        public boolean onTouch(MotionEvent e, int scaledX, int scaledY) {
                if (e.getAction() == MotionEvent.ACTION_UP) {
                        setCurrentState(new MenuState());
                }
                return true;
        }
}
```

现在打开 MenuState 并更新其 onTouch()方法，以便当按下得分按钮的时候启动 ScoreState。

```
@Override
```

```
public boolean onTouch(MotionEvent e, int scaledX, int scaledY) {

        if (e.getAction() == MotionEvent.ACTION_DOWN) {
                playButton.onTouchDown(scaledX, scaledY);
                scoreButton.onTouchDown(scaledX, scaledY);
        }

        if (e.getAction() == MotionEvent.ACTION_UP) {
                if (playButton.isPressed(scaledX, scaledY)) {
                        playButton.cancel();
                        Log.d("MenuState", "Play Button Pressed!");
                        setCurrentState(new PlayState());
                } else if (scoreButton.isPressed(scaledX, scaledY)) {
                        scoreButton.cancel();
                        Log.d("MenuState", "Score Button Pressed!");
                        setCurrentState(new ScoreState());   // This is the new line!
                } else {
                        playButton.cancel();
                        scoreButton.cancel();
                }
        }

        return true;
}
```

再次运行应用程序并按下 Score 按钮。应该会看到图 9-17 所示的界面。

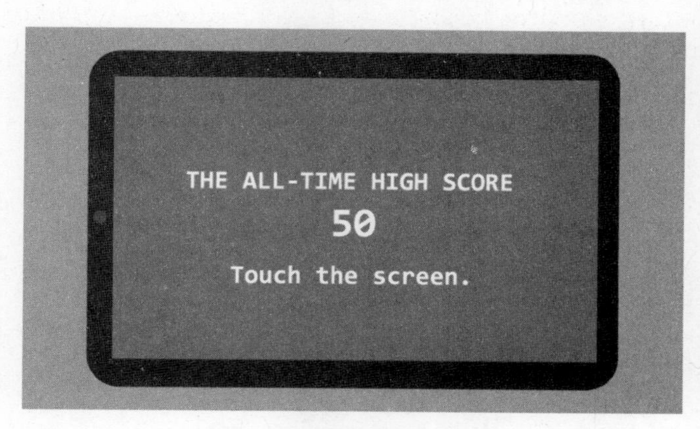

图 9-17 显示 ScoreState

> 注意：如果此时你对于任何类遇到问题，可以从 jamescho7.com/book/chapter9/complete 下载源代码。

好了，我们完成任务了！我们使用自己的框架实现了一款 Android 游戏，学习了优化原则，并且创建了共享偏好以进行数据持久化。现在轮到你做一些实践了。尝试根据自己的思路，从头开始创建一款游戏。如果你需要启发，建议你访问本书的配套站点 jamescho7.com/book/samples/，在那里可以看到使用这个框架的各种示例。

我们的学习之旅快要结束了。在本书第 4 部分中，我们将学习如何将 Android 游戏发布到 Google Play Store，并且介绍如何将一些很酷的 Google 服务集成到 App 中以使其更加有趣。

第 4 部分

实现触摸

第 10 章　发布游戏

现在，我们已经开发了一款 Android 游戏，并且可能想要让尽可能多的人上手该游戏。有了 Eclipse 和 ADT 的帮助，我们可以在几分钟内就发布应用程序；但是，可能还是要提前做点功课才能如愿以偿。

当构建 Android 游戏或应用程序的时候，我们将经历 3 个主要阶段：设计、开发和发布。在 Android 开发者官方站点上，Google 针对每个阶段给出了详细的步骤说明和指导，我强烈建议你花点时间看一下如下所示的站点，然后再继续前进。

`http://developer.android.com/distribute/index.html`。

10.1　准备好游戏

在开始和用户分享你的 Android 项目之前，必须创建一个 Android Package 文件（简称 APK）。使用 Eclipse 很容易做到这一点。我们将以第 9 章中的 Ellio 的 Android 版为例。在开始之前，先确保游戏已经准备好发布了。

> **注意：** 如果必要的话，可以从 jamescho7.com/ book/chapter9/complete 下载 Ellio 项目。

10.1.1　修改包名

打开 AndroidManifest.xml 并且检查 manifest 元素（如程序清单 10.1 所示）。

程序清单 10.1　manifest 元素

```
<manifest xmlns:android="http://schemas.android.com/apk/res/android"
    ackage="com.jamescho.simpleandroidgdf"
    android:versionCode="1"
    android:versionName="1.0" >
...
```

注意，包名当前设置为 com.jamescho.simpleandroidgdf。我们必须将包名修改为一个唯一的值，以便将游戏发布到 Google Play 上。

指定一个新的包名，例如，com.*yourname*.ellio。这个包名将在游戏的 Google Play 列表中公开可见，因此请慎重选择。一旦选择了一个新的名称，就更新 activity 元素，如程序清单 10.2 所示。

程序清单 10.2　更新 activity 元素

```
<activity
        android:screenOrientation="sensorLandscape"
        android:name="com.jamescho.simpleandroidgdf.GameMainActivity"
        android:name="com.jamescho.ellio.GameMainActivity"
        android:label="@string/app_name"
        android:theme="@android:style/Theme.NoTitleBar.Fullscreen" >
        <intent-filter>
                <action android:name="android.intent.action.MAIN" />
                <category android:name="android.intent.category.LAUNCHER" />
        </intent-filter>
</activity>
```

接下来，我们必须在 Package Explorer 中重命名 com.jamescho.simpleandroidgdf 包，给它一个与 manifest 相同的、更新后的包名。

> 注意：确保使用你自己的名字，而不是 com.jamescho.ellio。否则，你将无法发布这个应用程序。

10.1.2　创建 APK

在 Package Explorer 中选中你的 Android 项目，并且选择 **File > Export**。将会看到 Export 对话框，如图 10-1 所示。

图 10-1　导出 Android 应用程序

打开 **Android** 文件夹，选择 **Export Android Application** 并点击 **Next** 按钮。应该会看到 EllioAndroid 是选中的项目。再次点击 **Next** 按钮，并且将会看到图 10-2 所示的对话框。

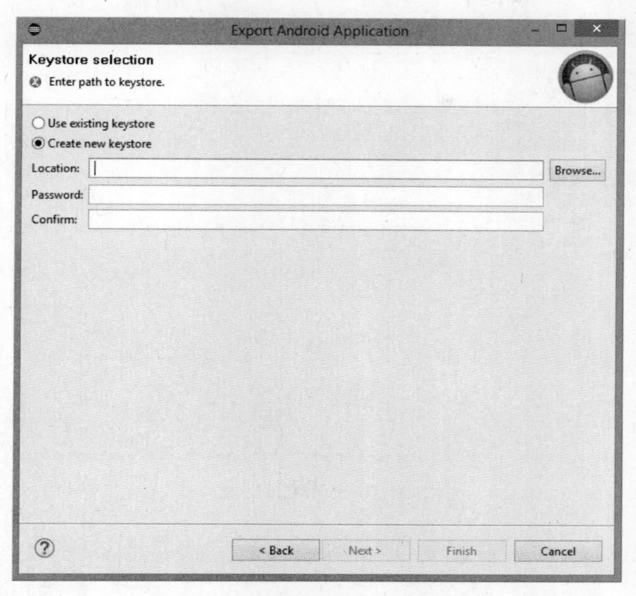

图 10-2 Keystore Selection

在分享 Android 应用程序之前，必须先对它们数字化签名。要开始这个过程，直接在 Keystore selection 对话框中选中 **Create new keystore** 选项。我将在自己的桌面上创建一个名为 EllioAndroid.keystore 的 kyestore。

> **注意：** Keystore 是 key 的一个集合，这些 key 用来签名应用程序。确保将这个文件备份到安全的地方，因为每次要更新应用程序的时候，都必须要使用它。如果你丢掉了自己的 keystore，将无法对已经发布的应用程序进行修改。

点击了 Next 按钮之后，将会看到图 10-3 所示的对话框。现在，必须使用所提供的表单来创建一个 key。把 key 当作一个认证的印章。使用 key 数字签名，将允许其他人证实你对 App 的所有权。

- alias 是 key 的名字。在这个例子中，我将使用 release。
- password 是对应的密码。注意，这个密码和 keystore 的密码不同。选择一个你能够记住的密码。
- validity 指的是 key 的有效期。我建议的值是 30 年。

还必须填写 6 个认证问题字段中的至少一个，以完成键的创建过程，如图 10-4 所示。

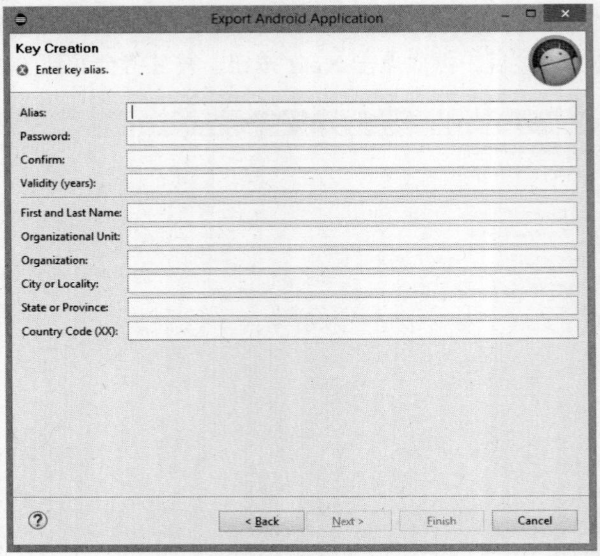

图 10-3　键的创建

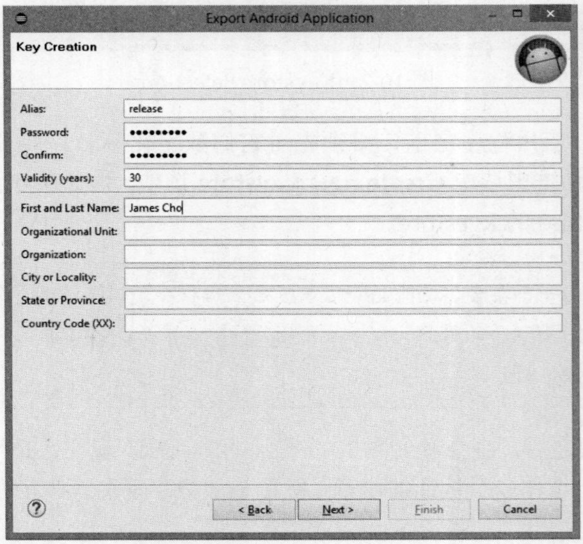

图 10-4　键的创建（续）

一旦输入了必需的字段，点击 Next 按钮并且随后将会看到图 10-5 所示的界面，其中，要求你给出目标 APK 文件。选择一个你想要保存 APK 文件的位置，点击 Finish 按钮。完成了。你已经成功地创建了一个 APK 文件并且用数字键给它签名了。现在，可以和你的小伙伴分享这个 APK 文件了，他们将能够在自己的设备上安装你的游戏。

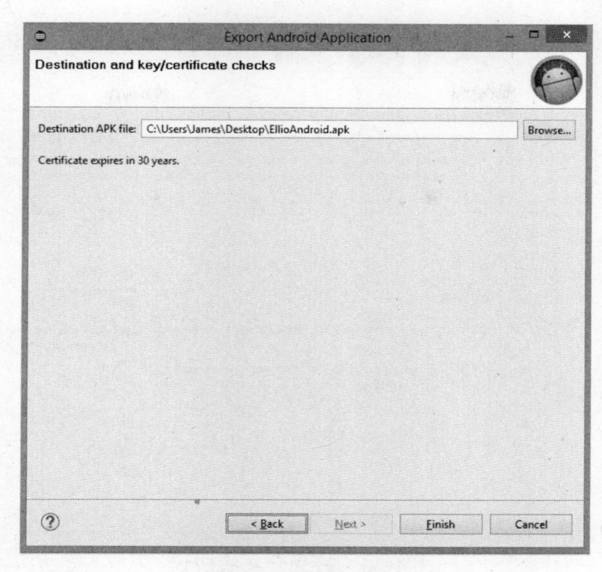

图 10-5 目标 APK

10.1.3 选择市场

用 Email 来发布 App 的话，可能无法接触到大量的用户。一旦把游戏发布到了 Amazon Appstore 或 Google Play 这样的市场，世界上数百万的人都将能够使用你的游戏。

Google Play 已经在大量的 Android 设备上预装了（并且由于 Google 提供了诸如 leaderboard 和 achievements integration 这样的服务），Google Play 上的开发者许可是必须要有的。如果你想要以那些依赖 Samsung App 或是 Amazon Appstore 这样的专业市场的用户为目标，还必须将你的 App 单独发布到其上。

10.2 在 Google Play 发布游戏

10.2.1 创建一个开发者账户

我现在介绍如何在 Google Play 上创建一个开发者账户。为此，你需要一次性支付 25 美金。如果你目前还不想尝试的话，请继续阅读，等到方便的时候再回到本节。

用 Web 浏览器访问 https://play.google.com /apps/publish/。使用你想要和自己的开发者账户相关联的 Google 账户，登录到 Google Play Developer Console。如果你想要作为一个组织来发布应用的话，Google 推荐使用一个新的账户，而不是使用个人账户。登录之后，应该会看到图 10-6 所示的页面。

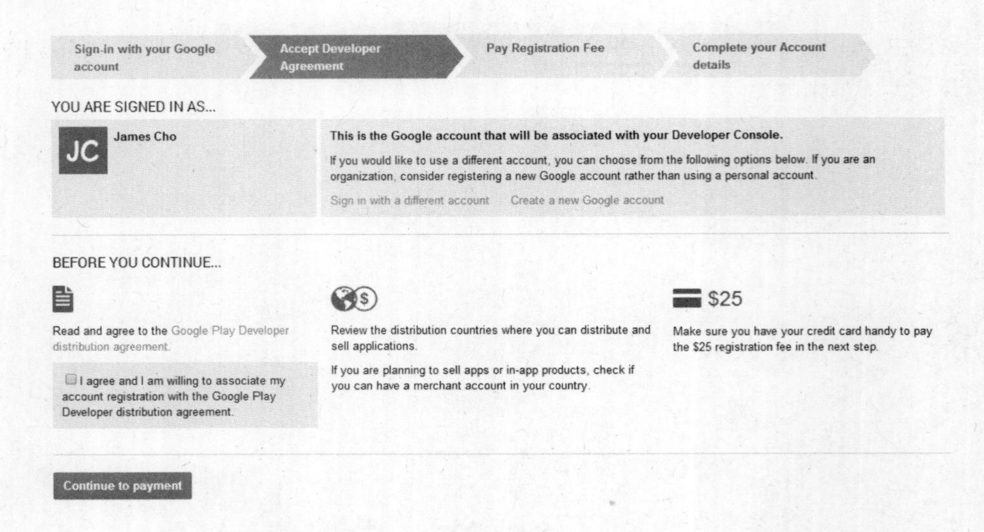

图 10-6　接受开发者协议

继续阅读，浏览 Google Play Developer distribution 协议，同意这些条款，并点击 **Continue to payment** 按钮。选择一种支付方式并填写账户细节。一旦完成，应该会位于 Developer Console 中。如果不是，使用下面的 URL 手动导航到 Console。

```
https://play.google.com/apps/publish/
```

应该会看到图 10-7 所示的页面。

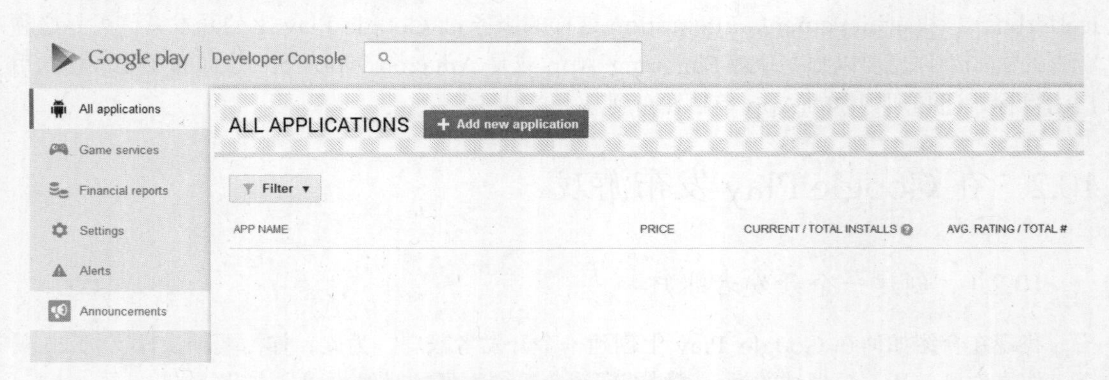

图 10-7　Google Play Developer Console

10.2.2　创建一个新的应用

点击 Add new application 按钮，输入应用的名称，然后点击 Upload APK，你将能够开始上传我们在上一节中所创建的 APK 文件。当图 10-8 所示的界面出现后，点击 Upload your first APK to Production 按钮。

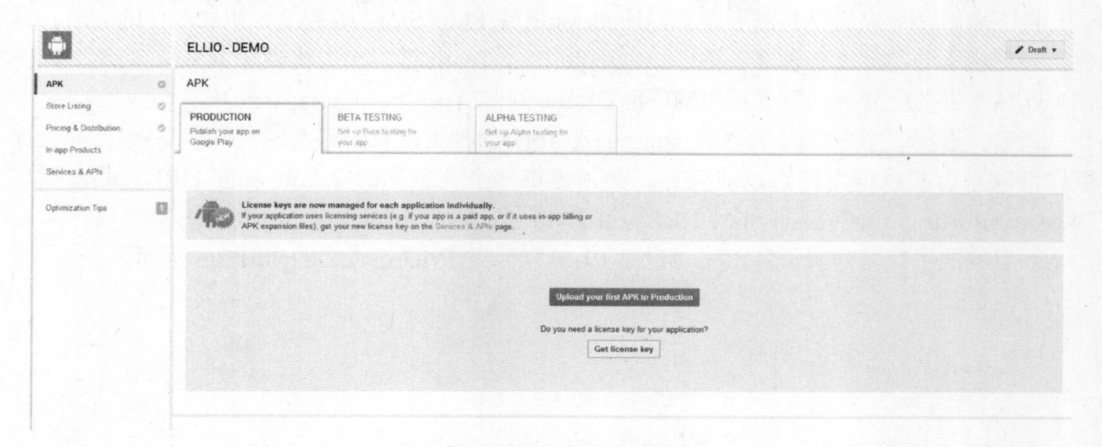

图 10-8　Ellio——示例 APK

按照所给出的指示上传 APK 文件。一旦安装完成，你将得到一条消息，说明你的应用程序与多少设备兼容。注意，有数以千计的设备支持 *Ellio*（这个数字主要取决于我们在 AndroidManifest 中所选取的 Minimum SDK 值）。接下来，点击 Store Listing 按钮，如图 10-9 所示。

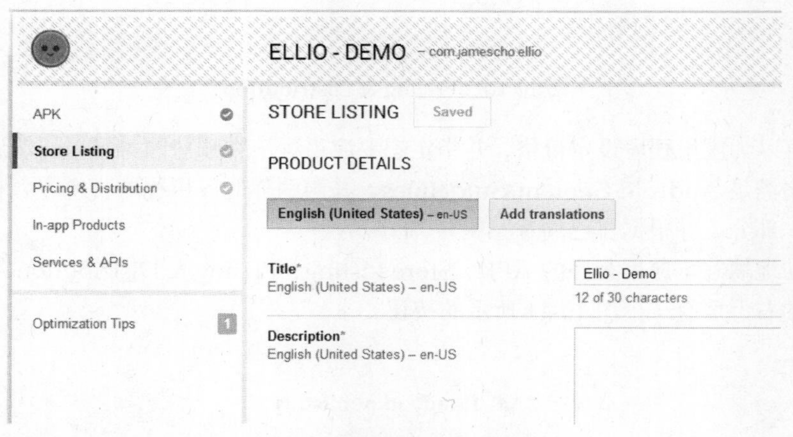

图 10-9　Ellio 的 Store Listing

这里，我们输入有关应用的细节，这些细节将在整个 Google Play 中用来帮助用户在下载之前了解我们的游戏。要了解每个字段的含义并使得尽可能多的人看到你的游戏，请浏览如下的页面：https:// support.google.com/googleplay/android-developer/answer/4448378? hl=en。

产品细节信息稍后可能会有所变化。一些开发者将会随着每次新的发布更新这些信息，因此，其用户可以及时获知动态或修改。输入你想要让 Ellio 列出的任何信息。

接下来，必须提供一些图形资源以便 Google 在 Play Store 的各个区域显示你的应用。这包括高分辨率的图标、各种屏幕截图，Google Play Team 选择作为代表一个 App 功能图像。你可以从本书的配套网站下载相应的资源：jamescho7.com/book/chapter10/。

最后，选择一个应用程序类型（game 或 app）、种类以及内容评级（目标受众），并且提供详细联系方式以便用户可以找到你。必须提供一个关于你的隐私政策的 URL，或者标记“Not submitting a privacy policy URL at this time.”。

一旦完成了存储列表信息，移动到图 10-10 所示的 Pricing & Distribution 页面。

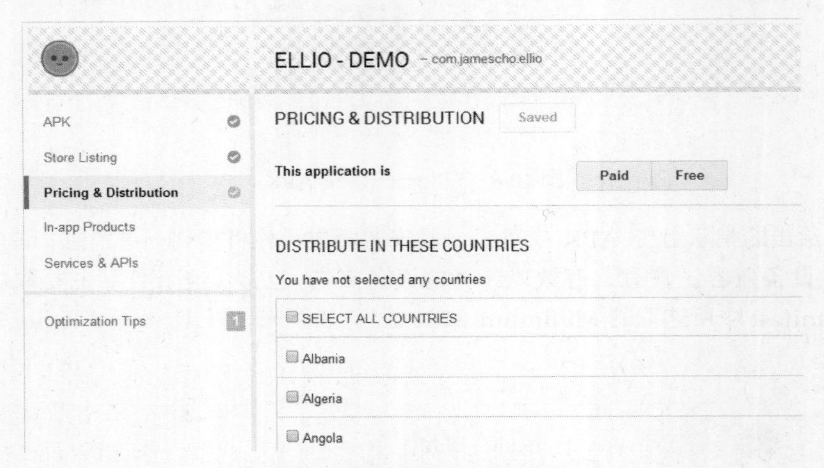

图 10-10　Pricing & Distribution

这里，可以为应用程序设定价格，并指定想要应用程序在哪些国家可用。然后，必须声明你的应用程序满足 Android Content Guidelines，并声明你的应用程序将遵守各种法律法规。仔细阅读这一部分，并根据自己的意愿填写。

如果成功地填写了应用程序的 APK、Store Listing、Pricing & Distribution 等信息，将会看到在屏幕的右上角有一个图 10-11 所示的按钮。

图 10-11　“Ready to Publish”按钮

要发布应用，点击该按钮并选择“Publish this app”。然后，将会看到你的应用在 All Applications 下面列出，并且其状态是“Published”，还有一些定价和安装信息，如图 10-12 所示。

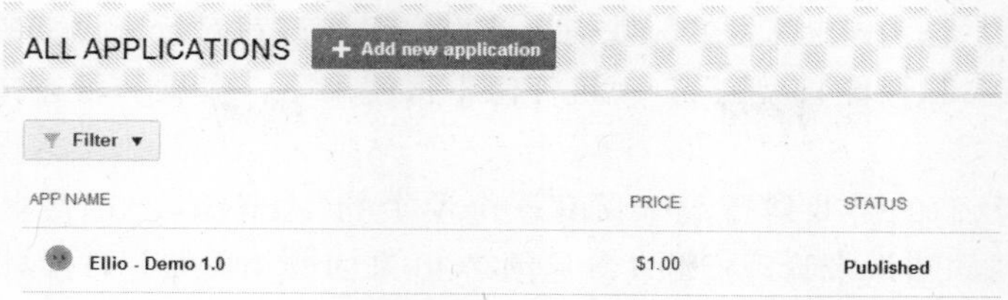

图 10-12　Ellio 发布了

几个小时之后（有时候长达 10 个小时以上），通过 play.google.com 或 Play Store 应用程序，在 Google Play 中将能看到你的应用程序。

10.3　更新游戏

既然游戏在 Web 上可用，数以百万计的人们将能够访问你的应用。一旦下载了游戏，真正的测试开始了。

往往，你的游戏会有一些 bug，并且对某些用户来说会引发崩溃。此外，你可能确定你的 App 漏掉了一项重要的功能，并且决定要实现它。在这种情况下，你需要知道如何对应用程序做出修改，并将新的 APK 上传到 Google Play，以便游戏的用户可以访问最近的更新或补丁。

10.3.1　资源管理 bug

我们仔细地分析了自己的代码以将内存泄露最小化，但是，我们的游戏仍然泄露了某些资源，这意味着，即便用户已经用完了我们的应用程序，App 还是在内存中留下了某些对象。一些这样的对象，如 Bitmap，一旦 App 完成，将会由垃圾收集器处理。而另一些，如用来播放声音效果的 SoundPool 对象，在 App 关闭后将继续消耗本地资源。一旦完成了应用程序，应该明确地处理 SoundPool 这样的对象。

> **注意：** 在 Android 3.0 之前，Bitmap 并不总是自动地进行垃圾回收。相反，我们显式地调用 Bitmap.recycle() 方法，就像我们在后面的讨论中将要对 SoundPool 对象所做的那样。要了解更多信息，参见由 Android 工程师创建的关于 Bitmap 分配的 DevBytes 视频：https://www.youtube.com/ watch?v=rsQet4nBVi8。

作为负责任的 Android 开发者，我们想要将自己的游戏对玩家设备的资源消耗最小化（以最大化电池寿命和性能），那么，一旦资源不再使用了，提供一种方式来处理它们是很重要的。

还记得吧，我们的游戏运行起来只有一个单个的 Activity。这使得我们更容易使用 Activity 生命周期的知识来管理资源（参见图 7-30 来回顾相关知识）。你将会发现，当另一个 Activity 进入前台的时候，处理资源的一个较好的地方是在 onPause()方法中。用户在切换到一个新的应用程序之后，可能选择不再返回游戏，因此，游戏应该通过处理自己的资源而准备退出。

在某些情况下，用户可能会导航回游戏，并且回收的资源将会再次需要。在此情况下，我们将依赖 onResume()方法重新初始化所处理的资源。按照惯例，当 App 初次启动的时候，也会调用 onResume()，因此，我们不需要在两个不同的地方初始化这些资源。你将会看到，这意味着，我们需要对 Assets 类进行一些修改。

10.3.2　暂停游戏

当玩家切换到另一个 Activity，暂停游戏过程是一种较好的做法。如果玩家选择导航回来，他应该会看到一个暂停的界面，等待他做好准备。使用 onPause()和 onResume()方法，我们很容易实现这一功能。

10.3.3　给 Assets 和 State 类添加 onPause()和 onResume()方法

让我们给 Assets 和 State 类添加 onPause()和 onResume()。由于 Assets 和 State 类不是 Activity 的子类，Android 系统不会自动调用这些新的方法。相反，当调用了 Activity 的 onResume()方法的时候，我们将手动调用 Assets.onResume()和 currentState.onResume()。这允许我们通知 Assets 类和 currentState，Activity 的生命周期中有一个恢复或暂停事件。我们用 onPause()做同样的事情。

首先，从 Assets.load()方法中删除如下所示的这些行。将不会再在 load()方法中加载任何的声音。

```
hitID = loadSound("hit.wav");
onJumpID = loadSound("onjump.wav");
```

接下来，向同一个类中添加如下所示的两个方法。

```
public static void onResume() {
        hitID = loadSound("hit.wav");
```

```
        onJumpID = loadSound("onjump.wav");
    }

    public static void onPause() {
        if (soundPool != null) {
            soundPool.release();
            soundPool = null;
        }
    }
```

当 Activity 暂停的时候，将会通过 GameMainActivity.onPause()调用 onPause()方法。由于无法保证再次需要 soundPool，我们明确地释放它（以释放原生资源），并且将其设置为等于 null（这使得垃圾收集器更容易工作一些）。

每次 Android 系统调用 GameMainActivity.onResume()方法的时候，我们将调用 onResume()方法。当 Activity 从暂停状态恢复，或者当 Activity 初次启动的时候，将会发生这种情况，因此，我们不再需要在 load()方法中加载声音。注意，我们不必重新实例化 soundPool，因为 loadSound()方法的逻辑将会自动为我们做这些。

做了这些修改之后，我们需要防止玩家在 soundPool 为空的时候调用 playSound()方法。对 playSound()方法进行如下所示的修改。

```
public static void playSound(int soundID) {
        if (soundPool != null) {
                soundPool.play(soundID, 1, 1, 1, 0, 1);
        }
}
```

更新后的 Assets 类如程序清单 10.3 所示。

> 警告：你的包名可能与后续的所有程序清单中不同，因为你在本章前面的 Manifest 中做过修改。

程序清单 10.3 Assets（更新版）

```
01 package com.jamescho.ellio;
02
03 import java.io.IOException;
04 import java.io.InputStream;
05
06 import android.graphics.Bitmap;
07 import android.graphics.Bitmap.Config;
```

```
08 import android.graphics.BitmapFactory;
09 import android.graphics.BitmapFactory.Options;
10 import android.media.AudioManager;
11 import android.media.SoundPool;
12
13 import com.jamescho.framework.animation.Animation;
14 import com.jamescho.framework.animation.Frame;
15
16 public class Assets {
17
18     private static SoundPool soundPool;
19     public static Bitmap welcome, block, cloud1, cloud2, duck, grass, jump, run1,
           run2, run3, run4, run5, scoreDown, score, startDown, start;
20     public static int hitID, onJumpID;
21     public static Animation runAnim;
22
23     public static void load() {
24         welcome = loadBitmap("welcome.png", false);
25         block = loadBitmap("block.png", false);
26         cloud1 = loadBitmap("cloud1.png", true);
27         cloud2 = loadBitmap("cloud2.png", true);
28         grass = loadBitmap("grass.png", false);
30         jump = loadBitmap("jump.png", true);
31         run1 = loadBitmap("run_anim1.png", true);
32         run2 = loadBitmap("run_anim2.png", true);
33         run3 = loadBitmap("run_anim3.png",  true);
34         run4 = loadBitmap("run_anim4.png", true);
35         run5 = loadBitmap("run_anim5.png", true);
36         scoreDown = loadBitmap("score_button_down.png", true);
37         score = loadBitmap("score_button.png", true);
38         startDown = loadBitmap("start_button_down.png", true);
39         start = loadBitmap("start_button.png", true);
40
41         Frame f1 = new Frame(run1, .1f);
42         Frame f2 = new Frame(run2, .1f);
43         Frame f3 = new Frame(run3, .1f);
44         Frame f4 = new Frame(run4, .1f);
45         Frame f5 = new Frame(run5, .1f);
```

```
46            runAnim = new Animation(f1, f2, f3, f4, f5, f3, f2);
47      }
48
49      public static void onResume() {
50            hitID = loadSound("hit.wav");
51            onJumpID = loadSound("onjump.wav");
52      }
53
54      public static void onPause() {
55            if (soundPool != null) {
56                  soundPool.release();
57                  soundPool = null;
58            }
59      }
60
61      private static Bitmap loadBitmap(String filename, boolean transparency) {
62            InputStream inputStream = null;
63            try {
64                  inputStream = GameMainActivity.assets.open(filename);
65            } catch (IOException e) {
66                  e.printStackTrace();
67            }
68
69            Options options = new Options();
70
71            if (transparency) {
72                  options.inPreferredConfig = Config.ARGB_8888;
73            } else {
74                  options.inPreferredConfig = Config.RGB_565;
75            }
76            Bitmap bitmap = BitmapFactory.decodeStream(inputStream, null, options);
77            return bitmap;
78      }
79
80      private static int loadSound(String filename) {
81            int soundID = 0;
82            if (soundPool == null) {
83                  soundPool = new SoundPool(25, AudioManager.STREAM_MUSIC, 0);
```

```
84              }
85              try {
86                  soundID = soundPool.load(GameMainActivity.assets.openFd(filename), 1);
87              } catch (IOException e) {
88                  e.printStackTrace();
89              }
90              return soundID;
91      }
92
93      public static void playSound(int soundID) {
94              if (soundPool != null) {
95                      soundPool.play(soundID, 1, 1, 1, 0, 1);
96              }
97      }
98 }
```

State 类也需要 onResume()和 onPause()方法以响应 Activity 的恢复和暂停事件。记住，State 类是一个抽象的超类，因此创建非抽象的 onResume()和 onPause()方法，将允许所有的 State 子类可选地覆盖 onResume()和 onPause()方法，以提供更多的功能。添加空的 onResume()和 onPause()方法，如程序清单 10.4 所示。

程序清单 10.4　State(更新版)

```
package com.jamescho.game.state;

import android.view.MotionEvent;

import com.jamescho.ellio.GameMainActivity;
import com.jamescho.framework.util.Painter;

public abstract class State {

        public void setCurrentState(State newState) {
                GameMainActivity.sGame.setCurrentState(newState);
        }

        public abstract void init();

        public abstract void update(float delta);
```

```
    public abstract void render(Painter g);

    public abstract boolean onTouch(MotionEvent e, int scaledX, int scaledY);

    public void onResume() {}

    public void onPause() {}

}
```

注意：我们有意保持 State.onResume()和 State.onPause()方法为空（这些方法应该由一个特定的状态覆盖，该状态在 Activity 的生命周期改变的时候想要得到通知），但是，你应该添加该方法体，从而为每一个状态类提供一些默认功能。

10.3.4 给 GameView 和 GameMainActivity 类添加 onResume()和 onPause()方法

GameMainActivity 无法访问当前状态。因此，它必须请求 GameView 代表 Activity 调动当前状态的 onResume()和 onPause()方法。向 GameView 类添加如下所示的两个方法。

```
public void onResume() {
        if (currentState != null) {
                currentState.onResume();
        }
}

public void onPause() {
        if (currentState != null) {
                currentState.onPause();
        }
}
```

最后，让我们做最重要的一项修改。给 GameMainActivity 类添加如下所示的两个方法。

```
@Override
protected void onResume() {
        super.onResume();
        Assets.onResume();
```

```
        sGame.onResume();
    }

    @Override
    protected void onPause() {
        super.onPause();
        Assets.onPause();
        sGame.onPause();
    }
```

让我们概括一下这些修改。我们允许 Assets 类和 currentState 响应 Activity 的 onResume()和 onPause()方法，具体做法是给这两个类的这两个方法起相同的名称，并且在 GameMainActivity.onResume()和 GameMainActivity.onPause()方法中调用这些方法。

Assets 类现在可以使用其 onResume()和 onPause()方法来加载和处理某些资源。currentState 现在可以覆盖 onResume()和 onPause()方法，以提供某些功能。我们接下来将探讨这一特性。

注意： 如果此时你对于任何类有问题，可以从 jamescho7.com/book/chapter10/checkpoint1 下载源代码。

10.3.5　实现 PlayState 的暂停

由于我们刚才所做的修改，当玩家切换到游戏中或切换出游戏的时候，PlayState 可以暂停并恢复。实现这一点，需要添加一些变量并对 update()和 render()方法做一些修改。完整的、更新后的 PlayState 类，如程序清单 10.5 所示。由于所有的这些修改都是一目了然的，请你自行浏览这些突出显示的修改。我添加了一些注释以帮助你完成这一过程。

注意： 一个 ARGB 颜色允许你设置带有一个 alpha（透明度）通道的 RGB 颜色。每个值都作为 255 以内的一个整数提供。值 153/255 意味着 60%的透明度。

程序清单 10.5　PlayState (更新版)

```
package com.jamescho.game.state;

import java.util.ArrayList;

import android.graphics.Color;
import android.graphics.Rect;
import android.graphics.Typeface;
```

```
import android.view.MotionEvent;

import com.jamescho.framework.util.Painter;
import com.jamescho.game.model.Block;
import com.jamescho.game.model.Cloud;
import com.jamescho.game.model.Player;
import com.jamescho.simpleandroidgdf.Assets;
import com.jamescho.simpleandroidgdf.GameMainActivity;

public class PlayState extends State {

   private Player player;
   private ArrayList<Block> blocks;
   private Cloud cloud, cloud2;

   private int playerScore = 0;

   private static final int BLOCK_HEIGHT = 50;
   private static final int BLOCK_WIDTH = 20;
   private int blockSpeed = -200;

   private static final int PLAYER_WIDTH = 66;
   private static final int PLAYER_HEIGHT = 92;

   private float recentTouchY;

   // Boolean to keep track of game pauses.
   private boolean gamePaused = false;
   // String displayed when paused;
   private String pausedString = "Game Paused. Tap to resume.";

   @Override
   public void init() {
         player = new Player(160, GameMainActivity.GAME_HEIGHT - 45 - PLAYER_HEIGHT,
                 PLAYER_WIDTH, PLAYER_HEIGHT);
         blocks = new ArrayList<Block>();
         cloud = new Cloud(100, 100);
         cloud2 = new Cloud(500, 50);

         for (int i = 0; i < 5; i++) {
```

```
            Block b = new Block(i * 200, GameMainActivity.GAME_HEIGHT - 95,
                    BLOCK_WIDTH, BLOCK_HEIGHT);
            blocks.add(b);
        }
    }

    // Overrides onPause() from State.
    // Called when Activity is pausing.
    @Override
    public void onPause() {
        gamePaused = true;
    }

    @Override
    public void update(float delta) {
        // If game is paused, do not update anything.
        if (gamePaused) {
            return;
        }

        if (!player.isAlive()) {
            setCurrentState(new GameOverState(playerScore / 100));
        }

        playerScore += 1;

        if (playerScore % 500 == 0 && blockSpeed > -280) {
            blockSpeed -= 10;
        }

        cloud.update(delta);
        cloud2.update(delta);
        Assets.runAnim.update(delta);
        player.update(delta);
        updateBlocks(delta);
    }

    private void updateBlocks(float delta) {
        for (int i = 0; i < blocks.size(); i++) {
            Block b = blocks.get(i);
            b.update(delta, blockSpeed);
```

```
            if (b.isVisible()) {
                    if (player.isDucked() && Rect.intersects(b.getRect(),
                                    player.getDuckRect())) {
                        b.onCollide(player);
                    } else if (!player.isDucked() && Rect.intersects(b.getRect(),
                                    player.getRect())) {
                        b.onCollide(player);
                    }

            }
        }
    }

    @Override
    public void render(Painter g) {
        g.setColor(Color.rgb(208, 244, 247));
        g.fillRect(0, 0, GameMainActivity.GAME_WIDTH, GameMainActivity.GAME_HEIGHT);

        renderPlayer(g);
        renderBlocks(g);
        renderSun(g);
        renderClouds(g);
        g.drawImage(Assets.grass, 0, 405);
        renderScore(g);

        // If game is Paused, draw additional UI elements:
        if (gamePaused) {
                // ARGB is used to set an ARGB color.
                // See note accompanying listing 10.05.
                g.setColor(Color.argb(153, 0, 0, 0));
                g.fillRect(0, 0, GameMainActivity.GAME_WIDTH,
                                GameMainActivity.GAME_HEIGHT);
                g.drawString(pausedString, 235, 240);
        }

    }

    private void renderScore(Painter g) {
        g.setFont(Typeface.SANS_SERIF, 25);
        g.setColor(Color.GRAY);
        g.drawString("" + playerScore / 100, 20, 30);
```

```
}

private void renderPlayer(Painter g) {
    if (player.isGrounded()) {
            if (player.isDucked()) {
                g.drawImage(Assets.duck, (int) player.getX(), (int) player.getY());
            } else {
                Assets.runAnim.render(g, (int) player.getX(), (int) player.getY(),
                        player.getWidth(), player.getHeight());
            }
            } else {
                g.drawImage(Assets.jump, (int) player.getX(), (int) player.getY(),
                        player.getWidth(), player.getHeight());
            }
    }

private void renderBlocks(Painter g) {
    for (int i = 0; i < blocks.size(); i++) {
            Block b = blocks.get(i);
            if (b.isVisible()) {
                g.drawImage(Assets.block, (int) b.getX(), (int) b.getY(),
                        BLOCK_WIDTH, BLOCK_HEIGHT);
            }
    }
}

private void renderSun(Painter g) {
    g.setColor(Color.rgb(255, 165, 0));
    g.fillOval(715, -85, 170, 170);
    g.setColor(Color.YELLOW);
    g.fillOval(725, -75, 150, 150);
}

private void renderClouds(Painter g) {
    g.drawImage(Assets.cloud1, (int) cloud.getX(), (int) cloud.getY(), 100, 60);
    g.drawImage(Assets.cloud2, (int) cloud2.getX(), (int) cloud2.getY(), 100, 60);
}

@Override
public boolean onTouch(MotionEvent e, int scaledX, int scaledY) {
```

```
        if (e.getAction() == MotionEvent.ACTION_DOWN) {
            recentTouchY = scaledY;
        } else if (e.getAction() == MotionEvent.ACTION_UP) {
            // Resume game if paused.
            if (gamePaused) {
                gamePaused = false;
                return true;
            }
            if (scaledY - recentTouchY < -50) {
                player.jump();
            } else if (scaledY - recentTouchY > 50) {
                player.duck();
            }
        }
        return true;
    }

}
```

对于 GameState 类做了这些修改之后，当我们按下 Home 按钮或者切换到一个新的应用程序的时候，游戏应该会暂停，如图 10-13 所示。

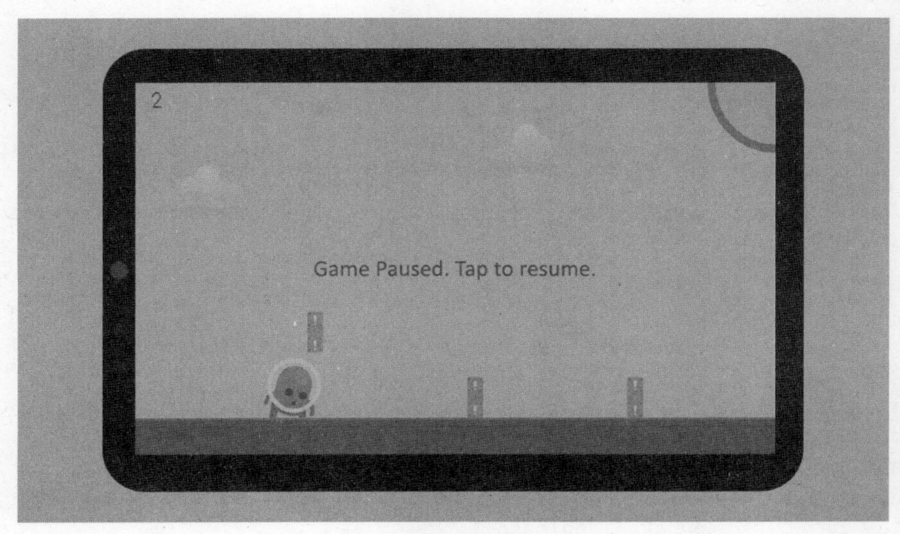

图 10-13　Ellio 暂停了

现在，当玩家需要接听一个电话的时候，不用担心游戏失败了。Ellio 将会耐心地在中间状态等待。

喜欢冒险？作为一个练习，请尝试添加一个新的按钮，以允许玩家暂停游戏而不会切换到一个新的 Activity。提示：UIButton 类可以派上用场了。

> **提示：**返回按钮可以完全退出一个 Activity，因此，当按下一个返回按钮之后，游戏将无法恢复。应该监听返回按钮，并且使其行为就像暂停按钮一样，或者让它把游戏导航到之前的状态，但是，我们不打算对 Ellio 这么做。

10.3.6　添加音乐

Ellio 只是跳起来而没有什么动静，但是，不能这么死气沉沉。让我们添加一些背景音乐，活跃一下气氛。

要添加音乐，我们需要利用 MediaPlayer 类(android.media.MediaPlayer)。MediaPlayer 对象的行为和 SoundPool 对象非常相似，它接受一个想要的文件并根据请求播放它。

还记得吧，音乐和声音不同，因为它们往往更长，因此需要一个较大的文件。不要把整个音乐都放到 RAM 中，我们直接从文件系统流播放音乐。

再次打开 Assets 类，并且导入如下内容。

```
import android.content.res.AssetFileDescriptor;
import android.media.MediaPlayer;
```

接下来，声明一个新的 **MediaPlayer** 对象。

```
...
public class Assets {
...
        private static MediaPlayer mediaPlayer;

        public static void load() {

...
```

当不再需要的时候，应该释放 **MediaPlayer** 对象。对方法 onPause()做出如下所示的修改。

```
public static void onPause() {
        if (soundPool != null) {
                soundPool.release();
                soundPool = null;
        }
```

```
        if (mediaPlayer != null) {
                mediaPlayer.stop();
                mediaPlayer.release();
                mediaPlayer = null;
        }
    }
```

最后，我们创建一个方法，以便可以通过提供 assets 文件夹中的一个音乐文件的名称，就很容易地播放音乐。添加程序清单 10.6 所示的 playMusic()方法。

程序清单 10.6 playMusic()

```
public static void playMusic(String filename, boolean looping) {
    if (mediaPlayer == null) {
        mediaPlayer = new MediaPlayer();
    }
    try {
        AssetFileDescriptor afd = GameMainActivity.assets.openFd(filename);
        mediaPlayer.setDataSource(afd.getFileDescriptor(), afd.getStartOffset(),
                afd.getLength());
        mediaPlayer.setAudioStreamType(AudioManager.STREAM_MUSIC);
        mediaPlayer.prepare();
        mediaPlayer.setLooping(looping);
        mediaPlayer.start();
    } catch (Exception e) {
        .printStackTrace();
    }
}
```

playMusic()方法貌似很吓人（并且实际上底层实现可能有一点吓人），但是，让我们尝试理解它，每次看几行代码。在此之前，记住如下几点。

- MediaPlayer 对象就像 Activity 一样，也有生命周期。它在空闲状态中开始生命周期，直到它初始化并准备好之后，才能播放音乐。
- 要初始化 MediaPlayer，我们必须为其提供数据源。我们不能直接给它一个文件名。必须提供一个音乐文件的描述符（这个概念超出了本书的范围，但是，将其当作 OS 中的一个文件的某种整数表示形式），并且告诉它读取多少个字节的数据。
- 一个 MediaPlayer 可以有很多种用途（例如，播放提示声音或警告声音）。我们将其用于流播放音乐，并且将明确地表示这一点。

我们来详细介绍一下 playMusic()方法，首先看一下方法声明。注意，该方法接受两个参数：String filename 和 boolean looping。稍后我们将介绍这些参数。

在方法体中，首先检查 mediaPlayer 是否为空，如果必要的话，实例化一个该对象。在实例化的时候，mediaPlayer 将处于空闲状态。接下来，我们获取音乐文件的文件描述符并且将其作为 MediaPlayer 对象的数据源提供，告诉它使用 afd.getStartOffset()和 afd.getLength()方法从头到尾播放该文件。现在，mediaPlayer 处于已经初始化的状态。接下来，告诉 mediaPlayer 它将要流播放音乐。然而，在开始播放之前，必须调用 prepare()方法将其推入预备状态，以让它做好准备。最后，设置循环到 boolean looping 值，并且告诉其开始播放。

需要一个 catch 语句块，因为有如此之多的方法，如果你在错误的时机调用它们或者提供了无效的参数的话，它们可能会失败。

> **注意：** 如果搞混淆了，看一下 http://developer.android.com/ reference/android/media/ MediaPlayer.html 中关于 MediaPlayer 类的官方文档，可能会有帮助。

通过下载一个 mp3 文件作为背景音乐播放，从而确保了一切都能正常地工作。我最近发现 Matt McFarland (mattmcfarland.com)是一位非常有天赋的作曲家，他制作了很多高质量的、版权自由的音乐放在其 Web 站点上。不需要许可费用，就可以将 Matt 的音乐用于你的项目，只要注明所有者并给出到他的站点的链接。

我们将使用 *Nintendo was Cool* 文件（在 mattmcfarland.com/song/nintendo-was-cool/试听一下这个音乐)，因为它完全符合 Ellio 轻快、富有节奏的感觉。从 Matt 的站点免费（带有许可信息）下载该音乐，将其重命名为 bgmusic.mp3 并且添加到 assets 文件夹中，如图 10-14 所示。

图 10-14　添加音乐文件

让我们下载一个新的、带有相应属性的 welcome.png 以配合该音乐。可以通过如下链接 **jamescho7.com/book/chapter10/**下载图 10-15 所示的图像。

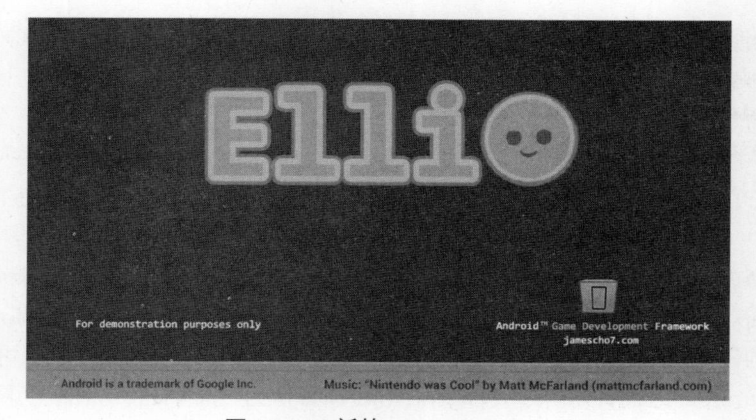

图 10-15 新的 welcome.png

由于我们从文件系统流播放音乐，不需要为新添加的 bgmusic.mp3 创建一个新的变量。相反，在 Assets.onResume()方法中添加如下所示的一行粗体代码。

```
public static void onResume() {
        hitID = loadSound("hit.wav");
        onJumpID = loadSound("onjump.wav");
        playMusic("bgmusic.mp3", true);
}
```

现在，每次调用你的 GameMainActivity 的 onResume()方法，都将开始播放 *Nintendo was Cool*。该音乐将循环播放，直到另一个 Activity 取代了屏幕上的游戏。运行游戏，并确保这能够工作。

注意： 如果此时对于任何的类遇到问题，可以从 jamescho7.com/book/chapter10 /checkpoint2 下载源代码。

这里给出一个练习。复制你的项目并且尝试在 **MenuState** 中创建一个按钮，以允许用户关闭所有的声音（你可能需要使用 UIButton 类）。作为另一个挑战，看你是否能够使用 **GameMainActivity** 的共享偏好来保存该按钮的状态（静音或未静音）。如果遇到困难，可以从 jamescho7.com/book/chapter10 获取解决方案。

10.3.7 将更新后的 APK 上传到 Google Play

既然给 Ellio 添加了新功能，让我们把最新的 APK 上传到应用商店。然而，在此之前，我们必须在 AndroidManifest.xml 中修改版本信息，如下所示。

```
<manifest xmlns:android="http://schemas.android.com/apk/res/android"
```

```
    package="com.jamescho.ellio"
    android:versionCode="1"
    android:versionName="1.0" >
    android:versionCode="2"
    android:versionName="1.1" >
...
```

正如第 7 章中所提到的，每次更新应用程序，都应该将 android:versionCode 增加 1。这个值将用来确定 App 的一个版本和另一个版本相比是升级版还是老版。android:versionName 选项可以按照你想要的任何惯例来设置。例如，我选择了 1.1，但是 2.0 或者 1.0001 也是可以的。

更新了 Manifest 之后，必须再次将 Android 项目作为一个 APK 导出。重复本章前面介绍的各个步骤，请选择 **Use existing keystore** 选项而不是 **Create new keystore** 选项，以确保你使用相同的 keystore。否则，将无法更新 Developer Console 中已有的列表。

一旦 APK 准备好了，回到 Developer Console，选择 Ellio 应用程序列表，打开 APK 页面，并且选择 **Upload new APK to Production**。一旦完成了上传，应该会看到图 10-16 所示的一个确认对话框。

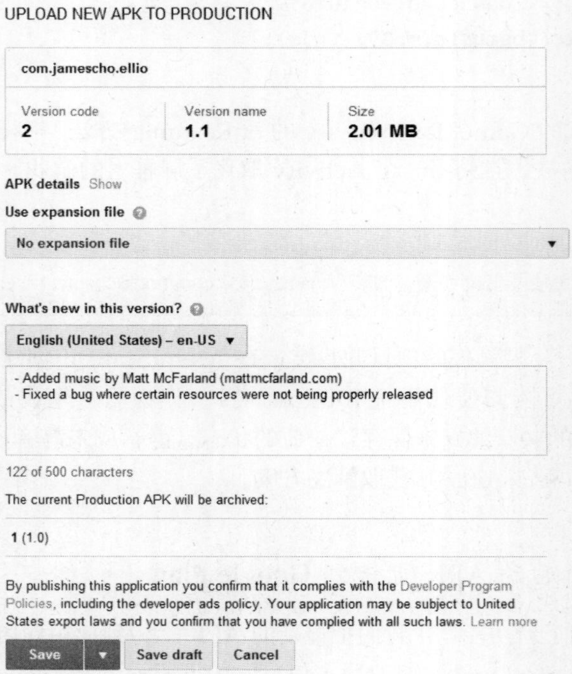

图 10-16　保存 APK

按下 Save 按钮，游戏的最新版本通过 Play Store 就可用了。对于那些支持自动更新的用户，当他们的设备下一次检查更新的时候，新版本将自动下载到设备上。

10.4 集成 Google Play 游戏服务

2013 年，Google 发布了 Google Play 游戏服务，这是用来帮助开发者扩展其游戏的一项工具，它使用 Google 的 API 和基础架构来添加了社会化的功能。得益于这一项新的服务，开发者现在可以为他们的游戏添加全球的高分榜（leaderboards）、成就（achievements）、实时多玩家、quest 等更多功能，而不需要担心维护自己的服务或编写支持联网的代码。

Google Play 游戏服务功能极其强大。只需要寥寥数行代码，你就可以允许用户登录自己的 Google 账户并把成绩、最高得分和游戏存储到云中。在这一跨平台的服务之下，用户数据跨越玩家的设备而同步，这意味着，玩家不必再担心自己从一个设备切换到另一个设备的时候会丢掉进度。在编写本书的时候，Google Play 游戏服务支持 Android、iOS 和基于 Web 的游戏。

我们不打算给出将 Google Play 游戏服务集成到 Ellio 中的按部就班的说明，因为 Google 已经在其开发者站点上给出了很好的说明。相反，我们给出这一概念的概览，让你自行体验一些示例项目，并且给出了完整的代码，展示如何在 Ellio 中实现一个高分榜。

10.4.1 玩家的视角

在开始学习如何集成游戏服务之前，我们先来看应用它的一个示例。我已经使用 Google Play 游戏服务在 Ellio 中实现了一个高分榜。在初次打开 Ellio 的时候，玩家会看到图 10-17 所示的一个弹出菜单。

图 10-17 连接到 Google Play

一旦玩家成功地登录，游戏将会自动显示一条欢迎消息。此外，将会在屏幕的左上角出现一个退出按钮，并且 Score 按钮将会显示一个 Google Play Games 图标，表示它现在联网了，如图 10-18 所示。

图 10-18　欢迎玩家

有了这一简单的变化，玩家的本地高分现在可以提交给 Google 的服务，并且与全世界分享了。当然，Ellio 是一个示例游戏，人们不会太当真，但这是一种令人激动的方式，可以鼓励玩家花更多的时间和怪物格斗或者为你将来的游戏设定记录。

请自行从 play.google.com/store/apps/details?id= com.jamescho.ellio 下载 Ellio，看看自己的高分榜，如图 10-19 所示。

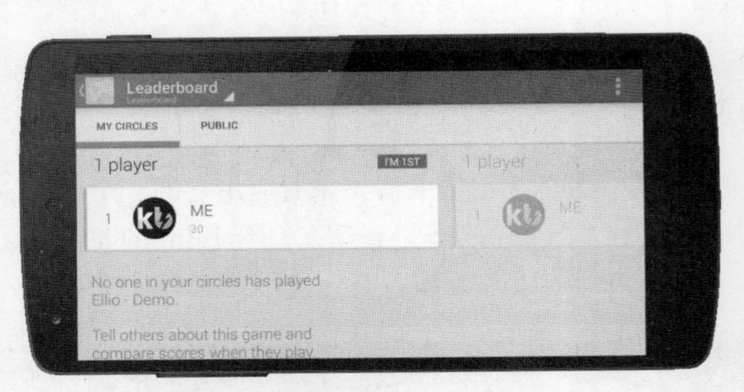

图 10-19　Ellio Leaderboard

10.4.2　开发者视角

正如前面所提到的，Google 针对如何给 App 集成 Google Play 游戏服务，给出了一个按部就班的说明。为了给出一些背景知识，我们提供所涉及的不同部分的一个概览，并且讨论如何将其组合到一起。记住，如下的知识点只是为了帮助你从概念上理解。更多的细节在官方说明中提供。

1. Google Play 游戏服务是由 Google 的服务器提供的。我们要使用该服务，首先必须下载 **Google Play Services SDK**，它包含了支持与服务器通信的类。
2. 我们特别对 **Google Play Services SDK** 中所包含的 **Google Play game services API**

感兴趣。

3. 为了使得 **Google Play game services API** 尽可能容易使用，Google 提供了一个 **BaseGameUtils** 库。这个库中有一个名为 BaseGameActivity 的类。该类应该作为 GameMainActivity 的超类使用，替代已有的 Activity 超类。
4. Google 将游戏应用程序及其游戏服务分开处理。在 Developer Console 中，我们必须注册一个新的游戏服务，并将其连接到游戏应用程序。当游戏试图连接到游戏服务的时候，这将允许游戏服务对其进行验证。
5. 步骤 4 中所提到的新创建的游戏服务，将接受一个 ID（称之为 OAuth 2.0 客户 ID）。我们必须将其添加到 Android 项目的 Manifest 中，以便应用程序能够连接到正确的游戏服务。
6. 步骤 4 和步骤 5 中提到的 Developer Console 中的游戏服务条目，用于配置高分榜、成就和事件。例如，如果你想要为 Ellio 添加一个成就，当玩家的分数达到 100 的时候应该解开这个成就，那么，你可以在 Developer Console 将其添加到游戏中，如图 10-20 所示。

图 10-20 添加一个新的成就

7. 对于添加到游戏服务中的每一个新的请求、成就或高分榜，你都将接收到一个如 Ck5azno1lkn631km43 的 ID。这个 ID 在 App 中用来引用一个特定的请求、成就或高分榜。例如，当 Ellio 的玩家得到 100 分的时候，我们将运行如下所示的代码行（这里的 ID 只是为了举例）。

```
Games.Achievements.unlock(getApiClient(), "Ck5azno1lkn631km43");
```

这个 ID 用来指定对于当前的用户，应该解锁游戏服务中的哪一个成就。

10.4.3　自行完成：集成 Google Play 游戏服务

现在，对于要集成 Google Play 所需采取的步骤，你应该有了一个了解，请使用一个示例项目，按照 Google 指南进行尝试。

1. **Getting Started for Android Game Development** 参见：developers.google.com/games/services/android/quickstart。

注意：当你注册一个新的游戏服务条目的时候(developers.google.com/games/services/ console/enabling)，将会要求你提供一个 SHA1 签名认证指印。这是与签名应用程序时候所使用的 keystore 相关联的唯一的 ID。

App 应该只能够与这样一个游戏服务条目沟通，该游戏服务条目已经用 keystore 签名过了，而且用来签名的 keystore 的 SHA1 签名认证指纹，已经在开发者控制台中针对该游戏服务条目注册过。

当使用 Eclipse 运行一个应用程序的时候，需要注意，它将使用一个调试 keystore 来签名。一个导出了的 APK 将使用你指定的 keystore 签名。

该 debug keystore 的签名证书，可以在 Eclipse 中通过 Window > Preferences > Android > Build 找到，如下所示。

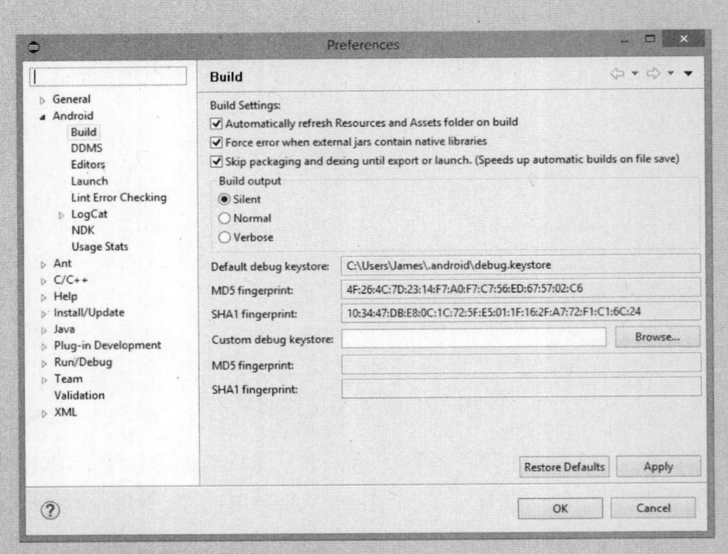

当使用 keystore 导出一个应用程序的时候，一个 release keystore 的签名证书将会显示出来，如下所示。

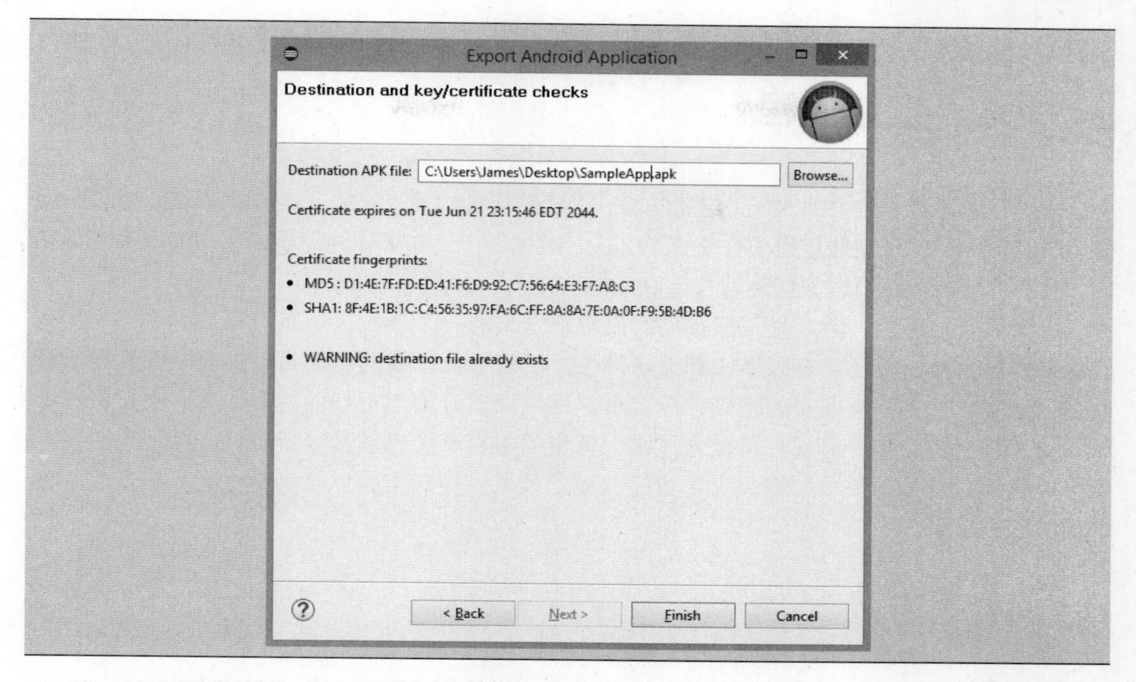

2. **Leaderboards in Android** 参见：developers.google.com/games/services/android/leaderboards。

要了解实现游戏服务时需要遵守的规则，请参考 **Quality Checklist for Google Play Game Services** (developers.gsoogle.com/games/services/checklist)。

10.4.4 下载源代码

实现了高分榜的 Ellio 的完整源代码，以及配置游戏项目和游戏服务以进行测试的分步骤说明，可以从 jamescho7.com/book/chapter10/complete 下载。记住，如果你在运行过程中遇到任何问题，可以在本书的配套站点 **jamescho7.com** 的论坛上告诉我们。我们将尽力帮助你。

如果你已经成功地把 Google Play 游戏服务集成到 Ellio 项目中，恭喜你！现在，你已经在 Play Store 发布了一款游戏，发布了更新，甚至集成了基于云的功能。你已经掌握了开始开发一些令人喜欢的、激动人心的游戏所需的所有技能和知识了。当然，你还需要花很多时间进行实践和尝试，以开发出人们愿意持续玩的游戏。在本书第 11 章中，我们将介绍如何继续提高技能并改善游戏。

> **注意：** 本书附录 C 概括了要使用我们的 Android 游戏开发框架构建和发布一款游戏所需要采取的所有步骤，这涉及到本书第 3 部分和第 4 部分中的所有内容。

第 11 章　继续旅程

你已经学习到了本书的末尾。这意味着，你已经从头构建了一款 Android 游戏，就像你最初计划的那样，并且在此过程中你掌握了 Java 编程语言，如果你计划继续从事游戏开发的话(正如我期望你所做的)，旅程还远未结束。

正如你所知道的，游戏是范围很广泛而且很密集的一个领域。虽然我尽最大的努力使得这本书尽量全面，但还是有很多主题无法涉及。尽管如此，我的希望是，通过从头到尾阅读本书，你能够打下一个坚实的基础，以便可以继续探索并构建更好的游戏。如果我已经正确地完成了自己的工作，你现在可以通过网上可用的丰富资源以继续变得更好，从而可以从头开始构建带有 3D 图像、网络、人工智能、粒子效果、控制支持以及其他令人兴奋的功能的游戏以取悦玩家。

11.1　发布游戏

在继续进入更大、更新的主题之前，我推荐你首先尝试自己使用游戏框架发布一款完整的 Android 游戏，并且与全世界分享它（参见附录 C 给出的步骤概览）。本书的配套站点 **jamescho7.com** 是一个很好的资源，可以学习如何实现某项功能并构建更好的游戏；你将能够从那里获得本书中的所有源代码、下载示例游戏项目以进行逆向工程，甚至学习关于游戏开发的更多知识。通过把本书中学习到的概念应用于构建自己的产品，你将能够巩固自己的理解并为进一步学习做好准备。

11.2　附加资源

如果你要寻找灵感，加入像 java-gaming.org 这样的一个游戏开发者社区。你将会认识数以千计的开发者，他们都以构建高性能的 Java 游戏为己任，并且你将会意识到，使用 Java 所能完成的任务是不受任何限制的。

要了解有关 Android、Play Services 以及其他的更多知识，通过如下链接订阅 YouTube 上的 Android 开发者频道：youtube.com/channel/UCVHFbqXqoYvEWM1Ddxl0QDg。

你将会定期看到相关的、有趣的视频并获知新的信息，你可以使用它们来改进我们的 Android 游戏开发框架。

我还想要分享我的独立游戏开发公司所创建的教程网站。在 tuts.kilobolt.com，我们提供了关于 Android、libGDX（下一小节会更多介绍它）以及团队协作等话题的教程，如图 11-1 所示。

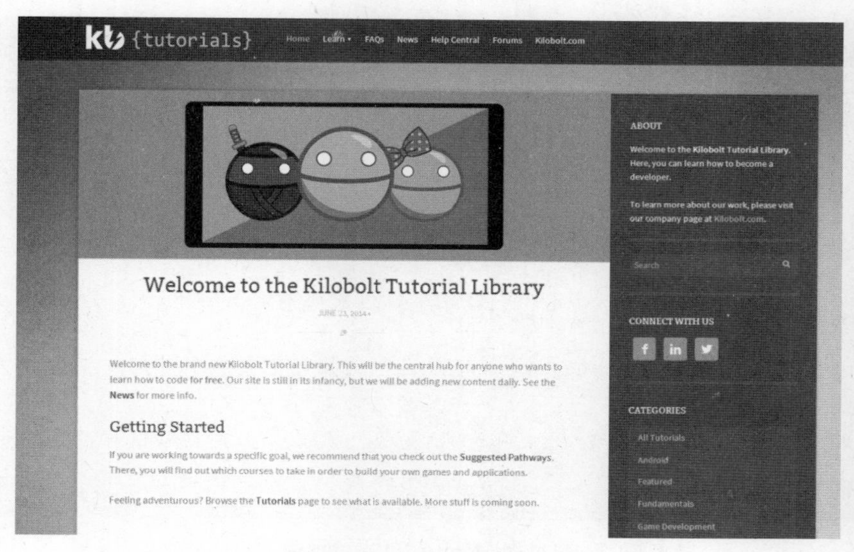

图 11-1　tuts.kilobolt.com

我们还在 forum.kilobolt.com 维护了一个友好的社区论坛，帮助那些在自己项目中遇到问题的人们。此外，如果你感兴趣，将能够召集一个开发者团队来一起从事一个大规模的项目。因此，请前去注册，并且向社区介绍自己。认识你，我们会感到很高兴。

11.3　继续前进

最后，我们将跨越简单的 2D Android 游戏，开始寻找更加有趣的游戏。你将会超越基础的 Android 游戏开发框架。要进入更高的层级，有两条宽阔的大道可供选择。当然，通常你也可能找到适合自己的中间道路。

11.3.1　路径 I：学习使用游戏引擎或游戏框架

如果想要开发出精美的、带有强大功能的游戏，而又不想要学习所有代码实现的细节，那么，学会如何使用游戏引擎或一款流行的游戏框架是最好的选择。这么做意味着，你可以将主要的开发时间用来构建游戏，而不是去准备构建游戏所要使用的框架。

我喜欢的游戏引擎是 Unity，这是一款跨平台的引擎，允许我们使用直观的用户界面来构建 2D 和 3D 游戏。它允许我们拖拽角色、添加有趣的光照效果，以及构建大的游戏关卡，而不需要编写一行代码（当然，你可以添加自己的代码以便让游戏的行为像你想要的那样）。Unity 还带有一个 Asset Store，可以下载预先准备好的内容，如动画角色、粒子效果或环境等，以便用于你自己的游戏中，如图 11-2 所示。

图 11-2　Unity 2D 平台示例

可能 Unity 最好的功能就是其跨平台特性了。你可以在引擎中构建游戏一次，并将其部署到包括 iOS、Android、PC、Mac 和控制台等各种平台上。Unity 确实需要一些 C#知识（或者 Boo 或 JavaScript 的知识）；然而，C#和 Java 类似，并且有了 Unity 官方站点的帮助，你要学习 C#很容易，那里提供了众多的视频教程和各种文档帮助你入门。为此，请访问 unity3d.com/learn/tutorials/modules/beginner/scripting。

功能完备的游戏引擎的另一种替代方案，是像 libGDX（libgdx.com）这样的游戏开发框架。走这条路，意味着你需要更多一些的工作才能得到想要的结果，但是，这对于学习如何构建游戏是有帮助的。如果你想要坚持使用 Java 并且很想自始至终地编写游戏代码，而不是使用一个 GUI 的游戏编辑器，那么，libGDX 是不错的解决方案。

libGDX 是开源的、跨平台的游戏开发框架，它允许你构建能够在各种平台上运行的 Java 游戏，包括 Windows、Mac、HTML、Android 和 IOS 等平台。这通常会把一个项目变得很大，往往提供数以百计的类供你在项目中使用，这意味着，你不必浪费时间或资源编写工具类来解决其他游戏开发者在其生涯中可能遇到的那些问题。要开始学习 libGDX，请访问其官方维基百科页面 **github.com/libgdx/libgdx/wiki。**

11.3.2　路径 II：学习游戏开发技术

可能你对于创建游戏内容关心较少，而更关心如何成长为一名游戏程序员。如果你对于游戏开发的技术方面感兴趣，并且想要更多地了解那些增强现代游戏的技术，那么，你可以考虑下面这些工具。

- OpenGL (Open Graphics Library)：要创建高性能的 2D 和 3D 移动游戏，而不依赖于游戏开发框架，本能的第一步就是学习 OpenGL。通过 **developer.android.com/guide/topics/graphics/opengl.html** 查看 Android API Guides 关于 OpenGL ES (OpenGL for Embedded Systems)的内容，以便有初步的了解。
- Box2D：你可能想要开始在游戏中实现逼真的物理，以便游戏对象在屏幕上的反应更加真实。你可以从头开始构建一个全新的物理引擎，但是，已经有一个免费的、开源的解决方案，在诸如 *Angry Birds* 和 *Limbo* 这样的游戏中使用了。Box2D 是用 C++编程语言编写的，意味着你必须学习 C/C++才能以其原生语言处理 Box2D。为此，官方手册提供了一个很好的学习起点：**box2d.org/manual.pdf**。

此外，可以在整个如 libGDX 这样的游戏开发框架中开始使用 Box2D，libGDX 可以充当 Java 代码和 C++ Box2D 代码之间的一个桥梁。要了解更多情况，访问如下的 URL（注意，在阅读这个教程之前，推荐你先学习 libGDX 的基础知识）：**github.com/libgdx/libgdx/wiki/Box2d**。

当然，要成为一名好的游戏程序员，首先你需要是一名好的通用程序员。如下这些技巧有助于你提高自己的技能。

1. 练习解决问题。程序员每天都要解决问题。因此，练习解决问题是成为一名全能程序员的基础。访问 **codingbat.com** 和 **projecteuler.net** 开始练习。
2. 大量阅读代码。总有些人比你更强（也总是有人不如你）。找到你感兴趣的开源项目，并且了解其他人如何解决某些问题。从其他人的成功和错误中学习，并且将这些知识用于你自己的工作中。
3. 编写大量代码。你可以整天阅读莎士比亚的著作，但是，不练习的话，你无法写出接近他的水平的任何内容。创建众多的小项目，并且每天尝试一些新东西。
4. 研究计算机是如何工作的。如果你理解的计算机操作系统的一些底层的细节，你将能够更好地编写高级代码。这意味着，你将能够编写更高性能的代码，这对于游戏开发来说是很关键的。

选择学习技术可能是一条较难的路径。得到的直接好处较少，但是却需要大量艰苦的工作。然而，长期来讲，你将对游戏开发有更多直观的了解。这意味着，有一天你将能够编写自己的游戏引擎，修改已有的游戏引擎以适应自己的需求，并且当时机成熟的时候，你可以更好地开发自己的游戏。

11.4　结束语

感谢你的阅读。我希望本书对于你认识和熟悉与游戏开发能够有所帮助。现在准备好你的下一项探索，动手构建！我期望有一天能够玩上你的游戏。记住将所有的游戏作弊码通过 @jamescho7 告诉我。

附录 A　再谈 static

为了理解 static，我们将介绍在本书第一部分中遇到的并且略过的 static 关键词的用法。首先，作为回顾，问下自己要调用属于某一个类的非 static 方法（如程序清单 A.1 所示）所必需采取的步骤。

程序清单 A.1　一个非常简单的类

```
public class SimpleClass {
    private int age;

    public void sayHello() {
        System.out.println("Hello");
    }

    public void sayAge() {
        System.out.println("My age is " + age);
    }

    public static void main(String[] args) {
        // What goes here?
    }

}
```

如果想要调用 sayHello()方法的话，在 main 方法中该怎么做。

考虑几秒钟，并写下答案。

如果你考虑像下面这样做，那么可能会出错。

```
public static void main(String[] args) {
        sayHello();
}
```

还记得吧，如果你想要使用属于 SimpleClass 类的方法，必须首先实例化该类。正确的答案如下所示。

```
public static void main(String[] args) {
```

```
        SimpleClass simple = new SimpleClass();
        simple.sayHello();
    }
```

在程序清单 A.1 的例子中，很容易实例化 SimpleClass 以调用其方法，然而，在某些情况下，并不是这样的。

使用 static

关键字 static 存在于这样的情况，只有在先实例化一个对象之后，才能使用其变量和方法。程序清单 A.1 中的 main 方法就是一个很好的例子。如果这个 main 方法不是 static 的，我们在哪里实例化 SimpleClass 以调用其 main 方法呢？没办法。

当一个方法或变量不依赖于某个类的一个实例的某些属性，关键 static 也有用。例如，在程序清单 A.1 中，sayHello()方法所执行的行为对于 SimpleClass 的所有实例来说都是完全相同的。在这样的情况下，让该方法为 static 的可能会更好，因为要使用该方法的话，你不必再创建对象的一个实例。

相反，sayAge()的实现依赖于单个对象的可修改的 age 变量。使该方法成为 static 的话，没有什么意义，因为 SimpleClass 的每一个实例都有自己的 age，因此也有自己的 sayAge()。

附录 B　移动的简单物理

让我们来看一些基本的物理概念，并介绍一下它们如何应用于游戏开发之中。我们将专门关注简单物体的两维运动。

位置是一个物体在给定时间所处的地方。我们可以使用一个 x 值和一个 y 值来表示它。在游戏开发框架中，位置将会是一个角色的精灵的左上角，如图 B-1 所示。

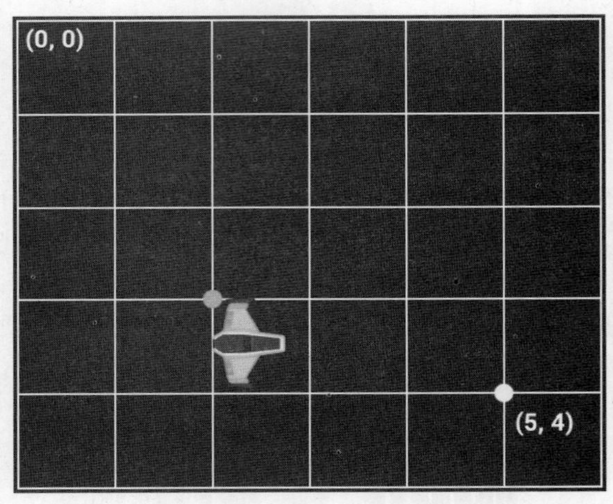

图 B-1　位置示例（**Kenney.nl 提供的飞船图片**）

在图 B-1 的示例中，飞船的 x 位置为 2，y 位置为 3。注意，我们使用左上角作为源点，并且 x 和 y 向右下方的方向增加。计算机图形学中的坐标系统，通常都是这样处理的。

速率是一个物体的带符号（+或-）的速度。给定的速率描述了一个物体的位置将如何根据时间而变化。

为了说明这一点，假设图 B-1 所示的飞船的 x 速率为 3 每帧，而 y 速率为 1 每帧。在图 B-1 的下一帧中（在 60FPS 的时候，大概是 17 毫秒之后），飞船将位于一个新的位置 $(x = 5, y = 4)$。注意，x 速率和 y 速率彼此之间并不互相影响。

加速描述的是每个给定的时间一个物体的速率的变化。和速率一样，在 x 轴上的加速和 y 轴上的加速是彼此独立的。

加速在游戏中也经常用来实现角色的重力效果，以及实现角色的速率的平稳变化。如果想要让一个角色开始运动，考虑一下增加加速值而不是速率值。这将会有一种更加自然的结果。

程序清单 B.1 给出了如何加速的一个简单示例，可以在游戏对象的 update()方法中处理速率和位置。

程序清单 B.1　一个简单的类

```
public class Spaceship {
    private float x,y;
    private float velX, velY;
    private float accelX, accelY;

    private Spaceship (float x, float y, float velX, float velY, float accelX,
                float accelY) {
        this.x = x;
        this.y = y;
        this.velX = velX;
        this.velY = velY;
        this.accelX = accelX;
        this.accelY = accelY;
    }

    Private void update(float delta) {
        // Accelerate Object
        velX += accelX * delta;
        velY += accelY * delta;

        // Reposition Object
        x += velX * delta;
        y += velY * delta;
    }
}
```

附录 C 7 步构建 Andriod 游戏

本索引将本书第 3 部分和第 4 部分的内容，提炼为一个简单的、可操作的指南。其中一些步骤，可以单独阅读和学习，以方便你了解。

步骤 1：设计游戏

开发游戏的最好的起步的地方是远离计算机。我总是从一个简单的游戏过程思路开始的，当你作为一个玩家来思考的时候，有些事情会变得很有趣。然后，我将匆匆记下这些思路，并且绘制大量的图片，直到设计出自己满意的东西。然后，开始给出所需要的 Java 类的框架，然后开始编写代码。当设计和构建游戏的时候，采用一种迭代的过程，持续地设计和重新设计游戏，同时体验各种功能。

这是一个很好的时机，可以考虑是否以及如何将游戏商业化。对此，下面的链接提供了很好的资源：developer.android.com/training/distribute.html。

你还应该决定是否使用 Google Play 游戏服务。

步骤 2：下载最新的 Android 游戏开发框架

访问 jamescho7.com/book/downloads 以下载 Eclipse 项目，以便使用游戏开发框架。将其导入到 Elipse 工作区，并且根据需要对其重命名。

做这些的事情的时候，你可能会看到很多的 Java 错误。通常是当你没有安装用来构建项目的 Android 平台的版本的时候，才会发生这些错误。简单的修复方法是在项目上点击鼠标右键（在 Mac 上是 Ctrl+点击），并且选择 **Properties**。接下来，选择 **Android**，如图 C-1 所示，并且选择最近的目标。点击 Apply 按钮并按下 OK 按钮。

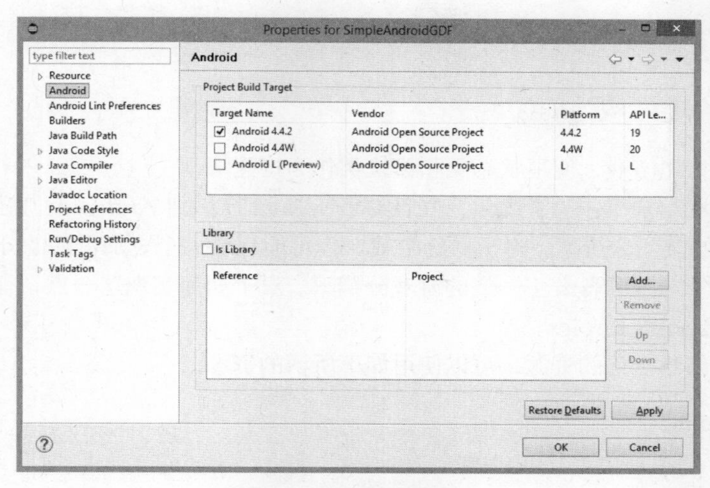

图 C-1　选择构建目标

步骤 3：更新图标

打开 **res/drawable** 文件夹，并且替换图标图像。相应的图像分辨率如下所示。

- LDPI: 36 × 36px。
- MDPI: 48 × 48px。
- HDPI: 72 × 72px。
- XHDPI: 96 × 96px。

步骤 4：更新包名称

必须在 3 个不同的地方修改应用程序的包名称。首先，应该在工作区内将 com.jamescho.simpleandroidgdf 包名修改为想要的值。接下来，打开 AndroidManifest.xml 并更新 manifest 和 activity 标签，以反映所做的修改（需要修改的行用粗体突出显示）。

```
<manifest xmlns:android="http://schemas.android.com/apk/res/android"
        package="com.jamescho.simpleandroidgdf"
        ...
                <activity
                        android:screenOrientation="sensorLandscape"
                        android:name="com.jamescho.simpleandroidgdf.GameMainActivity"
                        ...
```

还要在 Manifest 中使用 android:label 属性来设置 Android 游戏的名称。

步骤 5：构建游戏

此时，需要构建游戏，使用状态类和模块类作为构建块。

选择一个游戏分辨率：为了简化，并且易于从 Java 迁移到 Android，Ellio 使用了一个固定的 800×450 的游戏分辨率。对于你的游戏，你可能想要一个更加灵活的分辨率，以便每个设备可以拥有一个与其屏幕大小一致的游戏分辨率。对于如何实现这一点，有一个示例，参见 jamescho7.com/book/samples。

如果你不想创建自己的资源，可以使用如下所示的资源。

```
Art:      kenney.nl
Music:       mattmcfarland.com
Sounds:     bfxr.net
```

步骤 6：集成 Google Play 游戏服务（可选）

请参见示例（jamescho7.com/book/samples）以及官方 Google 指南，以帮助完成这个过程。

简介

developer.android.com/google/play-services/games.html

入门

developers.google.com/games/services/android/quickstart

Google Play 游戏服务质量检查表

developers.google.com/games/services/checklist

步骤 7：部署游戏并营销它

将游戏导出为一个 APK，并且将其上传到 Developer Console（play.google.com/apps/publish/）。接下来，使用社交媒体的力量告诉世界你的游戏的相关信息！此时，应该主动听取用户的反馈并对游戏做必要的更新。